地下管线监测与城市发展适应性分析

王泽根 陈 勇 甄 艳 唐翼德 等 著

科 学 出 版 社

北 京

内 容 简 介

本书以第一次地理国情普查工作为契机，以城市发展适应性理论为支撑，阐述地下管线空间布局安全性、地下管网承载力和地下空间资源利用状况与城市发展的相互关系，以地理国情普查成果数据、地下管线普查数据、管线权属单位专业数据以及基础地理信息数据为基础，分析各类数据处理技术，采用GIS空间分析方法、系统综合评价方法，建立地下管线监测与城市发展适应性分析指标体系与评价模型，搭建地下管线监测与城市发展适应性分析辅助系统，为实例分析提供辅助支撑，最后是实例分析，选择试点区域开展地下管线空间布局安全性、地下管网承载力和地下空间资源利用状况分析工作。

本书可供城市规划、地下空间资源评估与利用、城市安全和地下管线安全风险评估研究等方面的技术人员及高校师生参考使用。

图书在版编目（CIP）数据

地下管线监测与城市发展适应性分析/王泽根等著. —北京：科学出版社，2017.3

ISBN 978-7-03-052029-6

Ⅰ. ①地… Ⅱ. ①王… Ⅲ. ①市政工程–地下管道–监测 Ⅳ. ①TU990.3

中国版本图书馆CIP数据核字（2017）第047558号

责任编辑：张 展 罗 莉 / 责任校对：邓利娜
责任印制：罗 科 / 封面设计：墨创文化

科学出版社出版
北京东黄城根北街16号
邮政编码：100717
http：//www.sciencep.com
四川煤田地质制图印刷厂印刷
科学出版社发行 各地新华书店经销
*
2017年3月第 一 版 开本：787×1092 1/16
2017年3月第一次印刷 印张：14 3/4
字数：350 000

定价：118.00元

（如有印装质量问题，我社负责调换）

序

国家主席习近平在中央城市工作会议上指出：改革开放以来，我国经历了世界历史上规模最大、速度最快的城镇化进程，城市发展波澜壮阔，取得了举世瞩目的成就，我国城市发展已经进入新的发展时期。在城市规划、建设发展的同时，也存在一些问题：近年来，我国地下管线建设规模不足、管理水平不高等问题凸显，一些城市相继发生大雨内涝、管线泄漏爆炸、因漏水造成的路面塌陷等事件，严重影响了人民生命财产安全和城市运行秩序。为解决这些问题，提高城市地下管网的规划、建设、管理水平，2014 年，国务院办公厅下发了《国务院办公厅关于加强城市地下管线建设管理的指导意见》（国办发〔2014〕27 号），明确要求合理编制地下管线综合规划，加强城市地下管线建设管理，显著降低管网事故率，避免重大事故发生；并建成较为完善的城市地下管线体系，使地下管线建设、管理水平适应经济社会发展需要，大幅提升城市应急防灾能力，保障城市安全运行。

然而，城市地下管线普查是一项阶段性工作，是摸清地下管线现状的手段，也仅仅是地下管线管理的开始，如何维护、应用好普查成果，才是后期的工作之重。当前，我国已完成第一次全国地理国情普查工作，地理国情将转入常态化的监测阶段，这为地下管线普查数据的深入应用提供了良好契机。地理国情监测需要综合利用多种数据，综合运用空间统计分析、时空数据挖掘与知识发现等技术进行地理国情时空特征的综合分析、时空变化评估与趋势预测。结合地下管线普查数据，开展地理国情监测工作，将推动测绘工作从静态测绘服务向地理国情动态分析、从被动提供向主动服务、从后台服务向前台服务、从单一测绘数据向多类地理国情数据的转变，与此同时，也将为加强城市地下管线建设管理提供有力工具，进一步推动地下管线管理工作的精细化、科学化，促进城市功能完善、集约高效和转型发展，为切实做好城市地下综合管廊建设工作提供服务。

《地下管线监测与城市发展适应性分析》首先从理论上介绍了城市发展适应性的内涵，系统分析了城市与城市地下空间发展、城市与地下管线发展的协调关系，引入与地下管线监测和城市发展相关的概念，探寻地下管线与城市的耦合点，为地下管线监测和城市发展适应性分析提供理论支撑。其次，构建了地下管线监测与城市发展适应性评价体系，综合运用基础地理信息、地理国情监测、地下管网、城市规划等数据，以 AHP 层次分析法、综合指数法、GIS 空间分析为基本方法，研究建立了地下管线监测与城市发展适应性分析系列模型，设计开发了地下管线监测与城市发展适应性分析辅助系统。以某市试点区域为例，验证了评价体系的有效性。

《地下管线监测与城市发展适应性分析》是开展基础地理信息数据等空间数据深度应用的良好开端，也是地理国情监测的深度尝试，是实现测绘地理信息事业转型的开拓性工作。该著作的出版发行以及相关成果的推广应用必将对推动我国地理空间信息服务在城市规划、建设和运营管理的深入研究和推广应用产生良好的示范作用。

唐凯

2017年2月于北京

前　言

近年来，我国地下管线建设规模不足、管理水平不高等问题凸显，一些城市相继发生大雨内涝、管线泄漏爆炸和因漏水造成的路面塌陷等事件，严重影响了人民群众生命财产安全和城市运行秩序。2014 年国务院办公厅下发了《国务院办公厅关于加强城市地下管线建设管理的指导意见》（国办发〔2014〕27 号），明确要求“2015 年底前，完成城市地下管线普查”。各地相继开展了地下管线普查工作，提供了丰富的地下管线数据。

地理国情监测是了解国情、把握国势、制定国策的重要支撑，是推进国家现代化治理体系建设和提高治理能力的有力武器，是加快生态文明建设、美丽中国建设的必然选择，也是测绘地理信息事业转型的重要支撑。通过开展地理国情监测与综合统计分析工作，形成一系列监测成果和分析报告，为各级政府决策提供科学依据，同时为地理国情信息常态化监测与服务提供理论、技术方法与人才队伍支撑。根据四川省多点多极支撑、两化互动统筹城乡、创新驱动的“三大发展战略”需求，以及《四川省地理国情监测与综合统计分析指南》的要求，将地理国情普查和地下管线普查数据结合起来，开展地下管线监测与城市发展适应性分析，为城市规划发展与安全应急服务，符合国家测绘地理信息局提出的“边普查、边监测、边应用”的总体要求，是地理国情普查成果更好地为有关行业、政府部门和人民群众服务的具体体现，为人民群众生命财产安全和城市的可持续发展提供保障，具有显著的社会效益和经济效益。

地下管线监测与城市发展适应性分析为城市规划提供基础支撑，以 GIS 技术为主要手段，来实现对城市地下空间资源的有效配置与合理安排，是一种可持续的、适应城市发展变化的有效方法。目前，我国城市地下空间设施规划决策仍然处于粗放阶段，感性判断的成分较重，模糊性较大。开展地下管线监测与城市发展适应性分析工作，构建地下管线空间布局安全性、地下管网承载力、地下空间资源利用状况综合分析，指导城市地下空间设施规划与建设，提高城市规划、建设的科学性、合理性，可有效避免城市地下空间设施规划与建设的盲目性以及无序的高强度开发。

地下管线监测与城市发展适应性受多种因素影响，本书从城市地下管线空间布局安全性、地下管网承载力，以及城市地下空间资源利用状况三个方面开展深入研究。地下管线空间布局安全是城市发展的重要前提和保障，本书运用管线占压、管线净距、管线排列顺序、管线空间布置、管线埋设深度、管线穿越等指标进行了地下管线空间布局安全性评价研究。地下管网承载力关系到城市未来的发展，也影响到周边地区能否顺利实现可持续发展的目标，本书针对不同管网构建了不同的承载力指标体系，地下管网承载力是各类管网承载力的综合评价结果。地下空间资源利用状况是城市土地资源集约化使用与城市可持续发展的重要影响因素，本书从地下空间资源开发限制分区和资源容量等方面进行了地下空间资源利用状况研究。

本书从理论研究到实例验证，基本内容分为三大部分。第一部分（第 1～3 章）属于基础理论研究部分，是后续章节的研究基础；第二部分（第 4～7 章）是地下管线与城市发展适应性评价体系，包括评价所需的数据资源及其处理技术、基本评价方法、评价模型和辅助分析系统；第三部分（第 8～9 章）为应用案例，结合试点区域进行地下管线监测与城市发展适应性的实例分析，验证了本书评价方法的有效性。本书由王泽根提出内容框架，并完成统稿工作，由陈勇、甄艳和唐翼德共同完成审稿工作。各章撰写工作如下：第 1～2 章由王泽根完成；第 3 章由甄艳完成；第 4 章由陈勇、李晓静完成；第 5 章由唐翼德、徐万明完成；第 6 章由李胜、胡本刚完成；第 7 章由吴思、杜凯完成；第 8 章由陈勇、刘琦完成；第 9 章由王泽根、陈勇、甄艳、唐翼德完成。此外，王明洋、陈小平、张金花、张芳、何露露、杨艳梅、高颖、罗洁滢、王云、毛世科、邓才华、邓勤、王海旭、冯春森、仲明建、刘国、刘建勋、陈济才、彭伟、杨巍、丁登榜、强力、陈刚、张帆、方涛为本书的数据处理、技术试验与分析、图表处理等方面做出了不同程度的贡献。

本书为地下管线监测与城市发展适应性评价建立了一套系统的方案，为其他学者进行相关研究提供思路和借鉴，希望为城市地下管网规划决策、建设、运营维护和改造提供技术支持与帮助。本书的相关研究工作，是地理国情监测的深入开展及其数据综合应用的探索，希望将测绘地理信息在城市规划、建设、运营、管理的应用引向更深入的层次中。由于作者理论和技术水平所限，所提方案未必严密、有效，也未必能达到预期的目标。如果能够通过作者的工作，引发部分科技人员对测绘地理信息动态化应用、地理国情监测深入应用的思考和研究，就是作者之大幸了。

本书得以成稿，首先感谢《地下管线监测和城市发展适应性分析》项目组所有成员的辛勤劳动，没有他们的付出和协同工作，难以完成本书的撰写。还要感谢四川省测绘地理信息局、国家测绘地理信息局地下管线勘测工程院、四川省地理国情与资源环境承载力监测工程技术研究中心、西南石油大学、成都市规划信息技术中心、武汉市测绘研究院、青岛市勘察测绘研究院对本书相关研究给予的大力支持。感谢地下管线专家陈法勇高级工程师对本书稿提出的宝贵意见和建议。本书的出版也感谢科学出版社罗莉编辑的无私帮助。

目　录

第1章　绪　　论

1.1　城市与城市地下空间发展

1.1.1　城市与城市化

1. 城市

城市也叫城市聚落，是以非农产业和非农业人口集聚而成的较大居民点。人口较稠密的地区称为城市，城市一般包括住宅区、工业区和商业区。城市具备行政管辖功能，可能涉及较其本身更广泛的区域，包括居民区、街道、医院、学校、公共绿地、写字楼、商业卖场、广场、公园等公共设施。

城市是“城”与“市”的组合词。“城”在古代是指为了防卫并且用城墙等围起来的地域。《管子·度地》中提及“内为之城，内为之阔”。“市”则是交易的场所，“日中为市”。这两者都是城市最原始的形态，严格来讲，都不是真正意义上的城市。从城市的起源来讲，有因“城”而“市”和因“市”而“城”两种类型。因“城”而“市”就是先有城后有市，市是在城的基础上发展起来的，这种类型的城市多见于战略要地和边疆城市，如天津起源于天津卫。因“市”而“城”则是由市的发展而形成的城市，即先有市场后有城市，这类城市比较多见，是人类经济发展到一定阶段的产物，实质是人类交易、聚集中心。城市的形成，无论多么复杂，都不外乎这两种形式。

城市是人类文明的主要组成部分，是伴随人类文明与进步而发展起来的。人类在农耕时代便开始定居，城市就逐步出现了，但其作用是军事防御和举行祭祀仪式，并不具有生产功能，只是消费中心。因为周围的农村可提供的余粮不多，城市的规模很小。每个城市及其控制的农村，构成了一个小单位，相对封闭，自给自足。真正意义上的城市是工商业发展的产物，如13世纪的地中海沿岸、米兰、威尼斯、巴黎等，都是重要的商业和贸易中心，其中，威尼斯在繁盛时期，人口超过20万。工业革命之后，城市化进程加快，农民不断涌向新的工业中心，城市获得了前所未有的发展。第一次世界大战前夕，英、美、德、法等国绝大多数人口都已生活在城市，这既是富足的标志，也是文明的象征。

2. 城市化

城市化是现代化进程中社会结构不断演变的普遍动态过程，是人类生产、生活和居住方式的一种重大变迁，其表现包括农业人口向非农产业转移并向城市集中，城市在空间数量上增多、在人口规模上扩大，城市生活方式向农村扩散等。狭义地讲，城市化指农业人口不断转变为非农业人口的过程；广义而言，城市化是社会经济变化过程，包括农业人口非农业化、城市人口规模不断扩张，城市用地不断向郊区扩展，城市数量不断增加，以及城市社会、经济、技术变革进入乡村的过程。

城市化本质上是经济社会结构变革的过程，加快城市化进程的本质并不是处处都出现城市，而是要使全体国民享受现代城市的一切成果并实现生活方式、生活观念、文化教育、素质等的转变，即实现城乡空间的融合发展——产业融合、就业融合、环境融合、文化融合、社会保障融合、制度融合等，真正实现城市和农村人民群众共同富裕、发展和进步。

从世界范围看，英国的城市化发生最早且发展最为广泛，历时超过 130 年，1760～1851 年，英国城市人口比重率先超过了 50%，至 19 世纪末已超过 70%，如今英国全国城市人口比例已达 90%以上。伴随工业化的扩展，城市化波及全球，首先是北美地区，然后是亚洲和非洲。美国的城市化进程始于 1840 年，到 1970 年，美国城市化率达到 73.6%，城市化基本完成。而在亚洲最先开始城市化的国家是日本，明治维新后，日本开始城市化进程，到 1955 年，日本城市化率达到 56%；至 1970 年，日本城市化已基本完成。

联合国最新报告显示，全球人口“城市化”进程还在不断加速，且地区差异大，大城市人口数量过大。在 1950 年，全球城市人口比例仅为 30%，2014 年，全世界共有 38.4 亿人生活在城市，城市化率为 53.47%，北美地区城市化率为 81%，拉美地区为 80%，欧洲为 73%，大洋洲为 71%，亚洲为 48%，非洲为 40%。北美是全球人口城市化比例最高的地区，超过 80%的人住在城里。而非洲则是城市化比例最低的地区。全球近 50%的城市总人口数不到 50 万，而全球每 8 个城市人口中，就有 1 个人住在全球最大的 28 个超级大城市中，日本的东京地区城市居民人口达 3800 万，是全球人口最多的城市。2011～2025 年，这些超级大城市的人口增长率都在 15%以上。

如表 1.1 所示，新中国成立以来，我国城市化进程可以分为以下几个阶段。

（1）起步阶段（1949～1957 年）。1949 年，我国城市仅有 132 个，人口城市化率仅为 5.1%。在国民经济恢复阶段和“一·五”建设时期，随着 156 项重点工程建设的开展，出现了一批新兴的工矿业城市。与此同时，还对武汉、成都、太原、西安、洛阳、兰州等一批老工业城市进行了扩建和改造，加强发展了鞍山、本溪、哈尔滨、齐齐哈尔、长春等大中城市。到 1957 年末，已发展到 176 个城市，非农业人口的比重上升到 8.4%（王宇，2011；童玉芬等，2013）。

（2）波动阶段（1958～1965 年）。城市发展呈现出由扩大到紧缩的变化过程，三年“大跃进”后，全国城市由 1957 年的 176 个增加到 1961 年的 208 个；1962 年开始，我国陆续撤销了一大批城市，到 1965 年底只剩下 168 个，比 1961 年减少了 40 个，城市人口出现负增长，人口城市化率也由 1961 年的 10.5%减少到 1965 年的 9.2%。

（3）停滞阶段（1966～1978 年）。此期间城市只增加 25 个，人口城市化率在 8.5%左右。

（4）快速发展阶段（1979 年至 2014 年末）。改革开放促进了我国城市的发展。根据国家统计局 2015 年 1 月发布的数据显示，截至 2014 年末，我国总人口近 13.68 亿人，有城市 653 个，城镇常住人口 7.49 亿人，城镇人口比重为 54.77%。

根据世界城镇化发展普遍规律，我国仍处于城镇化率30%～70%的快速发展区间，据《国家新型城镇化规划（2014～2020年）》的规划，到2020年我国常住人口城镇化率将达到60%左右[①]。

表1.1 我国城市人口发展统计[②]

年份	全国总人口/万人	城镇人口/万人	城镇人口所占比例/%
1949	54167	5765	10.64
1955	61465	8285	13.48
1960	66207	13073	19.75
1965	72538	13045	17.98
1970	82992	14424	17.38
1975	92420	16030	17.34
1980	98705	19140	19.39
1985	105851	25094	23.71
1990	114333	30195	26.41
1995	121121	35174	29.04
2000	126743	45906	36.22
2005	130756	56212	42.99
2010	134091	66978	49.95
2014	136782	74916	54.77

1.1.2 城市容量与城市空间

城市容量是指一个城市在某一时期容纳人口、人类活动以及与人类活动有关的各类设施（建筑物、道路等城市设施）的能力（陈立道等，1997）。这种能力是综合性的，包含人口、建筑、交通、环境容量等。城市容量是动态发展的，其大小取决于城市用地面积、条件、社会经济技术发展程度等因素。在其他条件不变的情况下，用地面积的大小和社会经济技术发展程度的高低与城市容量的大小成正比。

城市容量会因为某一种或几种因素的改变而改变，拓展城市容量的第一步是保持城市功能的协调发展。城市容量必然要落实到城市空间，所以，拓展城市容量的根本方法是开发城市空间（陈立道等，1997）。

城市空间可划分为上部、地面和地下空间三大部分。从城市空间的一般开发顺序来看，首先开发利用地面空间，然后是上部空间，最后才是地下空间。这与经济技术条件和人们的生活习惯有关。也有例外情况，如我国西北的黄土高原，从古至今一直以窑洞（地下空

① 中共中央、国务院下发的《国家新型城镇化规划（2014～2020年）》。

② 数据来源于国家统计局发布的《中国统计年鉴（2015）》。

间）为主要起居空间。

城市空间的拓展一般可以分为外延式水平方向扩展和内涵式立体方向扩展两种方式。其中，前者是地面发展，即以增加城市用地为主，后者则在不增加城市用地的前提下，通过向上和向下发展进行空间拓展。在城市发展过程中，这两种方式并不排斥，既可以独立存在，也可以两者并用。

1.1.3 城市地下空间及其发展

1. 城市地下空间

地下空间（underground space）是指在岩层或土层中形成或经人工开发形成的空间，包括天然形成的地下空间和人工开发的地下空间。目前，我国的地下空间开发主要集中于城市及其周边。

《城市地下空间开发利用管理规定》（1997 年 10 月 27 日住房和城乡建设部令第 58 号发布，2001 年 11 月 20 日住房和城乡建设部令第 108 号修正）中所称的城市地下空间，是指城市规划区内地表以下的空间。因此，可以将地下空间理解为地表以下的空间，是主要针对建筑方面来说的一个名词，它的范围很广，比如地下商城、地下停车场、地铁、矿井、人防、军事、隧道、城市地下管线等建筑空间。

1981 年，联合国自然资源委员会正式将地下空间确定为“人类重要的自然资源”。1991 年，东京国际会议中讨论城市地下空间资源利用达成如下共识：19 世纪是桥的世纪，20 世纪是高层建筑的世纪，21 世纪将是人类开发利用地下空间的世纪。

如表 1.2 所示，按照地下空间的用途可以将其分为七种类型。

表 1.2　地下空间按用途分类①

用途	介绍
交通空间	迄今为止是城市地下空间利用的最主要类型之一，包括地下铁道、地下轻轨交通、地下汽车交通通道，地下停车库和地下步行街等地下空间
商业、文娱空间	包括地下商业街、影剧院、音乐厅和运动场等
业务空间	包括办公、会议、教学、实验和医疗等各种社会业务空间
物流空间	指各种城市公用设施的管道、电缆等所占的地下空间，以及处理设施，如自来水厂、污水处理厂和变电站、综合管廊（沟）等
生产空间	某些轻工业、手工业生产空间，特别是对于精密生产的工业，地下环境更为有利。
仓储空间	粮食、食品、油气类、药品、水、冰等地下储库
其他	防灾、居住、埋葬等空间

如表 1.3 所示，按照开发利用深度，可以将地下空间分为浅层、中层和深层空间三大类。

① 资料来源：前瞻产业研究院地下空间行业研究小组整理。
http://baike.qianzhan.com/detail/bk_c2664679.html。

表 1.3 地下空间按开发深度分类[①]

开发深度	介绍
浅层空间（0～−30m）	主要用于商业空间、文娱空间及部分业务空间
中层空间（−30～−100m）	主要用于地下交通、城市污水处理厂以及城市水、电、气、通信等公用设施
深层空间（≤−100m）	可用于快速地下交通线路、危险品仓库、冷库、贮热库、油库等，此外，还应考虑采用新技术后，为城市服务的各种新系统和新空间

2. 发达国家城市地下空间的利用情况

从 1863 年英国伦敦建成世界上第一条地铁开始，地下空间发展的历史已超过 150 年，地下空间开发利用从大型建筑物向地下的自然延伸发展到复杂的地下综合体（地下街）再到地下城（与地下快速轨道交通系统相结合的地下街系统），地下建筑在旧城改造、城市再开发中发挥了重要作用。同时，地下市政设施也从地下供、排水管网发展到地下大型供水系统、地下大型能源供应系统、地下大型排水及污水处理系统及地下生活垃圾的清除、处理和回收系统等。北美、西欧及日本在进行旧城改造及历史文化建筑扩建的同时，建设了相当数量的大型地下公共建筑，包括公共图书馆和大学图书馆、会议中心、展览中心以及体育馆、音乐厅、大型实验室等，而且地下建筑的内部空间环境质量、防灾措施以及运营管理都达到了较高的水平。地下空间利用规划从专项规划开始，逐步形成系统的规划，其中，以地铁规划和市政基础设施规划最为突出。一些地下空间利用较早和较为充分的国家，如芬兰、瑞典、挪威、日本、加拿大等，已经从城市中某个区域的综合规划走向整个城市和某些系统的综合规划。不同国家的地下空间开发利用各具特色，了解其特色和经验，对我们具有重要的参考价值。

1930 年至今，日本东京上野火车站的地下街已从单纯的商业街演变为多功能的，由交通、商业及其他设施共同组成的相互依存的地下综合体。据统计，日本已至少有 26 个城市建造地下街，如横滨的港湾 21 世纪地区（新建），又如名古屋大曾根地区（旧城改造）、札幌的城市中心区都规划并对地下空间进行开发利用。日本在地下高速道路、停车场、综合管廊、排洪与蓄水的地下河川、地下热电站、蓄水的融雪槽和防灾设施等市政设施方面，充分发挥了地下空间的作用。

美国和加拿大虽然国土辽阔，但为解决城市高度集中带来的城市问题，仍然大规模地进行地下空间开发。纽约地铁线路在世界诸多大都市中堪称最长，共有 26 条地铁线，总长为 1142km，自市中心曼哈顿发散并覆盖了纽约 5 个行政区的绝大部分区域，490 个地铁站散布全市，24 小时运行[①]。在曼哈顿，70%的区域在小于 500m 半径范围内必有一个地铁站或火车站。纽约中心商业区有 80%的上班族采用公共交通、地铁和四通八达不受气候影响的地下步行道系统到达目的地，很好地解决了人、车分流的问题，缩短了地铁与公共汽车的换乘距离，同时把地铁车站与大型公共活动中心以地下道的方式连接起来，

① 资料来源：前瞻产业研究院地下空间行业研究小组整理。
http://baike.qianzhan.com/detail/bk_c2664679.html。

突出了地铁经济、方便、高效等特点。此外，美国地下建筑单体设计在学校、图书馆、办公楼、实验中心、工业建筑中也成效显著，既较好地利用了地下空间满足功能要求，又合理解决了新、老建筑结合的问题，并为地面创造了宽敞的空间。如美国明尼阿波利斯市南部商业中心的地下公共图书馆，哈佛大学、加州大学伯克利分校、密歇根大学、伊利诺伊大学等的地下、半地下图书馆，既保持了与原馆的联系，又保存了校园的原有面貌。美国纽约市的大型供水系统完全布置在地下岩层中，石方量达 130 万 m^3，混凝土达 54 万 m^3，除一条长 22km、直径为 7.5m 的输水隧道外，还有几组控制和分配用的大型地下洞室，每一级都是一项复杂的大型岩石工程。

加拿大的多伦多市和蒙特利尔市，也有很发达的地下步行道系统，以其庞大的规模、方便的交通、综合的服务设施和优美的环境享有盛名，保证了在漫长的严冬中，各种商业、文化及其他事务交流活动得以顺利进行。多伦多地下步行道系统在 20 世纪 70 年代已有 4 个街区宽、9 个街区长，还连接着市政厅、联邦火车站、证券交易所、5 个地铁车站和 30 座高层建筑的地下室。这些城市的地下步行道系统在改善交通、节省用地、改善环境、保证恶劣气候下城市繁荣的同时，也为城市防灾提供了条件。

北欧地质条件良好，是地下空间开发利用的先进地区，特别是在市政设施和公共建筑方面。瑞典南部地区的大型供水系统全部在地下，埋深 30～90m，隧道长 80km，靠重力自流。瑞典的大型地下排水系统，无论在系统数量方面还是污水处理率方面，在世界上都处于领先地位，仅斯德哥尔摩市就有大型排水隧道 200km，拥有大型污水处理厂 6 座（全在地下），处理率为 100%。在其他一些中、小城市，也都有地下污水处理厂，不但保护了城市水源，还使波罗的海免遭污染。瑞典还是首先试验用地下管道清运垃圾的国家，于 20 世纪 60 年代初就开始研制空气吹送系统。芬兰赫尔辛基的大型供水系统，隧道长 120km，过滤等处理设施全在地下。芬兰的地下空间利用包括众多的市政设施、发达的文化体育娱乐设施，临近赫尔辛基市购物中心的地下游泳馆，内设体育馆、草皮和沙质球赛馆、体育舞蹈厅、摔角柔道厅、艺术体操厅和射击馆。挪威的大型地下供水系统，其水源已实现地下化，在岩层中建成大型贮水库，既节省土地又减少水的蒸发损失。此外，北欧地下空间的利用与民防工程的结合是其一大特点。

巴黎地下建有 83 座地下车库，因此节约了大量土地。巴黎的地下空间利用为保护历史文化景观做出了突出的贡献，市中心的卢浮宫是世界著名的宫殿，在无扩建用地、原有的古典建筑必须保持的情况下，设计者利用宫殿建筑外围的拿破仑广场下的地下空间容纳了全部扩建内容。巴黎的列·阿莱地区是旧城再开发充分利用地下空间的典范，把一个交通拥挤的食品交易和批发中心改造成一个多功能、以绿地为主的公共活动广场，同时将商业、文娱、交通、体育等多种功能安排在广场的地下空间中，形成了一个大型地下综合体。

俄罗斯也是地下空间开发利用的先进国家，其地铁系统相当发达，莫斯科是世界上地铁客运量最大的城市，每年达 26 亿人次，以高质量运营闻名于世。

德国城市地下管网的发达程度与排污能力处于世界领先地位。以柏林为例，其地下水道长度总计约 9646km，其中一些已有 140 年历史，管道多为同时处理污水和雨水混合管道系统。郊区主要采用污水和雨水分离管道系统，以提高水处理的针对性，并提高效率。

目前，国外一些大城市已进行深层地下空间的开发利用，如日本东京，极重视对地下100m范围的深层空间的开发。

上述国家的城市建设基本原则是尽量少占土地，尽量使城市的绿地面积最大，尽可能地改善城市宜居环境。

3. 国内城市地下空间的利用情况

进入21世纪后，随着城市地下空间的开发利用快速发展，体系不断完善，特大城市地下空间开发利用的总体规模和发展速度已居世界同类城市的前列，中国已成为城市地下空间开发利用的大国。

21世纪中国城市轨道交通进入了空前发展的时期，建设速度已居世界首位。21世纪初，全国仅北京、上海等4个城市共7条地铁线路，总里程146km。截至2014年年末，全国已有22个城市共建成地铁95条，地铁运营里程达到2800km①。据“2015中国国际轨道交通展览会”消息，2014年，中国内地36个城市共有约3300km的轨道交通在建项目，全年完成投资2857亿元，日均超过7.8亿元，比上一年大幅增长33%。

城市地下快速道路建设已经起步并将加速发展。已经建成的有南京玄武湖地下快速路、城东干道地下路，杭州西湖湖滨地下路，北京奥运中心、中关村和金融街地下路，上海中环线若干地下路段，深圳西部通道地下路段等；正在建设的有苏州独墅湖、苏州金鸡湖、南昌青山湖的湖下快速路等。

大型城市地下综合体建设项目多、规模大、水平高。中国许多城市结合地铁建设、旧城改造、新区建设等进行大型城市地下综合体建设，提高土地集约化利用水平，解决城市交通和环境等问题，并塑造了城市新形象。据不完全统计，目前北京、上海、深圳、南京、大连、珠海、哈尔滨等城市建成面积超过10000m^{2}的地下综合体数量在200个以上，超过20000m^{2}的地下综合体有近百个。

我国隧道建设举世瞩目。从20世纪60年代上海第一条越江隧道——打浦路水底隧道投入运行开始至今，已经有上海、南京、宁波、厦门、青岛、武汉等城市陆续建成了越江、穿山隧道。2002年，中国公路隧道的通车里程比1979年增长了13倍，已成为世界上隧道最多、最复杂、发展最快的国家。如2000年正式通车的上海长江隧桥工程采用“南隧北桥”方案，全长约25.5km，其中“南隧”即沪崇长江隧道，长约8.9km，总投资约126亿元。上海长江隧道创造了三项世界之最：盾构连续推进7.5km，是目前世界上连续施工距离最长的同类工程；隧道内径约13.7m，外径约15m，盾构机直径15.43m，是目前世界上最大的盾构隧道；水下最大埋深约为55m，为世界历史上最深的江河隧道。

城市地下空间规划和管理得到普遍重视。1997年10月27日，住房和城乡建设部颁布的《城市地下空间开发利用管理规定》，为合理开发城市地下空间资源提供了法律依据。深圳、本溪、葫芦岛等城市为地下空间开发利用进行了立法。北京、上海、深圳、南京、杭州等近20个大城市编制了城市地下空间（概念性）规划，对城市未来地下空间开发的

① 国家统计局发布的《中国统计年鉴（2015）》。

规模、布局、功能、开发深度、开发时序等进行了规划，明确了城市地下空间开发利用的指导思想、重点开发地区等，为科学开发、合理利用地下空间奠定了基础。

到 2020 年，中国城市地下空间的总体规模和总量将居世界首位；城市地下空间将建成网络型的有机体系，地上、地下空间协调发展；城市地下快速路将形成体系，地下市政综合管廊将形成网络，地下物流系统将在许多城市中建成。中国将成为城市地下空间开发利用的强国①。

4. 城市地下管线开发利用情况

城市地下管线是指在城市规划区范围内，埋设在城市地表下的给水、排水、燃气、热力、工业等各种管道，和电力、电信电缆以及地下管线综合管廊（共同沟）等。城市地下管线是保障城市运行的重要基础设施和“生命线”。如图 1.1 所示，参照《城市地下管线探测技术规程》（CJJ61-2003），城市地下管线可以分为给水、排水、燃气、供热、电力、

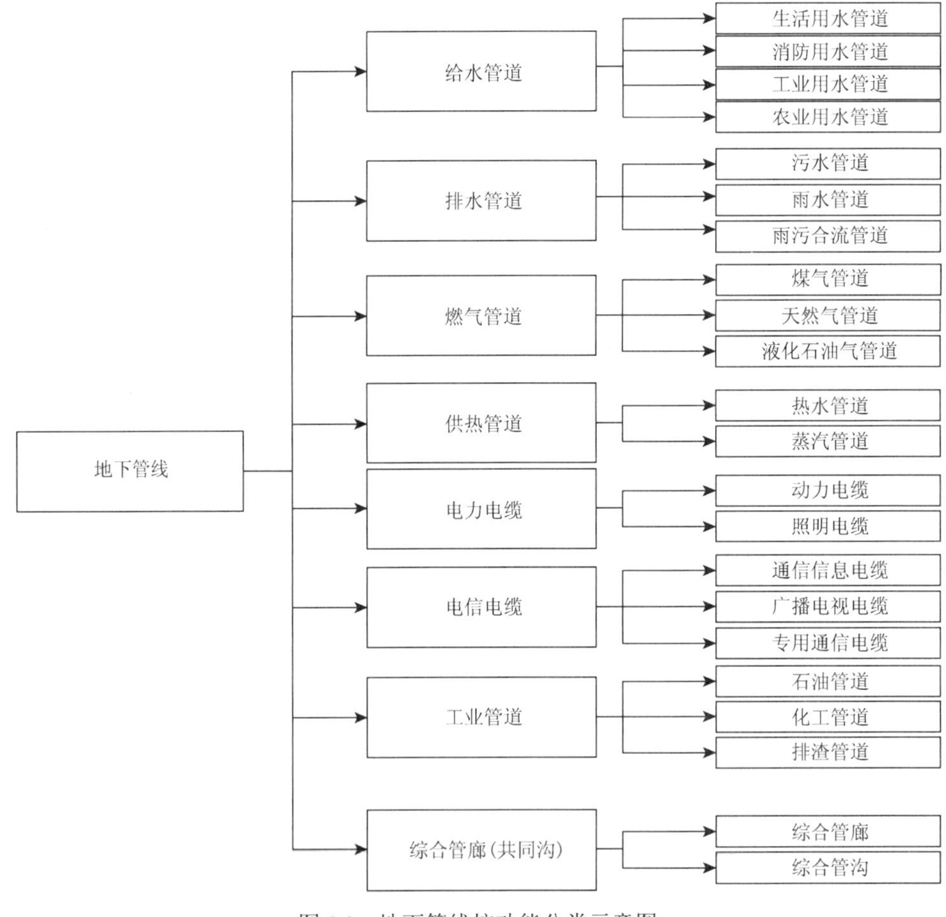

图 1.1　地下管线按功能分类示意图

① 钱七虎. 中国城市地下空间开发利用的现状评价和前景展望. 2014 年 4 月 7 日上海市地下空间综合管理学术论文集，http：//www.doc88.com/p-9877123765094.html

电信、工业和综合管廊（共同沟）八大类管线，每类管线按其传输的介质和用途又可分为若干种[①]。

随着城市化进程的加快，我国城市地下管线的建设进入快速发展期，数量急剧增加，已形成规模庞大的城市地下管线网，其有效运行也为城市安全提供了重要保障。如表 1.4 所示，截至 2014 年年底，全国城市供水、排水、供气和集中供热等市政工程地下管线长度已达到 185 万 km，每万人管线长度为 38.37km，城市建成区范围内的市政管线密度由 1990 年的 10.27km/km^2，提升到 2014 年的 37.17km/km^2，如果加上城市光缆则达到 432.67km/km^2，形成了城市地下管网类型多、密集分布的状态。

表 1.4 中国城市主要地下管网发展统计[②]（单位：万 km）

管道类型	1990 年	1995 年	2000 年	2010 年	2014 年	备注
供气管道	2.4	4.4	8.9	30.9	47.5	—
城市排水管道	5.8	11.0	14.2	37.0	51.1	—
供水管道	—	20.2*	25.5	54.0	67.7	* 1996 年统计数据
供热	—	3.4*	4.3	12.9	18.7	* 1996 年统计数据
光缆线路长度	—	—	121.2（28.7）	996.2（81.8）	2061.2（92.8）	括号内数据为长途光缆的长度

综合管廊建设可以为多种专业管线统一管理建立硬件基础，使各专业管线从规划开始就得到有效管理和控制，为市政公用设施投资管理体制改革奠定良好的基础，同时为智慧城市建立信息通廊基础。综合管廊有利于城市推进基础设施现代化，建设开放的现代综合市政和交通体系，是市政管线规划、建设、管理的现代化标志，由于有了管廊断面空间，可实施沟内自动监控和集中高效管理（赵汝江，2014）。采用城市地下综合管廊的模式进行管线的铺设，是目前世界上比较先进的形式，也是城市建设和发展的趋势与潮流。由于综合管廊将各类管线集中设置在一条隧道内，消除了城市上空的蜘蛛网现象以及地面上竖立的电线杆、高压塔等；管线不接触土壤和地下水，避免了酸碱物质的腐蚀，延长了使用寿命。综合管廊可以有效地增强城市的防灾抗灾能力，是一种比较科学合理的模式，也是创造和谐城市、生态环境的有效途径。

综合管廊的建设最早是从欧洲开始的，巴黎是综合管廊的发源地。早在 1833 年，巴黎就开始系统规划排水网络并兴建综合管廊。1861 年，英国伦敦修造了宽 3.66m、高 2.32m 的综合管廊。1890 年，德国也开始在汉堡建造综合管廊，先在城市主干道一次性挖掘综合管廊，铺设了电力电缆、通信电缆、给水和燃气管道等，并设专门入口，供维修人员出入。瑞典斯德哥尔摩市地下有综合管廊 30km。俄罗斯的综合管廊也相当发达，莫斯科地下有 130km 的综合管廊，除煤气管外，各种管线均有，只是截面较小（2m×2m），内部通风条件也较差。近年来，巴塞罗那、赫尔辛基、伦敦、里昂、马德里、奥斯陆、巴黎以及瓦伦西亚等许多城市都研究并规划了各自的综合管廊网络。

① 2011 年中国城市地下管线发展报告。中国城市规划协会地下管线专业委员会，2012 年 12 月。

② 据国家统计局发布的 1996 年、2001 年、2011 年、2015 年《中国统计年鉴》。

日本的城市综合管廊建设起步于1923年关东大地震后东京都的恢复重建，当时，作为灾后城市重建内容之一，进行了综合管廊的试点建设。日本综合管廊的建设在发展期以东京、大阪等人口密度大、交通复杂的大城市为主，21世纪初，在县政府所在地和地方中心城市等80个城市的干线道路下建设了约1100km的综合管廊。

美国纽约市的大型供水系统，完全布置在地下岩层的综合管廊中。加拿大的多伦多市和蒙特利尔市，也有很发达的综合管廊系统。

我国最早的综合管廊是1958年在北京天安门广场下铺设的一条长1.076km的矩形管廊，宽3.5～5m，高2.3～3m，埋深7～8m，内部敷设有电力、电信、热力管道，之后于1977年为配合“毛泽东纪念堂”施工，在原沟基础上又新增加了一段，约500m。1994年，上海在浦东新区张杨路修建了国内第一条现代化综合管廊，投资约2亿元，共有1条干线、2条支线，总长11.125km，设在两侧人行道下，断面为矩形双室，其中给水管道、电力电缆、电信电缆共处一室，燃气单独布置在较小的另一室中，综合管廊配备了相当齐全的安全配套设施，有排水、通风、照明、通信广播、闭路电视监视、火灾监测报警、可燃气体监测报警、氧气监测、中央计算机数据采集与显示系统，为我国其他城市综合管廊的发展提供了可供借鉴的经验。北京中关村西区建设有地下市政综合管廊，总建筑面积40多万m^2，分为综合环廊部分和空间开发部分。其中，综合环廊地下1层为车道，地下2层为物业用房，地下3层为水、电、气、通信等能源信息管廊，将水、电、气等多种管道铺设在一条综合管廊里，是我国大陆第二条现代化的综合管廊①。除此之外，近年来广州、深圳、厦门等城市陆续兴建了一些地下综合管廊。

我国《国家新型城镇化规划（2014～2020年）》明确提出：“统筹电力、通信、给排水、供热、燃气等地下管网建设，推行城市综合管廊，新建城市主干道路、城市新区、各类园区应实行城市地下管网综合管廊模式。加强城镇水源地保护与建设和供水设施改造与建设，确保城镇供水安全。加强防洪设施建设，完善城市排水与暴雨外洪内涝防治体系，提高应对极端天气能力。建设安全可靠、技术先进、管理规范的新型配电网络体系，加快推进城市清洁能源供应设施建设，完善燃气输配、储备和供应保障系统，大力发展热电联产，淘汰燃煤小锅炉”。2016年2月6日，中共中央、国务院《关于进一步加强城市规划建设管理工作的若干意见》要求：“推广试点城市经验，逐步推开城市地下综合管廊建设，统筹各类管线铺设，综合利用地下空间资源，提高城市综合承载能力。城市新区、各类园区、成片开发区域新建道路必须同步建设地下综合管廊，老城区要结合地铁建设、河道治理、道路整治、旧城更新、棚户区改造等，逐步推进地下综合管廊建设。加快制定地下综合管廊建设标准和技术导则。凡建有地下综合管廊的区域，各类管线必须全部入廊，区域内管廊以外不得新建管线”。

1.1.4 城市地下空间开发利用约束条件

城市地下空间开发利用资源量为除地面保留与地下已开发利用空间范围外的城市总

① 张军. 2006. 我国城市地下管线信息化建设与发展. 城市地下管线管理与信息化建设交流研讨会暨中国城市规划协会地下管线专业委员会年会。

面积乘以合理开发深度的40%（姜云等，2005）。由于没有考虑各种因素对地下空间开发利用资源量的系统影响和制约，评估结果不能作为城市地下空间开发利用的实际资源量。城市地下空间开发利用容量是一个受多种因素综合影响的系统量。工程地质条件、水文地质条件、岩土体条件、地面及地下空间条件、地域位置条件等因素相互制约、相互作用，并从本质上影响和制约城市地下空间的开发利用容量（方鸿琪等，1999）。

1. 工程地质条件

工程地质条件会影响地下空间的稳定性（陈晓键，2003）。影响地下空间开发利用容量的工程地质条件主要有活断层、滑坡与崩塌、节理与裂隙组数、节理与裂隙密度、地震烈度等。

活断层和强烈地震会引起地下岩土体产生开裂、沉降及砂土液化等破坏。较差的工程地质条件不仅会破坏地下原生岩土体的整体性、完整性，而且还可能引起地下工程围岩的破碎、坍塌和失稳，甚至危及地下工程的安全和正常使用。

节理与裂隙影响城市地下空间的软弱结构面。在节理、裂隙发育的地下岩土体中，硐室围岩的整体性较差，开发利用中的二次应力会使地下空间围岩产生较大的塑性变形和破坏区域，也会导致节理、裂隙间的错动、滑移变形增大，进而影响围岩的稳定性。

2. 水文地质条件

地下水是赋存于地下的上层滞水、潜水和承压水。一方面，地下水具有重要的城市用水意义，如潜水、承压水可作为城市的水源。另一方面地下水又对城市地下空间具有消极的影响，主要表现为：地下水会增加地下空间开发利用的难度和成本；地下水的上升将浸润岩土体结构面，且多因含有一定的SO_4^{2-}等易软化岩石，并将泥质成分带入结构面，降低结构面和岩体的强度，导致地下工程发生变形失稳甚至破坏；地下水位下降将增加土的自重应力，导致地下工程的附加沉降；受污染的地下水常腐蚀混凝土，危害工程支衬结构。

因此，地下空间的开发利用要求有良好的水文地质条件，影响地下空间开发利用的水文地质条件包括对工程有影响的地下水层数、单位涌水量、地下水的赋存类型、地下水埋深及地下水腐蚀等。地下水的赋存类型是影响地下空间开发利用的重要水文地质条件，如上层滞水、潜水和承压水对地下空间施工排水难度等的影响存在很大的差异，并在很大程度上影响地下空间开发利用容量；单位涌水量直接影响地下空间施工排水难度，从而影响地下空间的开发和利用；对工程有影响的地下水（如潜水、承压水）层数越多，越不利于地下空间的开发和利用；若地下水埋藏较深，有利于减少地下空间的施工排水费用、缩短工期。

3. 岩土体条件

岩土体是地下空间开发利用的介质和环境，岩土体条件将影响地下硐室开挖的难易程度及硐室围岩的稳定性。影响地下空间开发利用容量的岩土体条件主要有岩土体的黏聚力、内摩擦角、承载力标准值、压缩模量及渗透系数等。

城市地下空间是由岩石和土体来承载的。由于岩石和土的形成过程及自然堆积情况存在差异，其组成物质及工程特性也各有不同，因而其强度及其对地下建筑物、构筑物的承载能力也不一样，因此影响城市地下空间开发利用容量。在其他因素一定的条件下，岩土体强度越大，地下空间的开发利用容量越大。反映岩石和土强度高低的主要岩土参数是黏聚力、内摩擦角和承载力标准值。

压缩模量是反映岩土体抗变形能力的重要参数。压缩模量越大，岩土体抗变形能力越好。

渗透系数是表征岩土层隔水性能的重要参数，渗透系数越大，岩土层的隔水性越差，严重的地下水渗透将破坏围岩的稳定性。

4. 地面及地下空间条件

地面空间条件是指城市已有的地面设施对地下空间开发利用容量的影响，主要表现在地面空间类型对城市地下空间开发利用的许可。一方面，由于城市地面存在需要保护的文物古迹、重要建筑物等，地下空间（尤其是浅层地下空间）的开发利用应以不破坏这些建筑物及古迹为前提。具体表现为：在一定深度范围内，地面空间已被利用或压占且不宜破坏的相应地下空间不宜首先考虑其开发利用。否则，将影响地面建筑物的稳定性并可能使文物古迹遭到破坏。河湖水域是影响地下空间开发利用的不利因素，主要表现在地下空间开发利用时的突水、涌水及冒水，将影响地下空间开发利用的可行性。

由于对地下空间资源开发的影响和制约程度较小，现有道路、广场、绿地及可拆建建筑物等是城市地下空间开发利用的有利因素。因此，可考虑充分开发利用这部分建筑物及场地所占位置处的地下空间，同时还应与地面空间再开发利用结合起来，并依据地下条件及地下空间开发利用规划来引导地面空间的规划与建设。

地下空间条件是指地下已开发利用的空间对地下空间开发利用容量的影响。地下建筑物、构筑物如地铁、地下人防设施、地下商业设施、地下管线等已开发利用的地下空间，对邻近地下空间的开发利用具有较大影响，已开发利用空间将降低相应区域地下空间开发利用的可行性。

5. 地域位置条件

地域位置条件包括城市在区域地理位置中的重要性及与城市中心区的位置关系等。城市在区域地理位置中的重要性影响城市开发利用地下空间的适宜度。与城市中心区的位置关系影响城市具体地块地下空间的开发价值。

1.2　地下管线监测与城市发展适应性分析的必要性

1.2.1　城市地下管线监测的内涵

城市地下管线监测包括运行状态监测和建设与发展监测。

1. 运行状态监测

城市地下管网是城市的生命线，是城市的重要基础设施。城市地下管网具有类型多、密度大、分布复杂、范围广、地下隐蔽等特点，管道检修、腐蚀、渗入、泄露、占压、火灾、爆炸和恐怖袭击等会影响管网运行，甚至威胁人民生命财产安全。为便于实时了解管网运行状态，发现事故隐患，对出现的问题进行有效处理和修复，以免造成更大的影响，需要对城市地下管线运行状态进行监测，运行状态的监测包括在线监测、定期检验和日常巡检。

地下管网在线监测主要通过数据采集与监视控制系统（supervisory control and data acquisition，SCADA）实施。SCADA 是一种以计算机为基础的生产过程控制与调度自动化系统，可以对地下管线运行设备进行监视和控制，以实现数据采集、设备控制、测量、参数调节以及各类信号报警等功能。SCADA 对整个管道系统实施在线、实时监控，主要功能包括采集监控对象的主要运行参数及状态，向各被监控站发送遥测、遥控和遥调指令，显示运行参数、状态、趋势和模拟流程，存储和记录运行事件、报警事件，运作报表打印、事故状态报告打印，数据分析处理、调度决策指导，系统优化模拟、运行管理预测等（王育明，2008）。

按照国家质量监督检验检疫总局颁布的《压力管道定期检验规则（公用管道）》的规定，对于设计压力在 0.8MPa 以上的高压、次高压管道和中压燃气管道，定期检验包括年度检验、全面检验和合于使用评价；设计压力小于或等于 0.8MPa 的次高压、中压管道定期检验包括年度检查和全面检验。年度检验是指运行过程中的常规性检验，每年至少进行一次，进行全面检验的年度可以不进行年度检查。年度检查通常由管道使用单位公用管道作业人员进行，也可以委托国家质量监督检验检疫总局（简称质检总局）核准的具有资质的检验检测机构进行。全面检验是指在一定的检验周期内，对在役管道进行的基于风险的检验。其中，新建管道的首次全面检验时间不超过如表 1.5 所示的规定年限，首次全面检验之后的检验周期不能超过表 1.5 中规定的时间，且不能超过预测的管道剩余寿命的一半。PE 管或者铸铁管的全面检验周期不超过 15 年。对于风险评价值较低的管道，经使用单位申请，负责使用登记部门同意，全面检验周期可适当延长。承担管道全面检验的机构，应当经质检总局核准，其中高压燃气管道的全面检验应由具备长输（油气）管道全面检验资质的机构进行。

表 1.5 全面检验最大时间间隔①

管道级别	GB1-Ⅲ级次高压燃气管道	GB1-Ⅳ级次高压燃气管道、中压燃气管道、GB2 级管道
最大时间间隔/年	8	12

合于使用评价在全面检验之后进行。合于使用评价包括对管道进行应力分析计算；对危害管道结构完整性的缺陷进行剩余强度评估与超标缺陷安全评定；对危害管道安全的主要潜在危险因素进行管道剩余寿命预测，以及在一定条件下开展的材料实用性评价。承担合于使用评价的机构应具备质检总局核准的合于使用评价资质。

定期检验中的全面检验和合于使用评价，应采用完整性管理理念中的检验检测评价技

① TSG D7004-2010，压力管道定期检验规则——公用管道。

术，开展基于风险的检验检测，并确定管道的事故后果严重度。

地下管线日常巡检包括人工巡检、地面智能巡检、无人机巡检等方式。传统的地下管线巡检多采用人工巡检、手工纸介质记录的工作方式，管网环境、人员业务能力以及责任心等多种因素都会对巡检结果造成影响，难以保证巡检质量和到位率；巡检数据管理与保存难，查询不便，不能及时反馈和统计反映管线运行情况、故障状态、设备缺陷等；管理人员不能及时处理和上报巡检过程中发现的异常情况，不能及时发现管道和设备隐患，容易引发事故。RFID（无线射频识别）技术的电子巡更巡检系统出现后，通过在管道沿线布置多个巡检签到点，巡线人员手持巡检仪，到每一个巡检点即自动读取巡检签到点的编号信息，连同时间一起记录在手持巡检仪中，待巡检人员完成巡检任务后，再将巡检仪中保存的记录上传至管理软件中进行统一的分析、评价和管理。电子巡更巡检系统解决了人工巡检、手工纸记录的缺点，可以要求和监督巡检人员按照规定的时间、地点、路线开展巡检工作，并保存巡检的电子记录。但是，也存在着信息反馈不及时、人为因素多、调度部门难以实时监控巡检人员工作状态等缺点，而且调度人员不能在电子地图上直观地查看巡检人员发现的故障及周围设施情况，同时，安装巡检点也易受现场环境的局限。基于卫星定位与导航、遥感和地理信息系统（简称3S）技术的智能巡检系统，通过网络平台管理数据信息，可以对巡检人员的运行轨迹进行实时监控，对巡检人员当前工作状态进行检查监督，对不合格参数进行自动报警，可定位故障点、显示图形等。基于3S技术的智能巡检系统可以弥补传统巡检方式所具有的巡检不到位、不及时而无法有效监控和处理突发事件的缺陷；解决纸笔录入效率低、差错率高的问题；克服传统巡检系统中台帐重复登记、巡检工作实时控管难等问题。此外，智能巡检管理系统的应用，还改善了巡更系统滞后性问题，进一步实现了目标对象数字化、可视化、实时化管理，将地下管网企业的协调管理水平和紧急故障处理能力提升到一个新的高度，切实保障城市管网具有良好的生产运营状态。

目前，无人机管线巡检可采用固定翼和多旋翼无人机搭载传感器进行高清拍照，达到实时监控、传输数据的目的。无人机在管线巡检中的应用大致分为两类：一类是定期巡检，利用无人机进行常态化巡检；另一类是应急保障。目前以无人机较为常见，搭载各种传感器的无人机可快速到达事故地点，进行现场情况快速监测和反馈，服务于管道应急抢修和事故救援中。相对于人工巡检，无人机巡检具有以下优点：安全、易操作、效率高；小型化、集成化的设计更便于运输、携带，且维修保养方便，使用周期长；特定区域定期巡检代价低；可进行实时监测，及时发现安全隐患；搭载高精度卫星定位导航系统，可精确定位，及时反映情况，以便应急救援和物资投放，帮助相关部门及时了解态势，节省时间，避免事态扩大化。

2. 建设与发展监测

地下管线建设与发展监测是采用现代测绘、物探、GIS、卫星定位与导航等现代技术手段，周期性地获取城市地下管线规划和建设的发展数据，以反映城市综合或者专业地下管线的建设和发展的规模、动态及其时空分布和发展变化特征的信息。

地下管线建设与发展监测的内容包括：反映管网承载力的场站储备能力、输配管网的水力工况、管网密度和普及率等指标及其发展变化特征与规律；地下空间设施与城市空间、限制开发的区域、可充分开发区域和有限开发区域之间的空间关系等反映城市地下空间开发程度和可进一步开发利用的指标及其发展变化特征与规律；反映城市地下管网空间布局安全特性的管道埋设位置、管道地面（被）占压、管道之间水平和垂直净距、水平和垂直布置顺序、埋深和管道穿越等技术指标及其发展变化特征与规律。

地下管线建设与发展监测的目的是从整体上评价城市地下管线空间布局的安全性与城市生产生活的需求适应性，并提供数据和技术支持，为城市可持续发展提供基础。

1.2.2 地下管线监测是城市可持续发展的客观需求

城市可持续发展的目标是将城市建设成为规划布局合理，配套设施齐全，有利工作方便生活，居住环境清洁、优美、安静，居住条件舒适的城市（王启仿，2002）。按照学科不同，对于城市可持续发展有如下几类观点。

经济学者认为，城市可持续发展是一个进展演替过程。在此过程中，人口、资源、环境、经济与社会各要素之间可能出现数量、质量的不协调。因此，城市要想实现可持续发展，必须放弃传统的发展观念，适应市场经济体制要求，在注重效益的前提下，寻求城市经济的内涵发展。

生态学家则把可持续城市表述为生态城市，可持续发展的城市是一个经济发展、社会进步、生态保护三者保持高度和谐，技术与自然达到充分融合，城市环境清洁、优美、舒适，因此能最大限度地发挥人的创造力、生产力，并有利于提高城市文明程度的稳定、协调的人工复合系统（丁健，1995；黄光宇等，1997）。城市发展主要有以下三类问题：①资源利用效率低下和资源开发利用的短视行为；②复合生态系统关系的链式而非网式调控；③城市复合生态系统的功能问题。城市人与自然关系的生态失调都是管理部门企图用机械控制论代替生态控制论、用主观意向代替客观规律，致使生态秩序发生紊乱的结果（王如松等，1996）。为解决这些问题，促使城市生态系统朝可持续发展方向演进，需进行城市生态系统调控（陈涛等，1992；欧阳志云等，1995）。

区域可持续发展研究对象是区域人口、资源、环境与经济发展（简称 PRED）系统（张志强，1995；秦耀辰，1997），研究其各要素之间的有机联系相互依存、客观存在的统一体。区域可持续发展主要是规划、监测和调控区域的系统演进（秦耀辰，1997）。从城市系统演变的角度出发，城市可持续发展是一个时空复合的反馈-调控过程，其内涵具有空间性、时序性、约束性、区域性和反馈与调控性（张新生等，1997）。

因此，开展城市地下管线和地下空间开发利用状况监测，获得城市地下管线和地下空间开发利用的数量和质量及其时空变化发展特征，发现城市地下管线和地下空间与城市其他要素的协调性、适应性特征和问题，可以为城市地下管线和地下空间开发利用发展提供依据，为城市可持续发展提供保障。

1.2.3 地下管线监测是地理国情监测的重要内容

国情是指一个国家的社会经济发展、自然地理环境、文化历史传统以及国际关系等各个方面情况的总和，也是指某一个国家某个时期的基本情况，是国家制定发展战略和发展政策的依据，也是执行发展战略和发展政策的客观基础。

地理国情是从地理的角度分析、研究和描述国情，即以地球表层自然、生物和人文现象的空间变化及其相互关系、特征等为基本内容，对构成国家物质基础的各种条件因素进行宏观性、整体性、综合性的调查、分析和描述。例如，对国土疆域概况、城市布局和城镇化扩张、灾害环境与灾害分布等基本状况的调查、分析和描述等。地理国情综合反映了一个国家或区域人地关系的协调程度，是国家和地区科学发展、可持续发展、和谐发展的重要决策依据。地理国情是重要的基本国情，是国土疆域面积、地理区域划分、地形地貌特征、道路交通网络、江河湖海分布、土地利用与土地覆盖、城市布局和城镇化扩张、生产力空间布局等自然和人文地理要素的宏观性、整体性、综合性体现。地理国情是国情的一部分，狭义来看，是指与地理空间紧密相连的自然环境、自然资源基本情况和特点的总和；广义来看，是指通过地理空间属性，将包括自然环境与自然资源、科技教育、经济发展、政治、社会、文化传统、国际环境和国际关系等在内的各类国情进行关联与分析，从而得出能够深入揭示经济社会发展的时空演变和内在关系的综合国情。

地理国情监测是基础测绘的延伸。基础测绘提供单一、静态的自然地理数据获取、管理和利用，注重描述现状信息、提供直接数据服务。地理国情监测提供自然地理数据、社会经济数据和人文地理数据的综合分析利用和知识发现，注重描述动态变化信息、提供信息服务。地理国情监测是对基础地理数据的增值利用（李建松等，2013）。地理国情监测是综合利用全球卫星定位导航（GNSS）、航空航天遥感（RS）、地理信息系统（GIS）等现代测绘技术，以及地理、人文、社会经济科学调查技术，综合各时期已有测绘成果，对地形、水系、湿地、冰川、沙漠、地表形态、地表覆盖、道路、城镇等要素进行动态化、定量化、空间化的持续监测，并统计分析其变化量、变化频率、分布特征、地域差异、变化趋势等，形成反映各类资源、环境、生态、经济要素的空间分布及其发展变化规律的监测数据、地图和研究报告等，从地理空间的角度客观、综合展示国情国力（李建松等，2013）。

地理监测的范围可以分为全球地理监测、区域地理监测、局部地理监测（李建松等，2013）。①全球地理监测，即监测对象和内容覆盖全球范围，如全球地表覆盖和土地利用变化、全球气候变化、全球粮食产量的监测等。②区域地理监测，即跨洲和跨国家范围的监测，如区域地震、海啸、台风、厄尔尼诺现象的监测等。③局部地理监测，指在一个国家或一个省、市、县等范围内从事的某种监测活动，或对重点区域、重大工程范围的监测活动，如地理国情、省情、市情监测，长江三角洲生态环境监测、长江三峡地质环境灾害监测、南水北调水源地环境监测、珠江三角洲城镇化和城市群落变化监测等。

地理国情监测的对象一定是与地理位置相关，或可进行地理空间化的对象。自然地理对象、人文地理对象（江河湖泊、森林湿地、道路、房屋等）是地理国情监测的基本对象。人口数据、经济数据等，虽然没有直接的地理参考位置，但可通过空间化方法赋予其地理参考位置，也是地理国情监测的对象（李建松等，2013）。按照地理学的分类，可将地理国情监测划分为自然地理国情和人文地理国情监测。自然地理国情是最基本的地理国情，是地理国情中必不可少的重要组成部分。自然地理国情监测就是要对自然地理方面的国情进行动态测绘、统计和分析研究，其内容强调自然地理环境的特征、结构及其地域分布规律[①]。人文地理国情是指与人类活动直接相关的地理国情，主要包括社会、经济、城市、人口等领域，监测指标包括区域面积、人口数量、人均GDP等。人文地理国情监测侧重研究人类的各种地表社会经济活动，实现国情信息在地理空间上的可视化与空间化，是地理国情监测体系的有机组成部分，关系着其他地理国情的监测，同时也需要其他地理国情监测结果的支持。人文地理国情深刻影响着自然资源、生态环境等其他领域的国情，因此，人文地理国情监测对于地理国情监测至关重要。近年来，我国经济快速发展，社会日益进步，城市不断扩张，人口流动频繁，现有的人文地理国情监测存在多部门分散进行、时效性差、成果利用率低等一系列问题，已不能满足人文地理国情监测的需要，加强人文地理国情监测的紧迫性日益凸显。

城市是一种特殊的地理环境。城市占整个地球的表面积很小，但集聚了高密度的人口和社会经济活动（许学强等，1997）。城市不仅是人口、经济中心，也是国家社会生活的中心。多数决定国家发展的决策是在城市中进行的，多数社会生活开始于大城市，然后才扩散到较小的城镇和乡村。城市是人类物质财富聚积，精神财富生产、积聚和传播的中心，影响和联系面极为广阔。城市也是人类对自然环境干预最强烈的地方，包括自然环境却又是以人造物和人文景观为主的一种地理环境，人类对这一部分自然地域的改造影响深远，反过来，通过影响自然界又影响到人类本身的生存。城市是一种不完全的、脆弱的环境系统，是人类受自然环境的反馈作用最敏感的地方。因此，开展地理国情监测，必然包含城市地理国情的监测，城市发展状况监测是地理国情监测的主要内容。

城市地下管线是指在城市规划区范围内，埋设在城市地下的给水、排水、燃气、热力、工业等各种管道，和电力、电信电缆以及地下管线综合管廊（共同沟）等（朱顺痣，2010）。城市地下管线是城市重要的基础设施，是保障城市运行的重要基础设施和“生命线”。随着我国城市化进程的加快，越来越多的城市地下安全问题暴露出来，迫切要求尽快提高我国城市地下管线规划管理水平。因此，城市地下管线监测是城市地理国情监测的重要内容。

1.2.4 城市发展适应性评价

开展地理国情监测是转变经济发展方式的迫切需要。为解决我国经济社会发展中不平衡、不协调、不可持续，特别是经济增长与资源环境的矛盾，城乡区域发展不协调等重大问题，区域发展总体战略和主体功能区战略实施情况如何，需要全面、直观的地理信息来进行评价；城市化布局和形态是否完善、城市开发边界是否合理、特大城市面积是否过度扩张，需要准确的地理信息来进行检验；耕地保护、水利设施、森林覆盖、运输体系、能源管网建设、棚户区改造、重点流域和区域污染防治等情况如何，需要权威、科学的地理信息统计数据来进行监督。城市发展变化监测是地理国情监测的重要内容。

城市发展适应性评价正是对城市构成要素发展变化的相互协调、发展可持续性的评价，是当前城市地理国情监测所获取数据的深入分析和应用。评价结果不仅可以为

① 李倩. 2011. 地理国情监测数据标准化设计研究与实践. 阜新，辽宁工程技术大学，8-9.

政府部门科学决策提供重要支撑，有利于提高政府管理的科学性、规范性和前瞻性，有利于优化国土空间利用，推动低碳经济发展，加强生态环境保护；而且可以为各有侧重的绩效评价和政绩考核提供科学、客观、直观的依据，有利于促进政府领导树立正确的政绩观，引导各地区、各部门真正转变经济发展方式，有利于落实广大群众的知情权、监督权，推动建设责任政府、阳光政府；还可以使社会公众全面、直观地了解国家和地方经济建设和环境变化等方面的实际情况，有利于公众提高节约资源、保护环境的意识，增强社会责任感，自觉选择绿色、低碳生活方式，共同构建资源节约型、环境友好型社会。

1.3　城市地下管线信息化

地下管线信息是指在城市规划区范围内，埋设在城市主干路、次干路、支路、社区道路以及城市广场等区域地下管线的空间位置、走向、基本属性及其附属物等信息。地下管线信息包括地下管线的空间信息和属性信息，空间信息包括管线点的平面、高程坐标和埋深，通过每个管线点的平面、高程坐标可以精确地描述地下管线的空间位置。空间信息可通过物探和测量方法采集获得；属性信息包括管线材质、尺寸、特性、建设情况和使用现状等，可通过实地调查采集获得。

城市地下管线信息化建设的目的是实现地下管线信息的共享与应用，主要任务是综合运用地下管线探测、测绘、数据仓库、3S、计算机、网络和通信等技术，建立法规标准，规范和完善建设城市地下管线信息共享的技术平台，实现地下管线信息的收集、整理、采集、处理、存储、交换、传输、分发和应用，提高城市地下管线管理水平以及处理公共基础设施突发事件监测、应急反应、执法监督和指挥决策的能力。

1.3.1　城市地下管线信息化建设的必要性

我国城市地下管线权属单位复杂，在其规划、设计、施工、探测、竣工测量、档案归档、运行管理、信息共享应用以及城市应急管理等环节，又分属不同政府行政管理部门监管，而地下管线的建设、管理和监管需要统一、完整和准确的现状地下管线信息作为支撑。由于缺乏完整和准确的现状地下管线信息，已多次发生因信息不能共享而导致施工破坏地下管线，停水、停气、停电以及通信中断事故，严重影响到城市市民的正常生活和企业的正常运转，甚至威胁到人民的生命和财产安全。

1. 城市安全和可持续发展的需要

2008～2014 年，我国 351 个城市中，有 72%的城市均出现过不同程度的城市内涝灾害、管道泄漏事故，全国每年因施工而引发的管线事故所造成的直接经济损失达 50 亿元，间接经济损失达 500 亿元（陈肖阳，2012）。如北京“7 • 21”暴雨灾害致使 77 人死亡，直接经济损失 116.4 亿元；青岛“11 • 22”爆燃事故致使 62 人死亡，黄维管线原油暂时停止输送，直接经济损失 7.5 亿元。地下管线的任何“风吹草动”，都将给城市的安全运行、人民生命财产安全带来巨大威胁。地下管线的信息化及其共享应用有利于减少管线施工事故的发生。同时，在紧急事故发生时，可为应急指挥、抢险救援提供基础数据支撑，提高决策效率和决策水平，以利于高效科学地处置事故、降低事故损失。

地下管线作为城市的一项重要基础设施，在城市出现意外灾害时，可由地下管线设施实施部分的抗灾措施，降低灾害对城市的破坏程度。通过对地下管线信息化和应用，详细掌握地下管线网络的具体情况，可减少管线施工事故等第三方破坏，为城市的健康发展提供了良好的安全保障，有利于城市建设的可持续发展。

2. 提高企业管理效率

传统管线数据存储以纸类为媒介，不仅容易发生数据重复、缺失、霉变、虫害等问题，而且查询、更新、资料保管等较困难，对管网的建设和维护造成了制约。通过对城市地下管线的普查，建立地下管线数据库和信息系统，可以摸清城市地下管线资产、运营现状，为企业地下管线资产管理、发展规划、运营维护、安全运行提供高效、便捷的信息支持。

3. 提高市民满意度

地下管线管理的好坏将直接影响老百姓的生活，任何一次管线事故与老百姓的生活都息息相关，都将造成事故地区的断水、断电、断气或通信中断，甚至使人民生命财产遭受巨大损失。城市地下管线信息管理系统的建成与应用，可实现信息共享，将大大减少施工事故，有利于有效地进行施工管理，减少工程重复建设，减少“马路拉链”的发生，缓解城市交通拥堵情况。

4. 提高政府工作效率

城市化进程的不断加快，城市管理部门的工作任务有所加大，加之城市工程建设的增多，建筑、道路、绿化和管线建设等多方面内容都将成为政府进行城市管理的难点。城市地下管线大多位于城市道路的地下，管线种类众多，设置错综复杂，加大了管理难度。因此，实现城市的高效管理，更应从城市地下管线入手，将日渐增多的各类管线进行分类、收集信息、建档等，为城市工程建设提供安全施工环境，为城市的合理规划和设计提供资料。地下管线信息系统建设应用，有利于提高政府管理部门的办公效率，提高企业和居民的办事效率。

5. 城市信息化的基本组成

城市地下空间是城市空间的重要组成部分，也是上部空间的基础，城市地下管线作为城市至关重要的组成部分，其错综复杂的网络布局为城市发展做出了突出贡献，特别是电信、电网管线和给排水管线等。我国城市信息化逐渐从数字城市进入了智慧城市时代，为满足数字城市和智慧城市建设的需要，对城市地下管线进行信息化建设既要考虑地下管网的特殊性，也要纳入数字城市和智慧城市建设的范畴。

1.3.2 城市地下管线信息化发展与现状

国外在 GIS 研究及其在管线方面的应用起步较早，并积累了丰富的经验。美国 Intergraph 公司将其开发的管线管理模块称为自动制图和设施管理系统（automated mapping facilities managment，AM/FM）。美国洛杉矶市启动了一项污水管道检修项目，市政工程局通过闭路电视探测其主干排污管道，然后利用 ArcInfo 软件和管道系统数据库来确定哪些管道最有可能损坏，依此制订三年的管道检修计划。美国环境系统研究所公司在 Rowland 市用 ArcInfo 软件进行地下管线的综合管理。在伦敦市的城市信息系统中，可以清楚地查询到每条管线的位置、埋深、埋设时间等信息，并定期对其维修。在牛津市的市政信息系统中可以查询到每条下水管道的管径、埋深、流量、位置、埋设时间等信息。其他发达国家的管理部门也相继建立了信息系统①。

国内地下管线信息化经历了以下几个过程。

（1）数据库管理管线数据。综合整理地下管线资料，录入并存储在数据库系统中，具有常规的属性数据，也具有录入、修改、查询等管理功能。这种方式可有效管理地下管线属性数据和资料，便于查询分类，但不具备图形能力，不能对空间数据进行检索和相关分析。

（2）MIS 与图形相结合。仍使用 MIS 来存放和处理属性数据，图形则通过图形系统（如 AutoCAD）来录入，以文件形式单独存储。这种方案只是把 MIS 的思路简单扩展到图形数据上，但属性数据和图形数据仍然分离，彼此不相关联，图形所包含的丰富信息未能被系统自动识别、提取和利用。

（3）图形和数据库挂接。利用属性数据表中扩展字段来存储对应图形的数据索引，将图形与属性记录关联起来，实现图形数据与属性数据互查。因实现了图形和属性的关联，使图元具有了意义，为基于空间数据的检索分析奠定了基础。但仍然存在很大缺陷：图形和属性的松散耦合导致关联关系的维护比较复杂；无法有效管理图元间的拓扑关系，难以进行深层次分析，即使能实现分析，效率也很低；一般只能对单一图幅进行管理，对海量数据的一体化管理缺乏有效手段，不利于空间分析和检索，三维数据处理能力很弱。

我国对 GIS 的研究起步于 20 世纪 80 年代初，早期以引进国外的 GIS 软件为主。随着 GIS 基础研究的发展以及应用领域的不断扩大，国内开始独立研制开发适合国情的 GIS 软件产品。20 世纪 90 年代相继有一些国内的 GIS 软件产品问世，较著名的有 MapGIS、GeoStar、SupperMap 等。虽然中国 GIS 事业起步较晚，但取得了重大的进展，为地下管线信息化提供了良好的支撑。

20 世纪 90 年代以前，我国城市地下管线类型少、规模小，以图、表、卡片等形式进行管理、保存，具有难以保存、容易缺失、使用不便等缺点。20 世纪 90 年代初，国内部分单位开始尝试采用计算机机助成图方法来管理地下管线资料，但仍以档案模式管理。

---

① 张帅军，洪开荣，李治国，等. 2012. 我国城市地下管线共同管廊建设的思考与发展建议. 2012 年中铁隧道集团低碳环保优质工程修建技术专题交流会论文.

20世纪90年中期，我国城市化进程加速，城市地下管线系统越来越庞大、复杂，其作用与功能越来越重要。此时，电磁阀探测技术、图形化操作系统、GIS和数据库技术逐步成熟，并引入城市地下管线普查和数据管理中，城市地下管线数据库建立及信息应用有了技术基础。

1995年7月1日施行的《城市地下管线探测技术规程》(CJJ61-94)，使城市地下管线探测技术逐步走向规范化。《城市地下管线探测技术规程》(2003)、《城市地下管线工程档案管理办法》(2005年)的颁布实施，促进了城市地下管线信息的标准化、规范化和有序化。城市地下管线普查、检测评估、维护与保养等方面的工作逐步展开，信息化进程明显加速。据统计，仅2000～2006年，我国就有127个城市开展了城市地下管线普查和信息系统建设，占全国城市总数量（669个）的19%，其中，开展和部分开展城市地下管线普查和信息系统建设的直辖市和省会城市为25个。2005年，我国GDP排名前10位的城市全部开展了城市地下管线普查和信息系统建设，在我国GDP排名前10位省份的地级以上城市（147个）中，有近50%的城市（73个）开展了城市地下管线普查和信息系统建设，其中东部地区占77%，西部地区仅占23%。到2009年，我国开展城市地下管线普查和信息系统建设的城市总数量已近1/3，有近90%的城市进行了地下管线信息的动态更新，大部分城市开始尝试信息资源共享，积极探索发挥城市地下管线信息资源的社会效益（江贻芳，2015）。

截至2014年底，全国已超过250个城市提出建设智慧城市，遍及中、东、西部各地区，涵盖不同经济发展水平的城市。住房和城乡建设部于2012年11月提出《国家智慧城市试点指标体系》，其中明确指出智慧地下管线是智慧城市建设的基础和重要组成部分，并规定了地下管线综合管理指标，“实现城市地下管网数字化综合管理、监控，并利用三维可视化等技术手段提升管理水平”。

2014年6月3日发布的《国务院办公厅关于加强城市地下管线建设管理的指导意见》要求：2015年底前，完成城市地下管线普查，建立综合管理信息系统，编制完成地下管线综合规划。力争用5年时间，完成城市地下老旧管网改造，避免重大事故发生；用10年左右时间，建成较为完善的城市地下管线体系。

1.3.3 城市地下管线信息化发展趋势

随着互联网+、物联网、大数据技术的发展和智慧城市的推广，城市地下管线信息化将呈现如下发展趋势。

（1）智慧管网。智慧管网是城市地下管网发展的新趋势，智慧管网将逐步实现管网本体、运行状态、管网事故的实时、全面感知，并与智慧城市紧密结合，成为智慧城市的重要组成和关键部分，实现便捷的信息共享、共用。

（2）全生命周期系统。管网信息化发展的另一个特征是利用信息系统实现地下管网从规划、设计、施工、运营维护、改造直到管网停止使用而消亡的全生命周期管理。

（3）综合集成系统。地下管线GIS广泛集成GIS技术、GPS技术、多媒体技术、大数据技术、云计算、人工智能技术，已从进行城市地下管线数据的采集、管理、综合分析与处理的技术系统向功能强大的规划决策、隐患与事故感知、快速抢修、应急处置与救援等空间决策支持系统转变。

（4）企业信息化综合系统的基础。管网信息系统将与企业日常办公、业务运行结合更加紧密，集成办公环境下的各类数据，将工作流的概念引入地下管线管理，使得与地下管线相关的所有办公环节构成一个整体。

1.4　地下管线监测与城市发展适应性发展现状

1.4.1　地下管线监测发展现状

城市地下管线监测包括运行状态监测和建设发展监测。

1. 运行状态监测

地下管线在线检测方面，SCADA 系统的概念开始形成于 20 世纪 60 年代中期，此时的系统不灵活，而且故障率高。20 世纪 70 年代，随着大规模集成电路研制成功，低功耗存储器的出现，小型、微型计算机的应用及软件研发得到了快速发展，提高了 SCADA 系统的硬件和软件水平。20 世纪 70 年代中期，具备执行逻辑、顺序、计时、计数或演算等功能的可编程序控制器（programmable logic controller，PLC）开始应用于输油管道，它可以通过数字或模拟输入/输出信号，控制各种形式的工艺过程（吴爱国等，2000）。20 世纪 80 年代初，智能远程终端控制系统（remote terminal unit，RTU）及功能更强的 PLC 随着 16 位微处理机的问世而出现，SCADA 系统主机向容量更大、功能更强、价格更低的方向发展。此时，SCADA 系统的人机对话、数据检索能力、硬件可靠性有了进一步提高。20 世纪 90 年代，管道自动化开始向智能化发展。随着“智能”远程终端控制系统具备独立进行现场集散控制的能力，SCADA 系统由集中控制和集中管理向集中管理、分散控制的模式发展，调控中心主机更多地用于数据采集与分析，而不必以实时方式运行，大大减轻了调控中心计算机系统的压力。

目前，国内外都采用因特网 SCADA 实现油气田生产设施的实时数据显示、报警，采用标准网络浏览器显示数据，无须专用软件，同时无须将各远程设备与当地互联网服务供应商（internet service provider，ISP）连接。美国怀俄明州某气田利用网基 SCADA 监控和标定泵控制器，实现对偏远泵送设施的操作、维护，既节省了时间，又降低了成本，提高了生产效益（王育明，2008）。

用户可组态开放式 SCADA（UCOS）是一种采用面向对象的编程和用户接口技术，控制工程师可对面向对象的控制逻辑进行图形组态，同时生成操作员接口图形，以及面向对象的数据库储存控制逻辑和各项目的图形数据。香港国际机场（监控 30000 个 I/O 点）、沙特 ARAMCO 公司沙漠地带的 QASSIM 管道、美国 KM 公司的 LPG 管道、横贯阿拉斯加的输油管道已用 UCOS 对现有 SCADA 系统进行升级改造。横贯阿拉斯加的输油管道全长 1280km，由设在威廉王子湾的瓦尔迪兹海洋终端监控。升级改造后，UCOS 利用实时动态图形画面 7×24h 不间断监控管道泄漏检测系统、输油和油轮装油作业等。该管道经过自动化系统改造后，停用泵站6座，减用员工150人。目前仅11座泵站就能满足每日百万桶油的输送要求。

我国早期建设的管道以站场就地控制或站控室集中控制为主，全线采用语音进行人工调度。20世纪90年代后新建的管道均建立了以计算机为基础的SCADA系统，2010年后，大部分新建输油气管道SCADA系统采用管理集中、控制分散的分布式控制方式，即使通信系统或调控中心设备故障，各站仍能独立地运行。一个完整的油气管道SCADA系统一般可分为三级控制：调控中心级、站场控制级和现场控制级。在技术手段上，网基SCADA、UCOS和云技术也开始被大型SCADA软件所利用。

中国科学院自动化研究所为华北电网有限公司开发的SD176系统，在提高电网的调度效率和水平方面有着举足轻重的作用。在电力系统中，SCADA系统应用得最多和最为广泛，作为能量管理系统EMS的一个最重要的子系统，已成为电力调度不可缺少的工具，可以实时准确了解电力系统的运行状态，快速诊断系统的故障，并显示系统故障情况（王育明，2008）。

SCADA在铁路电气化系统中应用较早，且取得了非常大的进步，为铁路系统的电气化提供可靠的电力供应，提高铁路系统运营调度管理水平起到非常重要的作用。我国自行研发的HY200、DWY等SCADA自动控制系统，已经成为远程电气化铁路系统领域的成熟产品，具有保密性好、适用性强等特点，在合理调度机车等方面发挥着巨大作用。

在管道上每隔一段距离布置一个监控点，采集管道中的压力、流量、温度等参数，通过ZigBee无线网络将采集到的数据传到ZigBee中心节点，中心节点的数据通过GPRS上传到监控中心，由监控中心分析记录数据，判断哪一段管道发生了泄漏，并通知管理人员进行处理（马小强等，2010）。

通过在骨干网光缆周围埋设震动、声音等传感器采集装置，实时收集光缆周边的震动频率和声音，经分析处理后形成监测结果，以多跳路由的方式进行传输，最终通过移动TD网络发送到服务器端，实现对线路周边震动破坏活动的实时监控，监控中心智能分析系统分析识别震动的频率和强度，主动判别并对危险信号发出警告，及时通知监控人员采取应急措施，有效减少事故的发生（江甜甜等，2012）。

基于SCADA系统OPC通信的供水管网实时模拟模型，可实时获得供水管网运行信息，利用SCADA系统实时数据对供水管网运行工况进行实时仿真模拟，能够及时发现管网运行异常工况，实现供水管网运行工况实时分析、管理，并应用于东北某大型城市（常魁等，2011）。智能燃气管网是由SCADA与移动通信、云计算等信息技术相结合，以集成管理平台的操作方式为企业提供高效完善的智能服务。通过对燃气管道信息进行实时准确地采集、监控、处理和分析，为燃气企业提供数据监控、数据集成、智能调度、智能分析与决策等功能。它涵盖燃气企业生产运营的方方面面，包括智能供气、智能调峰、智能监控、智能巡检、智能调度、智慧决策，以及从设备维修检修到管网完整性管理等（陈肖阳，2012）。通过原位模拟泄漏实验，监测在不同地下水位条件下，污染物的垂向运移扩散过程；然后分析污染物扩散过程中电阻率的变化，实现地下污水管线泄漏的实时监测，为管线泄漏的原位监测提供一套可靠的泄漏事故判定方法，为埋地管线泄漏监测提供一种新的手段（郭磊等，2012）。

目前，SCADA 系统已经逐步发展成为管理信息系统（management information system，MIS）、办公自动化（office automation，OA）、地理信息系统（geographic information system，GIS）、制造执行系统（manufacturing execute system，MES）以及企业资源计划（enterprise resource planning，ERP）等系统的实时数据源，成为智慧系统感知和数据获取系统。因此，如何更好地实现 SCADA 系统与上述各类系统的连接与广泛集成已经成为需要研究解决的重要课题，成为 SCADA 系统的一个发展方向。

地下管线日常巡检包括人工巡检、地面智能巡检、无人机巡检。国外基本已经实现了数字管道，油气管道的巡检系统逐步实现了智能化，能够满足油田管理的精度要求。在发达国家，此项技术已广泛应用于保安巡检、邮政通信线路、油田巡检，房产物业管理、银行金库保安、博物馆、水力、电力、矿业等部门的监测，任何一个涉及定期进行数据采集与巡检的地方，都可以采用巡检系统。巡检系统在硬件上也从最早的接触式发展到目前的感应式，采用非接触射频卡、感应卡技术，信息采集器不用接触即可读取信息，可进行无线通信。而且，巡检系统的管理软件具有网络功能，可以实现远程数据共享。国外相关的巡检系统，其硬件与软件的设计都比较完善，国内要想使用其产品可能涉及其知识产权，所以代价太高，而且这些软件受中国国情限制，不能完全满足我国企业自身的需求，实施也较为复杂。在中石油《"十一五"信息技术总体规划》（2005 年）中，将 GPS-GPRS 智能巡检系统作为管道运输信息化建设的一个重要部分。现阶段国内已有一些高校、企业开展智能巡线的研发，将 GIS、GPS 和北斗技术结合，开发出一些比较成熟的产品并得到较大规模的推广应用。

国内外无人机巡线都从电力巡线开始，应用也最广。该技术起源于发达国家，他们依托先进的无人机技术在无人机巡线领域处于领先地位。现在，该技术已经发展到后续的图像、数据处理方面，发达国家甚至将激光雷达巡线技术也应用于无人机上。最早利用无人机巡线的是英国的威尔士大学和电力咨询公司。日本关西电力公司与千叶大学联合研制了一套架空输电线路无人机巡线系统，该系统包括故障自动检测和三维图像监测技术，能自动查巡雷击闪络点、杆塔倾斜、铁塔塔材锈蚀、水泥杆杆身裂纹、导地线断股等主要缺陷；能识别导线下方树木和构筑物；检测导线下方树木、构筑物与导线的距离。据统计，在巡线费用方面，无人机比起载人飞机节约近 50%。西班牙马德里理工大学研发的基于计算机视觉技术的无人机导航系统，利用图像数据处理算法和跟踪技术，实现架空输电线路无人机巡线导航，可自动检测无人机相对于参照物的地理坐标和速度，可准确对架空输电线路进行巡检。此外，还研发了无人机安全可靠着陆的数学物理模型，当燃料消耗完或与地面失去控制联系时，无人机可以自动检测与架空输电线路或其他障碍物的相对位置，从而绕开障碍物实现安全降落。澳大利亚联邦科学与工业研究组织（GSIRO）通信技术中心开展小型无人机巡线系统的研发，该系统由微型燃气轮机提供动力，比燃油机、电动机最大的优势是机体振动大幅度降低，把振动对巡线的影响降至最低；通过安装在无人机上的激光测距仪，测量导线下方构筑物、树木等与导线之间的距离。英国威尔士大学研发的一款垂直起降无人机的架空输电线路巡检系统，其外形结构采用管道风扇形，提升了无人机抗气流干扰的能力，降低了飞行过程中的发动机噪声；通过能源提取装置从导线上获取电力能源作为直升机巡线作业的能源；该巡线系统有两大优点：自动从运行的线路上提取电力能源；与巡检线路距离非常接近，不占用专用航道，不需要进行航空申请（付里玮等，2014）。

20世纪80年代，国内华北、河南、东北电力研究所等单位曾经在河南、湖北两省进行了8次直升机电力线路巡检试飞，华北电网公司在2000年立项开展直升机巡线技术研究，2002年正式开展航巡作业。2001年，李俊娥、冯小宁在《铁路计算机应用》发表的论文——《铁路信号设备巡检智能管理系统的设计》，介绍了铁路信号设备巡检智能管理系统研制的作用、系统功能、软硬件结构等（李俊娥等，2001）；崔淼在《中国安防产品信息》2001年第5期发表《24小时巡逻的保障——巡更系统》，介绍了巡更系统的概念、分类和管理系统的作用（崔淼，2001）。此后，李荣盛等设计了一种用于电信交换网络智能巡检的系统，尝试利用计算机系统的自动化和智能化的特性，来代替人工进行交换网络的日常巡检和日常作业计划的执行（李荣盛等，2003）。国内外应用于石油管道线路上的巡检方式大同小异，只不过是在探究巡检自动化技术方面，国外超前于国内。但随着国民经济的增长，国内也在努力发展相应的自动化巡检技术。

2011年以后，无人机巡线已经在华中电网、南方电网试点并推广应用。

2. 建设发展监测

2004年以前，我国没有专门的与城市地下管线及其信息化相关的法律法规，与城市地下管线有关的法律包括《城乡规划法》、《建筑法》、《土地管理法》、《物权法》、《电力法》、《测绘法》和《档案法》等；有关行政法规有《城市道路管理条例》、《测绘成果管理条例》和《建设工程勘察设计管理条例》等。在这些法律、法规中，地下管线只是作为附属对象进行管理，且极少涉及管网信息化的内容。2004年，住房和城乡建设部颁布了《城市地下管线工程档案管理办法》，明确规定城市供水、排水、燃气、热力、电力、电信等地下管线专业管理单位在申办建设工程规划许可证前、建设中和竣工验收阶段要获取、查询、提交地下管线图等文件档案。城建档案管理机构应当绘制城市地下管线综合图，建立城市地下管线信息系统，并及时接收普查和补测、补绘的地下管线成果；并依据地下管线专业图等地下管线工程档案资料和工程测量单位移交的城市地形图和控制成果，及时修改城市地下管线综合图，并输入城市地下管线信息系统。

截至2015年6月，在我国291个地级市中，开展地下管线普查城市有222个，占全国地级市总数的76.29%。从区域分布看，华东地区开展普查的地级市数量最多（地级市77个，开展普查的地级市71个），占比最大，为92.21%。华南和西北地区开展普查的地级市占比最小，分别为61.54%和62.50%。普查涉及给水、燃气、热力、排水、电力、电信、工业、路灯、管廊等类专业管线（江贻芳，2007；2015）。分析认为城市地下管线信息化程度与城市GDP排名基本成正相关，GDP排名越高信息化程度越高，反之越低。

2014年6月3日下发的《国务院办公厅关于加强城市地下管线建设管理的指导意见》（国办发〔2014〕27号），明确要求在2015年底前完成城市地下管线普查，建立完善城市地下管线综合管理信息系统和专业管线信息系统。全面查清城市范围内的地下管线现状，获取准确的管线数据，掌握地下管线的基础信息情况和存在的事故隐患，明确管线责任单位，限期消除事故隐患。各城市在普查的基础上，整合各行业和权属单位的管线信息数据，建立综合管理信息系统；各管线行业主管部门和权属单位建立完善的专业管线信息系统。普查范围包括城市范围内的供水、排水、燃气、热力、电力、通信、广播电视、工业（不包括油气管线）等管线及其附属设施，也包括各类综合管廊。

总体上，对城市地下管网的日常监测研究很多，且有不少成熟技术应用于相关领域。而在建设发展监测方面则很少有相关研究。城市地下管线普查和地下管网信息系统的建设是进一步开展城市地下管线建设发展监测的基础，通过综合地下管网信息系统的建设和多期普查（更新）可以实现城市地下管线建设和发展状况的监测，进一步分析各类地下管线的安全性、承载力，以及与城市地下建（构）筑物、地面建筑和城市发展的协调性和适应性，为城市规划、管理提供决策依据，促进城市可持续发展。

1.4.2 城市发展适应性研究现状

城市适应性的研究与分析，目的是解决城市规划设计和发展过程中所面临的问题，寻求一种科学的城市规划设计和发展的评价手段，提出基于 GIS 空间分析、可视化等的城市适应性评价思路，研究城市要素与城市发展，以及城市要素之间的协调性。截至目前，国内外关于城市发展适应性评价研究主要集中在城市交通适应性评价、地下空间适应性评价和城市生态环境适应性评价等领域。

1. 交通适应性评价研究

交通适应性评价包括城市交通和公路网适应性评价等。

城市交通方面，构建了城市交通建设、运营、管理和服务评价指标体系，采用层次分析法确定准则层和各单项指标的权重，通过广义函数法对各评价指标进行无量纲化处理确定单个指标的评价值，最后根据各指标的评价值及其权重确定城市交通适应性评价值（闰攀宇等，2006）。通过定性与定量相结合的方法探讨北京公共交通与城市发展的适应性，找出北京公共交通发展的短板，提出公共交通发展的对策建议（栾子越，2015）。

公路交通方面，分析公路建设与社会经济适应性评价指标体系，结合山东省 1995～1998 年的公路建设评价结果进行了分析（许云飞等，2000）。分析上海市浦东新区的经济与公路发展现状，按照建立评判对象的因素集、建立评判集、找出评判矩阵、综合评判四个步骤建立模糊综合评判的一级数学模型，对浦东新区县乡公路现状进行适应性评价，并提出发展对策（王维凤等，2002）。采用经济学和数理统计手段，确定了公路交通对国民经济的贡献，对国民经济和公路建设的适应性进行定量分析（李宜池等，2003）。将木桶理论和 SWOT 理论应用于公路交通与经济发展适应性的研究中，建立了基于木桶理论的适应性评价指标体系及改进的灰色关联度综合评价方法，并结合实例计算验证（马书红，2004）。提出用多层次-关联分析法进行指标的选取、指标权重的确定，分析江苏的社会经济状况、公路网干线的发展现状，对江苏省城市干线公路网进行了适应性综合评价（刘海强，2005）。建立以公路网总里程、干线公路比重、公路网连通度、公路里程对 GDP 的弹性系数、公路建设投资占 GDP 比例的评价指标体系，及公路建设与社会经济发展适应性评价模型与方法，对江苏省公路建设进行社会经济发展适应性评价（许雪大，2006）。提出改进的连接度指数、相对可达性、车速利用度等三项适应性评价指标，并考虑结构性能和运行质量的公路网适应性评价标准（朱从坤，2006）。进行了经济层次和公路网发展阶段划分，建立包括评价指标体系、无量纲化界限值、经济适应度评价法等方面的适合不同经济条件的公路网适应性评价体系（董兴武等，2006）。建立了高速公路服务区适应性综合评价指标体系，提出综合排队论、熵值法、逼近理想解法（technique for order preference by similarity to ideal solution，TOPSIS）、秩和比等定量分析相结合的高速公路服务区适应性评价方法，以河北省高速公路服务区的适应性评价为例进行了验证（郭跃东等，2007）。通过比较国内发达地区、发达国家及发达国家城市化地区的路网密度、路网连通度、干线公路比例和干线公路网技术等级指数，分析低密度城市化地区干线公路网的发展适应性（范红静等，2007）。建立以路网的规模、结构、布局为主的现状路网结构性能评价指标和服务水平，与以运输效率为主的现状路网交通性能评价指标相结合的评价指标体系，对北京市公路网现状适应性进行评价（张志清等，2007）。分析路网布局的区域适应性评价指标存在的不足，提出网络布局的区域适应性评价指标，使网络布局评价指标体系更全面、合理（李晓锋等，2008）。分析青岛市社会经济发展、综合交通运输及公路网现状，选取路网等级、饱和度、里程饱和率、车速和连通度 5 个技术指标，利用层次分析法对公路网的适应性进行综合评价，提出青岛市公路网可持续发展目标（李兆强等，2008）。从服务区的间距、功能配置、土地利用效果、商业经营价格水平等方面对安徽省高速公路服务区进行了适应性综合评价（胡铁钧等，2008）。构建了交通基础设施建设水平和经济发展适应性的评价指标体系，并建立基于系统演化思想的评价模型，结合相关数据进行实证分析，定性和定量研究交通基础设施建设水平和经济发展之间的适应性问题（侯键菲等，2013）。

2. 生态系统适应性评价研究

提出指导西南地区城市（镇）规划与建设的山地城镇化适应性理论及发展模式，流域人居环境建设的生态理论及减灾防灾与历史文化遗产保护等山地城市（镇）建设适应性新技术支撑体系（赵万民，2008）。以复杂适应系统理论为指导，提出城市工业社区适应性空间单元组织模型的结构成分、组织逻辑和相关指标（高伟等，2012）。以“生物气候场”空间的水热通量平衡为核心，界定气候设计的外部条件，建立设计参数、指标体系，探索可视化设计方法等，尝试建立供风景园林设计构思的户外环境被动式生物气候设计方法框架（董芦笛等，2014）。在建设国际旅游目的地的过程中，城市规划的旅游适应性对策是建立完善的城市旅游空间结构体系，保证城市旅游用地的专项规划和布局，进而构建适应旅游的服务设施和交通支持体系，塑造面向客源市场的城市品牌和形象（杨德进等，2014）。以上海市为研究对象，以 1000～100000m^2 为研究尺度，在实测广场、滨水带和街道的风速、风向、相对湿度、空气温度及太阳辐射等小气候要素数据基础上，分析测试数据与广场空间平面布局及竖向、滨水带空间断面形式、街道空间形态与小气候要素之间的量化关系，提出以调节改善小气候为导向的风景园林规划设计对策（刘滨谊等，2014）。

3. 地下空间适应性评价研究

国外相关研究主要集中在城市地铁轨道交通的地下空间适应性评价方面，总结和分析了日本城市轨道交通在环境、能源、安全等的定量评价方面所取得的成果，呼吁以城市轨道交通作为城市公共交通发展重点的同时，注重对环境、能源和安全的适应性评价（Nehashi et al.，1993）。使用美国五个主要城市的轨道交通系统数据，评价新的城市轨道交通的使用情况和房价的影响，使新建城市轨道与城市相互适应（Nathaniel-Matthew，2000）。使用多变量回归和人工神经网络方法评价轻轨和地铁，应用含有 17 个参数的 16 个项目的数据改进轻轨和地铁设计，提高城市轨道交通的适应性（Murat et al.，2011）。

国内部分机构和研究人员，近年开始进行地下管网的适应评价研究。针对产能提升带来的水产量提升等影响集输管网系统安全运行的问题，利用 TGNET 分析软件建立管网模型，对川中地区油气矿集输管网进行了适应性分析和评价（陈定朝等，2013）。运用数值模拟技术手段，建立加拿大 Mackay River ASGD 油砂乳状液集输管网的瞬态计算模型，计算分输、混输两种集输模式下管网系统的温降、压降等水力-热力特性，分析管网的适应性（张俊等，2014）。运用 TGNET 水力计算软件分别对 DY 市城区燃气管网进行正常和故障工况下的水力计算，分析燃气管网的适应性和可靠性（李庆等，2014）。提出了包括现状水源和外调水源水质比对分析、管网基本情况分析与管道管垢表征、管道适应性试验模拟等用于水源切换条件下城市供水管网适应性评估的方法（林明利等，2015）。

此外，建立了环境、家庭智能体以及环境与家庭智能体相互作用的城市复杂适应性系统模型，模拟城市家庭的迁移，分析城市发展过程（景方等，2003）。

第 2 章　城市发展适应性理论基础

2.1　城市结构及其特性

城市结构是指城市各组成要素间的相互关系、相互作用的形式和方式，主要包括经济结构、社会结构、空间结构等。城市发展过程中，除了建筑物的增加、居民的聚集，还包括城市内部商业、住宅、工业、文化等各种功能区域的发展，且各要素之间存在着有机的联系，构成城市的整体。这种城市内部各种功能区域的形成及其分布与配置情形称为“空间结构”或“内部结构”，简称“结构”。一方面，结构受城市内部自然环境的约束，另一方面也受到历史发展、文化宗教和城市规划的影响。

2.1.1　城市结构

城市结构的划分有多种方式，包括要素结构、空间结构、功能结构等。其中城市要素组成如图 2.1 所示（程建权，1999），可以分为社会、经济、基础和生态系统，其中基础系统包括能源、通信、给排水、公共设施、住宅建筑、游乐和紧急服务等。

城市功能是城市内部空间布局的主要因素，按照功能可将城市分为工业、居住、商业、行政、文化、旅游和绿化区域。居住区是人民生活所在和参加社会活动的地方，商业区则是各种经济活动的中枢。虽然城市结构在空间布局上划分功能，形成了各有特色的区域，但也不能截然分开，可以互相补足，如住宅区可有少数商店，工业区可有一些住宅。

现代城市是一个有动力的有机体，是在一定空间范围内不断演变和发展的。在城市发展过程中，职能分化带动形态的分化并形成城市内部空间布局，各个功能区有机地构成城市整体。城市空间结构主要是指城市各物质要素的空间区位分布特征及其组合规律，按照城市空间结构特征，可以分为同心圆模式、扇形模式、多核心模式，如图 2.2 所示。此外还有中国传统的以皇权为中心的方格井字结构（棋盘式）、以山水为依托的自由布置形态等。

同心圆结构主要是由美国芝加哥大学教授布吉斯（E.W.Burgess）等提出的，照此理论，一般城市结构形式由五个同心圆形所组成。①中心商业区。商业、文化和其他主要社会活动的集中点，也是城市交通运输网的中心。②过渡带。最初是富人居住区，后因商业、工业等经济活动的不断发展，环境质量下降，逐步成为贫民集中、犯罪率高的地方。③工人居住区。居民大多来自过渡带的第二代移民，他们的社会和经济地位有了提高。④高级住宅区。以独户住宅、高级公寓和上等旅馆为主，居住者有中产阶级、白领工人、职员和小商人等。⑤通勤居民区。是沿高速交通线路发展起来的，大多数人使用通勤月票，每天往返市区；上层和中上层社会的郊外住宅也位于该区域，并有一些小型卫星城。这个简

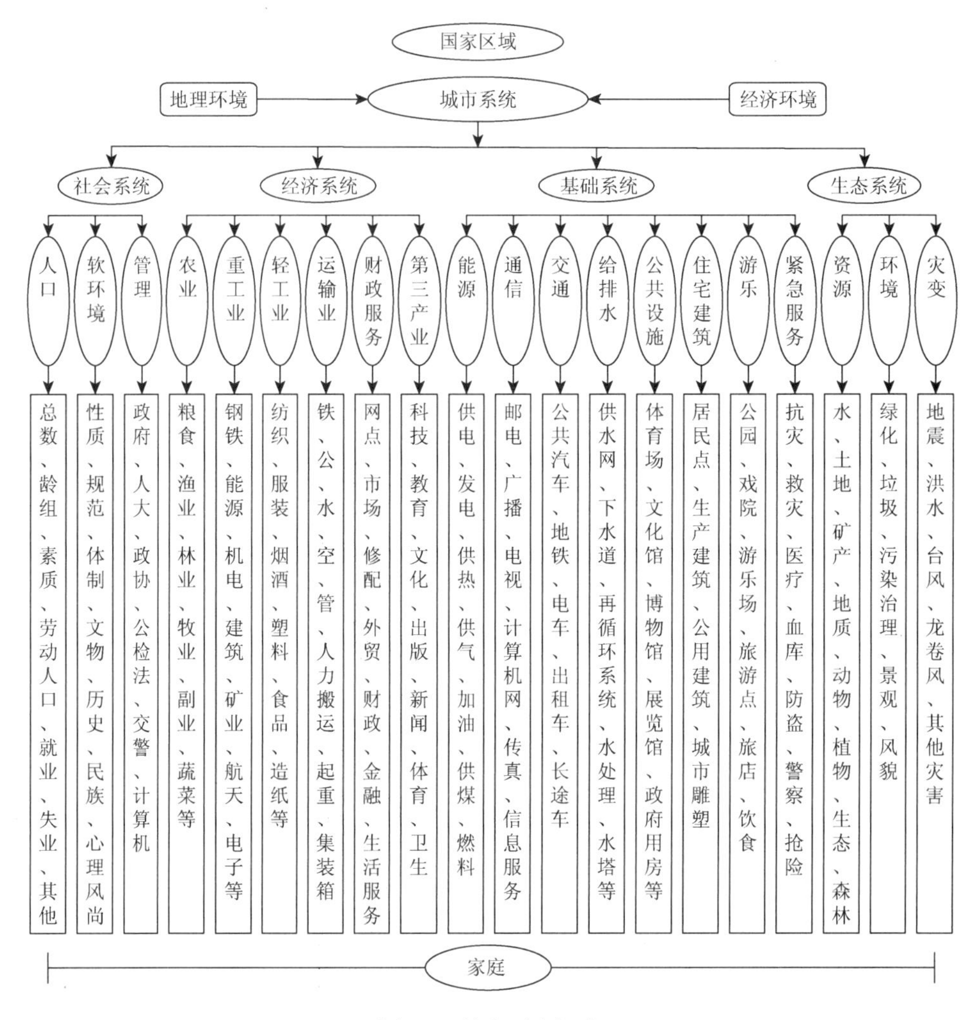

图 2.1　城市要素组成

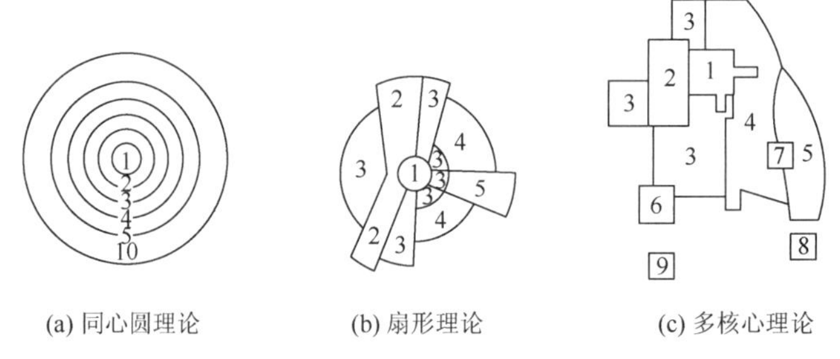

(a) 同心圆理论　　(b) 扇形理论　　(c) 多核心理论

图 2.2　城市空间结构的三种布局方式

单模型说明了城市土地市场的价值区分带：越靠近闹市区，土地利用集约程度越高；越向外，土地利用程度越低，租金越低。该学说的可取之处为：方法上采用动态变化入手分析城市；在宏观效果上，同心圆模式基本符合一元结构城市的特点。其缺点是分带过多，过于规则，且未考虑城市交通的作用。

扇形结构最初是以美国 200 多个城市结构的资料为基础研究提出的理论，后来由何以德（Homer Hoyt）加以发扬，认为随着城市内部的发展，地价由内向外发展和辐射；城市发展常从城中心开始，沿主要交通要道或者最少阻力的路线向外放射。

多中心结构也称多核心结构。例如，城市地理学家 C.D.Harris 和 E.L.Unman 教授主张，美国 50 万人口以上的城市，应不只一个中心，而应该有多个中心，可以桥梁、车站、教堂、广场、工厂、中心商业区、批发商区、轻工业区、住宅区等为中心。

2.1.2　城市系统特性

城市系统是城市地理学研究的基本对象，是自然、社会、经济因素相互作用的复合系统，是集中于城市这个特殊载体之上的地理要素，是地理空间系统的重要子系统。

钱学森从系统论的观点将城市概括为："以人为主体，以空间和自然环境的合理利用为前提，以聚集经济效益和社会效益为目的，集约人口、经济、科技、文化的空间地域大系统"。因此，城市是一个典型的复杂大系统，包含着微观和宏观、静态和动态、内部和外部、时间和空间、物质和精神的多种组成因素；各因素相互关联、相互作用，构成了城市系统的整体性。

1. 构成复杂性

首先，城市是自然与人工系统相复合，硬件与软件系统相复合的灰色系统。城市系统包含若干系统，各系统又可以分为多个子系统，并进一步划分到最低层次子系统，最低层次的子系统还可以分为许多更小的基本元素。可见，现代城市系统是一个由处在相互联系中的相当多的元素组合成的复杂的有机体。在这个大系统中，聚集着的不是几千人，而是数十万、数百万甚至几千万人。它几乎每时每刻都在进行着政治、经济、文化的各种活动。因此，大量的元素在系统内部进行着复杂的运动，形态各异，瞬息万变，其性质非常不确定，随时都有破坏整个系统平衡的可能性，而给城市带来人口膨胀、交通拥挤、环境污染等严重问题。有人统计，缝纫机和收音机的零部件数为 10^2 个，电视机为 10^3 个，汽车和螺旋桨飞机为 10^4 个，喷气式飞机为 10^5 个，宇宙火箭为 10^6 个，宇宙飞船为 10^7 个，而城市系统至少为 10^8 个，可见，城市系统是何等复杂的巨系统（程建权，1999）。

2. 功能多样性

城市功能是构成城市系统的许多子系统，及组成子系统的更多的子系统本身所具有的功能和作用，以及由多种功能和作用所产生的影响。城市功能作为一种综合效能，是城市系统作为整体所表现出来的行为集合。系统是结构与功能的统一体，虽然系统功能与其自身的组成要素和外部环境有关，但主要还是取决于系统的结构。有些功能是所有城市都具有的，有些则不然，因不同类型、不同规模的城市而有所不同。一般情况下，作为人类社会活动的基地和一定地区社会、经济发展的中心，是所有城市都具有的共同功能。《雅典宣言》规定，城市共同功能主要包括居住、工作、游憩、交通四个方面。不同类型的城市，其主要功能各不相同。由于城市的性质多种多样，根据城市性质来划分的城市类型也是多种多样的，目前大致分为：经济中心、政治中心、文化中心、历史名城、风景旅游、港口、交通枢纽城市等。经济中心城市又可分为工业中心、商业中心、金融中心城市等。按照工业类型，工业中心城市可细分为纺织城、汽车城、石油城、煤城等。根据系统结构决定系统功能的原理，可将城市功能划分为经济、政治和文化三种功能。一般来说，经济功能是大多数城市功能的核心，特别是规模较大的城市，由于生产集中、技术先进、金融发达、交通便利、信息灵通、人才济济，除了具备工业基地的功能之外，还具备贸易中心、交通枢纽、金融和信息中心的功能，这些都属于经济功能的范畴。当然，有的城市还是科技、文化、教育中心。因此，现代城市是多功能的城市，或者说城市是一个多功能的大系统。

3. 环境复杂性

如果把城市系统放在周围大的区域或放在全国甚至更大范围来看，它仅仅是一个子系统或要素。城市是一个开放系统，当城市以子系统或要素出现在更大的系统中时，必然要与其他的要素或子系统发生关系，必须不断地从外界输入、向外界输出，与邻近的区域（乡村和别的城市）保持密切联系，以此构成区域性大系统或全国性大系统。这里的区域，也即乡村和别的城市，即城市系统的环境。

环境对城市的影响是多方面的，城市的产生、位置、发展都受环境的影响，城市的职能、性质与规模也受环境的制约。环境对城市的影响和制约因素主要是自然资源、经济技术资源、人口资源和社会历史背景四部分。随着城市现代化和整个社会经济的发展，环境对城市的影响、作用越来越大，方式也越来越多，内容也越来越复杂。

4. 系统动态性

任何物质的运动都离不开时间和空间。城市的动态发展过程，也是空间和时间的统一。城市从无到有，从小到大，从简单到复杂，从单一功能到多种功能，从原始到现代的过程，既是空间的位移，也是时间上的推进。城市系统不仅在空间中有结构，在时间中也有结构，城市的时间结构就是城市的发展史。从时间结构来看，系统是有层次的。城市系统的发展分为奴隶社会城市、封建社会城市和产业革命后的近现代城市三个层次。历史是有层次的，也是连续的！系统的发展由量变到质变，其连续性基于量变，层次的产生基于质变。系统的层次态，由低级向高级、简单向复杂发展。低级是高级层次的基础，高级层次既保留低级层次的某些属性，又产生了低级层次所不具有的特性。系统的状态由量变到质变，由稳定到不稳定是一个缓慢的过程。系统的层次发展，也可以表现为系统发展的阶段性。当系统发展到一定程度时，由于系统内、外部因素的影响，系统的联系会受到限制，处于不稳定状态，严重阻碍系统的发展。只有系统积聚了足够的能量后，才能得到进一步的发展。城市是一个开放性的耗散结构系统，按照耗散结构理论，城市作为一个开放性的、非平衡的自组织系统，其内部永远会由于构成元素的不断变化而发生涨落、振动。这时，若从外界输入正熵流，就只会增加系统的紊乱无序状态，使系统保持旧的平衡；若从外界输入负熵流，就有可能使系统内部的变化急剧扩大，出现巨大的涨落，从而破坏旧的平衡，甚至使旧结构完全被摧毁，其结果并非产生更大的混乱和破坏，而是使系统在一个更高的层次上产生新的结构，向更复杂的有序性发展。从空间结构来看，城市是经联系而形成的，而系统结构中的联系又是靠运动实现的，联系和运动互为因果。联系的本质从运动中发现，运动的本质需从联系中探求。在城市系统中，由人、财、物、能量、信息的流通产生联系，没有这些流通，就会中断城市系统的联系。由于城市系统具有经济集中的特点，是商品生产和交换集中的地方，随着社会分工的扩大，生产社会化程度的提高和商品经济的发展，各种功能不同、规模不一的城市，其联系的区域范围不断扩大，并且城市与城市、城市与乡村集镇联系成为一个城市体系。从而把全国经济联系起来，把国内外和世界市场联系起来。由于联系和运动在系统范畴中是统一的，所以，城市系统在联系中运动，在运动中发生着联系。

此外，城市功能的发挥也与城市系统的动态过程联系在一起。如果说，系统的联系是靠运动来实现的，那么，系统的功能则是靠运动来表现的。离开了城市系统各要素之间及其与外部环境之间的物质、能量和信息的交流、运动过程，城市系统的功能是无从表现和考察的。因此，要考察城市的功能，离不开城市系统的动态过程。

5. 复杂适应性

人们每时每刻都处于系统中，并能看到许许多多的复杂系统，如蚁群、生态、胚胎、神经网络、人体免疫系统、计算机网络和全球经济系统等。在这样的系统中，众多独立的要素在许多方面进行着相互作用。在每种情况下，无穷无尽的相互作用使每个复杂系统作为一个整体产生了自发性的自组织。Matt Holland 把这类复杂系统称为复杂适应系统（complex adaptive system，CAS）（侯汉坡等，2013）。

城市的适应性直观表现为环境适应性，其中环境包括自然环境和人工环境，自然环境包括地貌、水文和气候。虽然城市的发展对各自然要素具有选择性，但都不是排它的。比如地貌，平原对城市的发展和布局最为有利，却不是所有的城市都分布在平原地区。丘陵起伏的地区，甚至崇山峻岭，也都分布着大大小小的城市。常住人口有490万（2013年）的重庆，是目前我国最大的山城。可见，城市发展并不排斥山地；相反，重庆却创造了适用于山地地形的缆车和室外电梯等，以满足山城的交通需求（时骁军等，2001）。城市形成和发展能适应不同的海拔。荷兰的一些城市分布在低于海平面的低地。新疆的吐鲁番市所在的吐鲁番盆地，低于海平面154m。另一些城市却“高高在上”，位于高海拔地区，如青藏高原的拉萨（海拔3658m）、云贵高原的昆明（海拔1900m）、南美洲厄瓜多尔首都基多（海拔2879m）等。南美玻利维亚的波托西（海拔3976m）是全球海拔最高的城市，玻利维亚的首都拉巴斯是全世界海拔最高的首都（海拔3650m），其国际机场海拔3819m，乘客一出机舱门即感不适，接客汽车和宾馆均备有氧气瓶，随时供客人使用。可见城市系统对海拔具有很强的适应性。城市系统对气候的适应性也是极强的，不论是冰天雪地的北极圈内，还是烈日炎炎的赤道附近，都有城市分布。挪威的特罗母瑟城靠近北极点，号称“北极之门”，每年冬至前后，极夜长达56天（从每年的11月25日至次年的1月21日）。俄罗斯叶尼塞河下游的诺里尔斯克市，人口已达25万，位于北纬69°，冻土达300m厚，冬季极夜气温低至零下40℃。炎热同样对城市系统不构成威胁，我国的吐鲁番盆地，号称“火州”，夏季7月气温平均达33℃，最高达47.6℃；有“火炉”之称的山城重庆，夏季35℃以上的酷热天气平均达 21 天以上。可见，城市系统对环境的适应性多么强。

CAS 理论的提出构筑了一个新的系统思想。Matt Holland 从最初对城市供应的观察出发，思考究竟是什么使系统在缺乏规划的情况下还能协调运行。对于各种复杂的系统而言，尽管在细节上表现不同，但发展变化中的协调问题却是共性，这个问题还是未解之迷。

1）城市主体

传统系统观在分析系统时具有很大的局限性，认为元素要么是服从物理规律的机械元件，要么是服从概率统计规律的物质原子或分子，均没有个性和对环境的适应性，不符合人类社会系统的基本特点。CAS 理论提出了“适应性主体”（adaptive agent，简称“主体”）的概念，认为主体具有主动性，能感受环境，感知外界信息刺激，自我学习，通过学习来调整自己的行为。大量的主体相互作用，寻找和创建能够相互适应并共同适应外部环境所需的行为规则，便形成了 CAS。

人、由人组成的机构、建筑物、绿地、交通路网、地下管网等城市要素是城市复杂系统的重要主体，这些主体承载着城市的功能，体现了人类的智慧，因而也具有“活性”。以道路为例，除具有通达性的基本功能外，城市道路还适应现代车辆的要求，发展出高速路、快速路、便道等不同形态，建立并维持一整套交通规则，为城市交通提供指示、导引，以及具有满足盲人等特殊群体的需求，应对雨雪雾霾等特殊恶劣天气，绿化美化、隔离噪声等多方面的功能。以越来越复杂的形式，满足城市生活需要，其本身也是城市系统中其他主体所依赖的一个重要部分。

2）主体聚集

聚集是一个由较小的、较低层次的主体生成较大、较高层次主体的过程。与城市经济学中的“聚集经济”概念不同，CAS 理论中的聚集并不是单指空间层面的靠近，还强调主体间通过一种非线性的结合形成一种更大的主体，涌现出原来主体所不具备的特质。由蚂蚁聚集为蚁群，由士兵聚集为训练有素的军队，由工人聚集为企业，由无数居民聚集为城市。蚂蚁、士兵、工人、居民等单个主体在环境面前是脆弱的，通过相互之间的耦合聚集在一起之后，便涌现出协调性、适应性和持存性。持存性是指现实系统都生存运行于一定的空间和时间中，依赖于一定的条件，如果空间或时间或条件发生某些变化，系统也会或多或少有所变化。但现实存在的系统都有这样一种特点和能力，即在地点、时间、条件有所改变的情形下，还能保持自身的基本特征不发生显著变化，还能够被认出是它自己。多年不见的老友相遇，尽管胖了或瘦了，健康依旧或面有病容，但还是一眼就能认出来。这种在地点、时间、条件有所改变的情形下保持基本特征不变的性质和能力，以及所呈现出来的一以贯之的东西，就是系统的持存性。不同系统之间能够反复发生相互联系和相互作用，就是因为系统具有持存性。

任何 CAS 都是由大量简单的主体聚集（agent aggregation）而成的。主体聚集形成“介主体”（meta-agent），众多“介主体”再次聚集，形成更大规模的“介介主体”（meta-meta-agent），如此多次聚集，形成 CAS 典型的层次结构。如众多工人聚集成企业，众多企业聚集成产业，全体产业聚集成整个国民经济。

3）非线性发展

非线性发展（nonlinearity development）特征是系统复杂性的来源。非线性是指支配主体聚集的相互关系以及主体与环境之间的关系是非线性的，不适用于切分、加总分析方式。线性关系无法解释系统的“涌现”性，如种子如何长成大树，胚胎如何发育成哺乳动物，小规模的人类聚落如何演变成超大城市。CAS 的复杂性是由非线性因素引起的，但遗憾的是，现在大多数城市的研究模型和思维方式都还建立在线性假设基础上。

城市发展源于城市系统的非线性。现代经济学注意到城市非线性的两个重要方面:“共享”机制和“学习”机制。在大城市中，人们共享滑冰场、博物馆等昂贵的不可分设施；厂商可以共享工人的专业化技能；政府通过社会保险使市民风险共担。在学习机制方面，知识和信息在主体间的传播，促进学习、知识的积累和创新。

4）要素流

“流”是指 CAS 中主体之间的物质、能量、信息的流动。以主体为节点，以相互作用为边，CAS 可以表示成网络，而流就是网络中流动的资源。CAS 是一个非平衡系统，主体不断地对资源进行分配，挑选有益的主体进行联系，淘汰不利的主体。其效果表现为以下两方面：乘数效应（multiplier effect），资源通过网络得到放大；再循环效应（recycling effect），提高资源在网络中的循环利用率。

城市发展离不开特定的“要素流”(element flow)。城市的人口、产业政策对于城市间、城市与农村间的资源、资金流都会产生重要的影响。

5）目标多样性

多样性（diversity）是 CAS 的一种动态模式，是主体不断适应的结果。每个主体都存在于由其他主体提供的小生境①中，每个小生境都可以被若干能够在其中适应和发展的主体所利用，每个行动者进入小生境后有可能打开更多的小生境，为更多主体开辟更大的可能性。

城市中央商务区 CBD 的聚集为咨询、翻译、法律、会计、数据处理、印刷等众多商务服务业创造了市场，使这些行业在 CBD 周边落户；市场、劳动者的聚集又对餐饮、交通、娱乐、购物等行业创造错综复杂、相互支撑的产业主体，形成丰富多彩的城市空间。

6）特点标识

“标识”(tagging）是引导主体辨别方向、选择目标、区分合作者与竞争者的一种贯穿始终的机制。标识是聚集体的一面旗帜，或一个组织纲领，它能够促进主体间选择性地相互作用，提供具有协调发展性和选择性的聚集体，揭示层次的产生。

在个人与企业的“求职-招聘”双向互动中，个人的标识是其学历、工作背景、技能等，而企业的标识是其声誉、提供薪酬的水平、所在行业、工作环境等。企业之间进行合作时，又使用另外一套标识，如市场占有率、盈利能力、资产负债率等。

7）内部模型和系统积木块

为应对环境的变化，CAS 必须具有预知能力，即从过去的大量经验中预测未来。主体将过去与其他主体及环境间互动过程中得到的大量经验进行存储、提炼，挑选出可行的

---

① 生境（habitat，Biotope 为希腊语，即 bios（生命）+topos（地点））指生物的个体、种群或群落生活地域的环境，包括必需的生存条件和其他对生物起作用的生态因素。生境是指生态学中环境的概念，生境又称栖息地。生境是由生物和非生物因子综合形成的，而描述一个生物群落的生境时通常只包括非生物的环境。为了避免混乱，识别生境的这两种用法是很重要的。

“内部模型”（internal model）。城市的规划准则、产业发展原则、基础设施建造标准、交通法规、道德规范等均可视为内部模型，它们来自于大量过去的经验，可指导人们的行动，使之更好地适应环境。

积木块（building blocks）是人们对复杂事物进行分解的产物。身处一个陌生的街道时，人类能够将其分解为树木、车辆、道路、房屋等若干熟悉的部分。人类的这种能力看似平常，但“积木块”的获得不是任意的，而是根据过去经验得到的可被再次使用的元素。使用积木块生成内部模型是复杂系统的普遍规律。夸克组合产生核子，核子组合产生原子，原子组合产生分子。同样，对于城市的研究可以找出最高层次的积木块，并逐层拆封，找到低层次的积木块，从而完善对于城市的理解。

我们对城市复杂系统的构建是从具有主动性和适应性的“城市主体”开始的（例如人、由人构成的组织及人类活动的载体）。小的主体在“特点标识”引导下聚集形成大的主体，并逐层聚集，直至形成整个 CAS。城市中，主体之间、主体与环境间的互动为“非线性”的，大城市里人们可以共享大型基础设施、共担风险，还能够更方便地交流、传播思想，促进创新，获得不以自然资源消耗为前提的经济增长。从“流”的角度来看，城市极大地促进了各类主体间物质、能量、信息等资源的流动。城市中的主体还呈现出“多样性”，形形色色的产业构成复杂的、相互依赖的、类似于热带雨林的系统。此外，城市发展过程中还依靠“内部模型”来对环境进行预测，使用“积木块”来组织知识，调整自身以适应环境。

2.2　城市可持续发展

城市化是一个综合且叠加的经济、社会、政治和文化变迁过程。近代西欧城市化的动力主要源于工业化，但欧洲的城市化进程并非单一线性发展，经济、社会、政治、文化和宗教等因素对各国甚至一国内部不同地区的城市化进程都有着巨大影响。法国是最早提出卫星城市和绿色城市化等理念的国家，法国城市化的经验与教训，特别是对经济发展和社会进步的官方统计数据与公众感受之间的差距（Commissariat General Au Developpment Durable，2010），促使其逐步认识到，要突破资本逻辑的唯发展理念，城市规模并不是越大越好，城市人口并不是越多越好，城市化进程也不是越快越好（Dominique et al.，2002），而应该通过绿色城市化来提高整体的社会经济发展水平，实现可持续发展，实现环境、经济和社会的平衡发展，城市化的道路不是大都市化，而是高效率与可持续性发展的城、镇、乡一体，经济、社会、环境共赢（Lewis et al.，2013）。

在城市发展过程中，尊重当地自然环境，注重保护生态环境、生物多样性和自然资源，将现有空间立体化，用新的能源和交通集约型的规划来置换陈旧的城市功能。同时将城市的现代化发展与文化、历史遗产保护相结合，在文化自信基础上多功能化改造旧城，精心维护老建筑，重新激活被废弃的社区，例如把垃圾堆改成儿童乐园，把一堵老墙改成老人聚集地等（魏南枝等，2015）。

1992 年，联合国环境与发展大会通过了著名的《关于环境与发展的里约热内卢宣言》，制定了 21 世纪议程，得到世界各国的普遍认同，无论是发达国家还是发展中国家，都把可持续发展战略作为国家宏观经济发展的一种必然选择（陈志龙等，2011）。我国也编制并公布《中国 21 世纪议程》，向世界做出可持续发展的承诺。其中，我国可持续发展城市的目标是：建设成为规划布局合理，配套设施齐全，有利工作，方便生活，住区环境清洁、优美、安静，居住条件舒适的城市。

随着城市化进程加快，城市化问题逐步显现。在此背景下，我国政府提出了建设资源节约型、环境友好型社会的要求，以此实现城市经济与资源环境的协调发展。2016 年 2 月 26 日，上海社科院、社会科学文献出版社在北京共同发布的国际城市蓝皮书：《国际城市发展报告（2016）》认为，城市的可持续发展是“丝路城市”面对的普遍问题，中国城市可持续发展能够为“丝路城市”提供“绿色发展”的样板。中国城市在经历快速发展期之后，已普遍意识到低碳、绿色可持续发展的重要性。中国城市对于“绿色城市”、“低碳城市”理念的追求与实践，以及在技术、资金、人才、基础设施、制度建设、治理手段方面的探索和推进，有助于为“丝路城市”，乃至“一带一路”区域的多层次主体提供科学发展的样板。同时，城市的“绿色发展”道路，也为全球范围的气候和环境治理提供动力，具有全球意义。

2.2.1 集约节约利用土地

20 世纪 70 年代后期开始，许多发达国家和发展中国家就已经把地下空间开发利用作为解决城市资源与环境危机的重要手段，和实现城市土地资源集约利用与城市可持续发展的重要途径。自 1977 年第一次地下空间国际学术会议在瑞典召开之后，已多次召开以地下空间为主题的国际学术会议，通过了不少呼吁开发利用地下空间的决议和文件。如 1980 年在瑞典召开的“Rock Store”国际学术会议，形成了一个致世界各国政府开发利用地下空间资源为人类造福的建议书。1983 年，联合国自然资源委员会通过了确定地下空间为重要自然资源的文本。1991 年，东京城市地下空间国际学术会议通过的《东京宣言》提出：21 世纪是人类开发利用地下空间的世纪。国际隧道协会（已更名为国际隧道与地下空间协会）向联合国提交题为“开发地下空间，实现城市的可持续发展”的文件，其 1996 年年会则以“隧道工程和地下空间在城市可持续发展中的地位”为主题。1997 年，在蒙特利尔召开的第七届地下空间国际学术会议的主题是“明天——室内的城市”；1998 年，在莫斯科召开了以“地下城市”为主题的国际学术会议。

在实践方面，瑞典、挪威、加拿大、芬兰、日本和美国等国在城市地下空间利用领域已达到相当的水平和规模。印度、埃及、墨西哥等发展中国家也于 20 世纪 80 年代先后开始了城市地下空间的开发利用。日本于 20 世纪 50 年代末至 70 年代大规模开发利用浅层地下空间，到 80 年代末开始研究 50～100m 深层地下空间的开发利用，并于 2001 年出台大深度地下空间开发利用的法律，明确规定了大深度地下空间开发利用的法律地位、开发用途、开发深度、土地利用等。向地下空间扩展城市容量已成为城市发展的必然和世界性的趋势，并以此作为衡量城市现代化的重要标志。国际上有学者预测，到 21 世纪末，世界人口的三分之一将工作、生活于地下空间。

城市地下空间开发利用的经验是：把一切可转入地下的设施转入地下，城市发展的成功与否取决于地下空间是否得到了合理的开发利用。世界各国开发利用地下空间的实践表明，可转入地下的设施领域非常广泛，包括交通设施、市政基础设施、商业设施、文化娱乐体育设施、防灾设施、储存及生产设施、能源设施、研究实验设施、会议展览及图书馆设施。其中大量应用的领域是交通设施，包括地铁、地下机动车道、地下步行道和地下停车场等。特别是地铁，据统计，截至 2014 年，在世界地铁总长排名前 30 名的城市，地铁通车总里程超过 6800km，上海和北京分别以 567km 和 527km 排名前 2 位，北京市计划在 2020 年，地铁线路超过 1000km，比武广高铁还长。市政基础设施，包括市政管网、排水及污水处理系统，城市生活垃圾的消除、回收及处理系统，大型供水、储水设施；商业设施，包括地下商业中心、地下街以及以商业为主兼文化娱乐及餐饮设施的地下综合体；储存设施，包括粮库、食品库、冷体、水库、油料库、燃料库、药品库及放射性废弃物和有害物储库。

我国是耕地资源小国，人均耕地仅有 1.44 亩，仅及世界人均值 4.65 亩的 31%。但是，我国城市发展大多采用“摊煎饼”式、外延式发展模式，城市范围不断发展，占用土地越来越多。我国城市土地利用的集约化程度在国际上处于较低水平，如表 2.1 所示。1990～2014 年，全国城市建成区面积从 12856km^2 增加到 49773km^2，增加近 2.9 倍，仅 2014 年，城市建设征用土地面积就达 1475.9km^2。据统计，1986～1996 年，全国非农业建设占用耕地 2963 万亩，比韩国耕地总和还多！平均每年占地相当于我国三个中等县的耕地。这是已经考虑了开发复垦耕地 7366 万亩增减相抵后的结果，实际上，开发复垦增加的新耕地质量较低，3 亩以上才能弥补原 1 亩耕地的损失。据预测，到 21 世纪中期，我国设市城市将达到 1060 个左右，10 亿人将居住生活在城市。而城市一般位于自然条件较好的区域，城市建设占用优质耕地的损失十分惊人。据相关分析，以目前人均城市用地 100m^2 的水平计算，到 21 世纪中叶，我国城市发展还将占地 1 亿多亩。耕地资源是一个国家最重要的战略资源之一，土地资源的可持续利用是我国实施可持续发展战略的基础，我国土地能最大供应 17 亿人口的粮食（以人均耕地基本维持目前水平为前提）。城市人口的急剧发展与地域规模的限制已成为我国城市发展的突出矛盾。因此，我国城市发展只能走土地资源集约化使用的发展模式。正视耕地资源极其有限并将继续减少的严峻现实，成为中国政府和人民关注的最重大和最迫切的问题之一。为此，中共中央、国务院下发了《中共中央、国务院关于进一步加强土地管理切实保护耕地的通知》（中发[1997]11 号），实行耕地总量预警制度，确保耕地数量动态平衡，对人均耕地面积降低到临界点的地区，拟宣布为耕地资源紧急区或危急区，原则上不准再占用耕地。

表 2.1　全国城市用地发展情况

时间/年	城市建成区面积/km^2	城市建设用地面积/km^2
1990	12856	11608
1995	19264	22064
2000	22439	22114
2010	40058	39758
2014	49773	49983

数据来源：2015 年国家统计局数据。

城市地下空间是一个十分巨大而丰富的空间资源，如果得到合理开发，实现土地资源集约和节约利用，尤其是缓解中心城区建筑高密度的效果将十分明显。据初步调查，北京市建成区10m深以上的地下空间资源量达19.3亿m^3，可提供6.4亿m^2的建筑面积，将大大超过北京市现有建筑面积。通过对近年来的多部城市地下空间规划编制的基础研究分析，如仅对城市浅层地下空间资源（深度30m）进行初步估算，开发面积为城市建设用地的30%（道路与绿地建设用地），再乘以0.4的可利用系数，则地下空间可供开发的空间资源是城市房屋建筑总量的若干倍。

2.2.2 节约能源和水资源

地下空间开发利用可以有效节约能源和水资源。

1. 节约能源

我国人均能源占有量不及世界平均水平的一半，人均水资源（据2015年中国统计年鉴，2014年人均1998.6m^3）不及世界人均水平的四分之一。可见，资源节约、可持续利用的重要意义。在各国总能耗中，建筑能耗是大户。建筑使用过程中，每年所消耗能量的总和称为建筑能耗。据统计，欧美一些国家建筑能耗约占全国总能耗的30%。而建筑能耗中用于建筑物的采暖、通风空调的能耗约占全国总能耗的19.5%。世界资源研究所和国际环境与发展研究所公布的数据显示，全世界前十名的经济大国中，中国是单位能耗最高的国家，我国单位产值能耗接近法国的五倍。在建筑能耗中，我国单位建筑采暖能耗是发达国家的三倍。因此，降低建筑能耗具有迫切的重要意义。

由于岩土具有良好的隔热性，地下空间可免受刮风、下雨、日晒等地面温度变化因素的影响。研究表明，地面1m以下日温几乎无变化，而地面以下5m的室内气温常年恒定。因此将建筑物全部放在地下岩土中，可比地面建筑明显减少能量消耗。美国的大量对比试验表明，堪萨斯城地下建筑相对地上建筑的节能率为：服务性建筑60%，仓库70%，制造厂47%～90%；其他五个地区地下建筑的节能高于地上建筑节能，具体为：明尼阿波利斯及波士顿地区48%，盐湖城58%，罗克斯迈勒地区51%，休斯敦地区为33%。和一般的地上建筑相比，地下建筑节能更为显著。

地下空间开发利用为可再生能源的利用开辟了一条有效途径。地下空间为大规模的热能贮存提供了独特的有利条件。太阳能是巨大的洁净可再生能源，但其来源随季节、昼夜有很大的不稳定性。太阳辐射热能主要在夏季，需要季节性贮存，在地下的水、岩石和土壤中贮存热量往往是最佳的甚至是唯一的选择。由于岩土的热稳定性与密闭性，采用地下贮热（冷），热（冷）量损失小，且不需要保温材料；同时，利用岩石的自承能力，构筑简单，维护保养费用低，使天然能源或工业大量余热的利用效率得以提高。利用地下空间贮水、冬季天然冰块，作为夏季贮冰空调冷源，既经济、清洁又可再生。如北欧一些国家多有应用实例。

某些产品的生产、科学试验对环境温湿度、清洁度、防微振、电磁屏蔽等有很高的要求，在地面建筑中创建此类环境条件必须增加复杂的空调系统，配合各种高效过滤器并远离铁道、公路和其他工业生产振源，需要专门的电磁屏蔽装置以切断电磁波的干扰等。而在地下空间中则可利用岩土良好的热稳定性和密闭性，大大减少空调费用，减少粉尘来源；利用岩土层的厚度和阻尼，使地面振动的波幅大大减少，并使电磁波受到极大的削弱，从而能够采取简单的方法达到较高的技术要求。

2. 节约水资源

我国水资源短缺的矛盾日益突出。按照联合国人居环境署的评价标准，据 2014 年统计，全国 650 多个城市中有 300 多个属于“严重缺水”或“缺水”城市。我国的水资源在时空分布上很不均匀。在缺水的同时，又有大量淡水因为没有足够的储存设施白白流向大海。我国能如挪威、芬兰等国那样，利用松散岩层、断层裂隙和岩洞以及地下含水层，或如日本在东京、横滨等城市建造人工地下河川、储水池和地下融雪槽，储存丰水季节中多余的大气降水、降雪，以供缺水季节使用，就可以部分克服水资源在时间上分布不均匀的问题。

3. 节约利用其他资源能源

地下空间还可为物资贮存和产品生产提供更为适宜的环境。地下空间独具的热稳定性和封闭性对贮存某些物资极为有利。目前，国内外建造最多的是地下油库、粮库和冷藏库。地下油库，不仅有利于减少火灾和爆炸危险，并且地下温度稳定，受大气影响较小，因而油料不易挥发、变质，比地面油库节省 20%～30%的管理费用。在处理好防潮、防虫的条件下，利用地下温度稳定的特性建造地下粮库，经济效益也很明显。如江苏镇江市地下粮库，与地面粮库比较，地下粮库的仓库空间利用率可提高 50%，保管费用仅为原来的 8%，且粮食自然损耗近于零，无虫、鼠、雀等损耗。

2.2.3　缓解城市发展中的矛盾

城市地下空间的开发利用有利于解决城市发展过程中出现的交通拥挤、生态恶化、防灾减灾能力减弱、城市空心化等各种城市问题。

1. 缓解交通矛盾

交通是城市功能最活跃的因素，是城市可持续发展的关键。城市越来越大，道路越建越多，但交通阻塞、行车缓慢等问题越来越突出。道路的增长永远跟不上机动车保有量的增加，这是世界上任何城市都无法逃脱的规律。城市交通基础设施建设决策者越来越倾向于开发利用地下空间以遏制日趋恶化的“城市交通综合征”，由此推动了包括地铁、隧道、地下人行通道、地下商业街、地下市政工程等地下空间多样化、综合化、规模化的开发利用。为进一步推动开发利用地下空间，解决城市交通问题，继 2003 年、2006 年、2009 年在北京和深圳等城市分别召开三次国际地下空间学术大会之后，2014 年 5 月，在南京召开了第四次国际地下空间学术大会（IACUS2014），主题为“地下空间与城市交通”。国内外很多大城市通过建设互联互通的辐射状和环状地铁，并与火车站、机场连结，形成地下交通网络。城区中心的高层商业、办公及居住建筑、综合大厦等通过大量地下出入口及相应地下通道与城市地铁的站台相连。中心区以外的人员上班、开展公务及商业活动时，通过郊区公交、火车、私家汽车到达中心区边缘的地铁车站，将车停在附近的地下停车场，然后乘地铁到达目的地车站，再经地下通道到达目的地或者再乘坐地面支线交通到达目的地。这样可使城市中心区的机动车数量减少到最低限度，汽车尾气的排放量也降到最低限度。

很多发达国家的现代化城市解决“停车难”的主要办法是修建地下停车库。地下停车库的突出优点是容量大、占地少，且容易接近服务对象。我国在《国家新型城镇化规划（2014～2020年）》中明确提出：“合理布局建设城市停车场和立体车库，新建大中型商业设施要配建货物装卸作业区和停车场，新建办公区和住宅小区要配建地下停车场”。在地下街、地下综合体的建设中，停车场的面积要保持适当的比例，结合地铁车站修建地下车库，便于换乘地铁到达城市中心，有助于减轻城市中心区的交通压力，既提高地铁的利用率，又减轻汽车造成的交通拥挤、污染等公害。

西欧一些国家为了降低市区的交通拥挤和大气污染的程度，还在郊区通向市区的路口设置“不停车电子收费系统”又称电子收费系统（electronic toll collection system，ETC），在市内交通高峰时段，收取“市区交通拥挤费”。实践表明，这种措施是有效的。特别是在加拿大、北欧等具有漫长的伴有北极风和大雪的严冬季节的国家，这种交通模式保证了城市健康运行，对我国北方城市具有一定借鉴意义。

2. 改善城市生态环境

改善城市生态环境，减少大气污染，除了发展地铁、轻轨等使用电能的公交网络以减少尾气污染外，还要改变燃料能源结构，以天然气等清洁燃料代替燃煤，以消除二氧化硫、二氧化碳和悬浮颗粒物等主要污染源，变分散供热为集中供热，需要敷设规模庞大的地下管网，更重要的还要大力加强城市绿化。

城市绿化是改善空气质量、消除有害物质的有效措施。城市森林、绿地具有降低风速、滞留飘尘的功能。据测定，树木的减尘率达30.8%～50.2%，草坪的减尘率为16.8%～39.3%。绿色植物进行光合作用时，吸收二氧化碳，释放氧气。据估算，1hm^2 阔叶林每天能吸收约1000kg二氧化碳，释放730kg氧气，净化18000m^3空气。很多树林可以吸收有害气体，据统计，城市绿化覆盖率每增加10%，夏季可使大气中二氧化硫的浓度减少30%，强烈致癌物质苯并芘的浓度减少30%，颗粒悬浮物减少20%；当城市绿化覆盖率增加到50%时，大气中的污染物质可以基本得到控制。绿化还有杀菌功能，绿地空气中的细菌含量可减少85%以上。城市绿化可降低温度，增加相对湿度，缓解“热岛效应”。据计算，城市绿地面积每增加1%，城市气温降低0.1℃。草坪能提高相对湿度6%～12%，园林绿地能提高相对湿度4%～30%。

因此，很多发达国家的城市把一切可转入地下的设施转入地下，腾出地面进行绿化、改善环境。在地下建立污水收集、输送与处理的统一系统和垃圾、废弃物的分类、收集、输送和处理的统一设施。如芬兰赫尔辛基地下污水处理厂设在未来居民区地下100万m^3的岩洞中，高效处理70万居民的生活污水和城市工业废水，节省了宝贵的地面建筑用地，消除了污水处理散发的恶臭。美国佛罗里达州近年来在高层建筑的地下室设置垃圾自动分类收集系统，由于地下空间的封闭性，这种系统可以把污水、垃圾的污染降到最低限度。

美国和英国的城市生活污水的处理率分别达到 89%、100%。自 2006 年以来我国的污水排放总量持续增长，2014 年全国废水排放总量约 716.2 亿 t。其中工业废水排放总量已逐渐趋于稳定甚至出现下降趋势，而城镇生活污水排放量仍持续增长并有加快的趋势。2014 年，我国城市污水处理率达 91.0%，生活垃圾无害化处理率达 92.5%。但是，我国废水的整体处理率不足 70%，与发达国家相比仍有较大差距。未经处理的城市污水排入江河，城市河段水质超过了二类标准的已占 78%。136 条流经城市的河流中，105 条水质污染严重超标，无法饮用。50%以上的城市地下水受到污染，全国有 7 亿～8 亿人饮用水污染超标。水污染加重了缺水矛盾，因污染造成的缺水量，占总缺水量的 10%。

城市生态建设滞后、粗放式管理手段以及国际污染不断向中国转移等诸多因素使我国环境持续恶化，污染程度逐渐超过环境耐受上限，已经到了不得不治的地步。据国家统计局发布的 2015 统计年鉴数据，在 2014 年监测的 338 个城市中，空气质量达标的仅占 21.6%，未达标的达 78.4%。在进行区域声环境质量监测的 321 个城市中，好的仅占 4.0%，较好的占 68.5%，一般的占 26.2%，较差的占 0.9%，差的占 0.3%。全国 123 个环保重点城市中，区域环境噪声仅拉萨市为 48.4 分贝，其余全部超过 50 分贝；城市交通噪声全部超过 60 分贝，大部分在 67 分贝以上。2015 年 1 月 14 日，由亚洲开发银行、清华大学联合发布的《迈向环境可持续的未来中华人民共和国国家环境分析》指出，尽管中国政府一直在积极地运用财政和行政手段治理大气污染，但世界上污染最严重的 10 个城市之中，仍有 7 个位于中国。中国 500 个大型城市中，只有不到 1%达到世界卫生组织空气质量标准。解决环境污染问题已经成为我国面临的首要问题（马志军等，2012）。多年来，我国北方城市进入冬季采暖期后，空气质量周报结果都在中度污染以上，少数为重度污染。近年来，全国很多地区频繁爆发雾霾、沙尘暴，据国家环境保护部提供的数据显示，2014 年北京污染天数为 175 天，天津为 197 天，成都为 125 天，沈阳为 152 天，兰州为 112 天，石家庄高达 264 天。相关数据表明，如今在中国每年因为大气污染过早死亡的人数达 50 万人。由中国科学院等单位主持完成的《我国酸沉降及其生态环境影响》研究显示，我国酸雨面积超过国土面积 40%。据预测，我国酸雨在 2020 年前仍将呈发展趋势，且我国是世界上唯一的酸雨面积仍在扩大、降水酸度仍在升高的地区。

城市生态恶化的另一个重要原因是建筑空间拥挤、城市绿化减少。随着城市改造和房地产开发，可用于园林绿化的绿地和开敞空间日益减少。联合国建议城市公共绿地应达到人均 $40m^2$ 的水平。伦敦人均 $22.8m^2$，巴黎人均 $25m^2$，莫斯科人均 $44m^2$，华盛顿人均 $40m^2$ 而且分布均匀，城市真如花园一般。世界“绿都”华沙，人均占有绿地 $70m^2$ 以上，几乎是一座园林化的森林公园。但是我国许多大城市仅在公共建筑的边角有一些绿地，点缀一些供观赏的花坛，部分城市道路因拓宽而缩小甚至取消绿化带，不少公园因增加地面游乐场所或建筑而减少绿化面积，不少城市的独特自然景观和古老历史文化建筑因附近高层建筑的位置、高度、体量和尺寸不当或被不当地开发占用而遭到“破坏性影响”。据统计，2014 年末，全国城市建成区绿地面积 189 万 hm^2，建成区绿地率达到 36.3%，人均公园绿地面积 $13.16m^2$，进步明显，但与发达国家大城市相比，相距甚远。

以北京为例，城市大气的主要污染物，是由燃煤排放的二氧化硫、悬浮颗粒（占 80%）

和汽车尾气中的一氧化碳和氮氧化物（占40%～60%）。随着汽车数量剧增，汽车尾气越发成为城市大气污染的最主要原因。因此，控制汽车污染成为很多城市进行大气污染控制的重要思路之一。城市地铁交通网与地下通道、地下停车库、郊区轻轨、火车相结合的体系是减少大城市中心区汽车数量、根治城市大气污染的有力措施。通过将部分城市公共设施建到地下，而在地面植树、种草进行地面绿化，达到美化环境、降低空气污染指数的目的。例如，美国波士顿将原来穿过市中心的6车道高架路撤除后，建设了8～10车道的地下高速路，而将原地面变成林荫路和街心公园，使市区空气的一氧化碳浓度降低；市中心、海湾景观岛栽植大量乔木、灌木，增加新公园和开敞空间，改善城市环境。我国城市建设和规划已经开始注重这一问题，2010年，在全国范围内的城市交通、停车设施规划中，北京、上海、成都等大多数城市都考虑了土地资源稀缺的情况，通过地下空间开发，充分利用广场、绿地、操场等公共场地的地下空间建设公共停车场；同时，国内大城市在多数住宅楼下建设地下停车场。南京市在玄武湖下建设交通隧道，既解决了城市交通问题，也保护了玄武湖的生态环境（陈志龙，2010）。

20世纪70年代，美国提出了“最佳管理措施”（best management practices，BMP）（Stern et al.，1974），早期主要用于城市和农村面源污染控制，后来逐步发展成为控制降雨径流量和水质的生态可持续综合性措施（Dietz，2007）。20世纪90年代末期，由美国东部马里兰州的乔治王子县（Prince George's County）和西北地区的西雅图（Seattle）、波特兰市（Portland）共同提出了“低影响开发”的理念，通过分散的、小规模的源头控制机制和设计技术，对暴雨产生的径流和污染进行控制，减少开发活动对场地水文状况的破坏性冲击，是一种发展中的、以生态系统为基础的、从径流源头开始的暴雨管理方法。1999年，美国可持续发展委员会提出绿色基础设施理念，即空间上由网络中心、连接廊道和小型场地组成的天然与人工绿色空间网络系统，通过模仿自然的进程来蓄积、延滞、渗透、蒸腾和利用雨水径流，降低城市灰色基础设施的负荷（吴丹洁等，2016）。波特兰大学的“无限绿色屋顶小组”（green roofs unlimited）将波特兰商业区的219英亩的屋顶空间（即三分之一商业区）修建成了绿色屋顶，可截留60%的降雨，每年可以保持约6700万加仑的雨水，减少溢流量11%～15%。目前，美国的一些城市规划专家正在对干旱地区进行重新规划，打造海绵城市。在洛杉矶埃尔默大道一带，当地政府进行了一个试点工程，经改建的街道具有渗透雨水的能力，将绿地改建为具有抵抗干旱的园林绿地；在人行道旁的水沟种植抗旱植被以建设生态湿地，下雨时雨水流进湿地，渗透到下面的蓄水暗池中。将原来的尖顶房子重新改造成像一个大嘴面向天空张开，或者像一个杯子、一只碗，或者一把倒放的雨伞，便于屋顶尽可能多地收集雨水，实验区一年收集的雨水可供大约30个普通家庭使用。澳大利亚、英国、法国、德国、韩国、日本都开始进行海绵城市研究的试点和工程建设。

为解决我国城市雨洪、内涝、雾霾污染、水系污染、水资源短缺、地下水位下降、地下水枯竭、水生物栖息地丧失等一系列严重生态问题，在2011年两会期间，全国人大代表刘波（湖南省常德市环卫处宣教中心）在其提交的《关于建设海绵体城市，提升城市生态还原能力》提案中提出：像建筑屋顶一样，将城市停车场和道路两旁改装成下凹式绿地，并把绿化带路面改造为坡度形，以利于水流入绿化带旁设置的小口中。有关专家还提出，要建立雨水收集和利用系统，开发、改造城市社区建筑物、道路、绿化带、停车场、广场、公园等公共设施的蓄留雨水的生态功能，尽可能恢复城市原有河道、水塘、沟渠，减弱城市热岛效应，提高雨水渗透率。仇保兴把“海绵城市”定义为：城市能够像海绵一样，在适应环境变化和应对自然灾害等方面具有良好的“弹性”，下雨时吸水、蓄水、渗水、净水，需要时将蓄存的水“释放”并加以利用。海绵城市遵循“渗、滞、蓄、净、用、排”六字方针，把雨水的渗透、滞留、集蓄、净化、循环使用和排水密切结合，统筹考虑内涝防治、径流污染控制、雨水资源化利用和水生态修复等多个目标。通过尊重自然、顺应自然的低影响开发模式，系统地解决城市水安全、水资源、水环境问题。通过“自然积存”实现削峰调蓄，控制径流量；通过“自然渗透”恢复水生态，修复水的自然循环；通过“自然净化”减少污染，实现水质的改善，为水循环利用奠定坚实的基础（仇保兴，2015）。与传统的工程思维下“水适应人”的治水思路截然不同，“海绵城市”是以“自然积存、自然渗透、自然净化”为特征，是一种“人适应水”的景观，即“水适应性景观”。建设“海绵城市”需构建宏观、中观和微观跨尺度的生态规划理论和方法体系。在方法上，可借助景观安全格局方法，判别对于水源保护、洪涝调蓄、生物多样性保护、水质管理等功能至关重要的景观要素及其空间位置，围绕生态系统服务构建综合水安全格局。“海绵城市”是我国继园林城市、智慧城市、生态城市、低碳城市等一系列政策引导的城市理念后出现的城市建设新概念，成了人们视野的新名词、新宠儿。“海绵城市”理念立足于我国的水情特征和水问题的突出背景，已经上升到国家战略层面（俞孔坚等，2015）。

3. 提高城市综合防灾能力

城市的总体抗灾抗毁能力是城市可持续发展的重要基础。对于人口和经济高度密集的城市，无论是战争还是自然灾害都会给城市造成人员伤亡、道路和建筑破坏、城市功能瘫痪等重大灾难，是对城市可持续发展的严重威胁。

对战争、空袭、地震、风暴、地面火灾等地面上难以抗御的外部灾害，地下空间具有较强的抗灾特性。可以利用这一特性，在城市地下建设避难空间、储备防灾物资的防火仓库、紧急饮用水仓库以及救灾安全通道等。在日本，许多地下公共建筑都被纳入城市防灾体系之中（陈志龙等，2011），东京有世界上最大的地下排水系统——“首都圈外围排水系统”工程，该工程使中川及绫濑川流域遭水浸的房屋数量由41544家减至245家，浸水面积由27840hm^{2}减至65hm^2，有效地降低洪水对城市的影响，使东京受暴雨袭击脆弱不堪的城市排水系统变得无比坚强，这是日本开始开发利用深层地下空间的标志。1989年，美国旧金山发生强烈地震，但城市基础设施抗灾能力较强，震后仅48小时生命线系统就完全恢复。唐山大地震中，城市地表建筑严重损毁，而地下建筑破坏较轻。在5·12汶川大地震中，2007年建成通车的映秀至汶川二级公路的映秀至草坡段共20座大中小桥震害都比较严重，包括被崩塌（完全）掩埋和桥梁砸断、梁板位移、伸缩缝拉开、抗震挡块破坏等，路基部分受损也很严重；而该路段的隧道则受损明显较小，洞身结构外观良好，无明显震害缺陷，洞内仅个别风机、灯具等附属设施出现松动，洞门结构除桃关隧道进口端式洞门断裂外，其余洞门均无大的破坏，只是存在帽石脱落、崩塌岩体堵塞洞口等问题（徐德玺等，2008）。

由于历史原因，我国城市地下管线权属、管理体制复杂，法规标准繁多，普遍存在现状不明、家底不清等问题。每年管线破坏事故不断，轻则造成停水、停气、断电及通信中断，重则引起危险气体泄露、燃气爆炸等灾难性事故，严重影响城市的正常运转和人民群众的生命财产安全。如 2013 年 11 月 22 日，位于青岛市黄岛区的中石化输油储运公司输油管线发生破裂事故，导致斋堂岛街约 1000m^2 路面被原油污染，部分原油沿雨水管线进入胶州湾，海面过油面积约 3000m^2；事故处置过程中，黄岛区沿海河路和斋堂岛路交汇处以及入海口被油污染海面上发生爆燃。此次事故共造成 63 人遇难，156 人受伤，直接经济损失 7.5 亿元[①]。据不完全统计，全国每年因施工而引发的管线事故造成的直接经济损失达数十亿元，间接经济损失达数百亿元。

这些教训使我们认识到，学习先进国家城市建设的经验，建设便于维修管理检查的多功能公用隧道——城市地下综合管廊的必要性。它是城市现代化的标志，通过综合管廊建设和使用可以减少马路的反复开挖，减少施工对城市交通、生产和生活的影响，特别便于维护检查和拆换，减少事故，提高城市基础设施的抗灾能力。

4. 有效解决“城市综合征”

很多发达国家的先进城市在医治“城市综合征”的过程中，相继对城市中心区进行改造和再开发。城市向三维（或四维）空间发展，即实行立体化的改建，是城市中心区改造发展的唯一现实可行的途径。

发达国家大城市中心区都曾经出现过向上畸形发展，然后呈现“逆城市化”或“城市郊区化”，也被称为内城分散化或城市中心空心化的过程。因为城市中心区经济效益高，房地产业集中投资，在中心城区兴建大量高层建筑，导致人流、物流高度集中，引起交通拥挤，为解决交通问题，又兴建高架道路，结果形成高层建筑、高架道路的过度发展，城市环境迅速恶化，导致城市中心区逐渐失去吸引力，出现居民外迁、商业衰退的“逆城市化”现象。例如，20 世纪 70 年代至 80 年代，纽约人口年递减 0.4%，巴黎人口年递减 0.03%。

城市发展的历史表明，以高层建筑和高架道路为标志的向上部发展模式不是扩展城市空间容量的最合理模式。为了对大城市中心区盲目发展进行综合治理，发达国家的大城市相继进行了改造模式升级，结果使这些人口下降的城市恢复到 0.1%～0.3%的年增长速度。为解决城市中心区用地紧张、城市改造与再开发困难的问题，在实践中逐步形成了地面空间、上部空间和地下空间协调发展的城市立体化空间。20 世纪 60 年代以来，日本东京、名古屋、大阪、横滨、神户、京都、川崎等大城市普遍进行了立体化再开发；同一时期，美国的费城，加拿大的蒙特利尔、多伦多，法国的巴黎，德国的汉堡、法兰克福、慕尼黑、斯图加特，以及北欧的斯德哥尔摩、奥斯陆、赫尔辛基等大城市也进行了立体化再开发。

正如著名建筑学家吴良镛先生所指出的，“城市郊区化”完全不适合我国人均土地资源少的国情。充分利用地下空间是城市立体化开发的主要途径，立体化再开发可以扩大城市空间容量，提高土地集约度，消除步车混杂、交通拥挤的现象，使商业更加繁荣，

---

① http：//www.fj.xinhuanet.com/news/2013-12/03/c_118403769.htm，2016.4.23。

增加地面绿地面积，地面环境优美宽敞，购物与休息、娱乐相互交融。这样的成功经验值得我国在城市建设中借鉴、运用，有助于实现城市园林化和钱学森先生提出的“山水城市”的理想形态。

2.3 城市发展适应性评价

2.3.1 适应观的思想基础

适应观的主要思想基础是系统思想、共生思想和演替思想。其中系统思想把研究对象看成一个功能整体，而不是组分间简单的关联，把城市看成一个以人为中心的主动系统，而不是以物为中心的被动系统。城市作为一种人类生态系统，是以人为主体的主动系统，系统调理必须体现人的主观能动性，必须符合人的行为规律。

共生思想是指人必须与环境协同共生，管理者与被管理者也必须协同共生，只能采取诱导性对策，而不能采取强制性控制。生态系统的决策是一个多层次、多目标、跨时段的冲突性决策，必须动员各个学科的力量、不同经历的专家，还有各个层次的人员来权衡利弊、共同决策。它不像物理系统那样，由少数几个科学家就可以拍板定案，就能得出满意的控制方案。共生同竞争总是联系在一起的，竞争的结果是不同利益的组分之间的暂时妥协，不同目标之间的调和。共生的结果不同于物理方法的一个显著特点是生态系统中没有最优可言，各目标之间不存在全息关系，其目标空间是一个超体积的球，球面上不存在哪一个方向、哪一点是最优的，对其优劣的评判依赖于决策者的主观偏好。

演替思想是适应性生态思维与物理思维之间最大的差异。生态系统演替过程中，其参数（包括物理方程中的常数 c）在不断变化，关系（即物理方程中的函数）在不断变化，环境（即边界条件）在不断变化，因而问题也在不断变化，而且这种变化的随机规律一般是不容易被指出来的。因此，要对一个系统列出具有普遍性的动力学方程是不可能的。研究人员的主要精力要放在弄清问题（issue）而不是解决问题（problem）上，重点放在调节事物发展过程而不是控制最优结果上。比如对一个城市的生产系统，我们所关心且能调节的只是其系统功能正常与否、是否能向着持续、高效、稳定的方向发展，而不强调最优控制结果是什么，因为用传统数学方法预测的最优结果往往与实际出入很大。

总之，适应性的生态思维与物理思维的区别在于，物理思维着眼于物以及物与物之间的关系，在参数相对固定或按一定规律变化的前提下去定量研究其间的运动规律。而生态思维则着眼于事，着眼于人与环境间的事理关系。在机理不清、信息不准、偏好不一的情形下，通过定性与定量相结合的各种软方法，去辨识问题、改善功能。

2.3.2 适应性及其测度

适应性（adaptability）是指生物体对所处生态环境的适应能力，是生物体与环境表现相适合的一种现象。适应性这一概念具有静态和动态双重特性（Lang，1987），其静态性表示生物体为了在生态环境中生存，自身必须具备一定的生存能力，在特定的时期、特定的经济发展阶段和水平下，与系统的发展相适应；而动态性则表现为随着时间的变化以及社会经济的发展，处于系统中的生物体也应该随之变化、发展。因此，适应与否的判别标准并非一成不变。

适应性概念最先出自达尔文的进化论，用于解释生物种群的进化与生存环境的关系。其局限性在于只解释了生物对于环境的单向适应关系。劳伦斯 · 亨德尔森（Lawrence Henderson）进一步发展了达尔文的适应观，在其著作《环境的适应》的前言有一段最使人耳目一新的叙述：达尔文所说的适应，也就是指有机体和自然之间相互关系是协调的。这一点说明环境的适应同有机体的进化过程中产生的适应，都是十分重要的成分；在适应的一些基本的特性中，实际的环境是最能适应生物居住生存的。这一论述表现了其适应理念的有机体与环境双向互动性和存在的整体协调关系特征。

适应观念被应用到许多研究人和自然关系的学科中，最具代表性的是地理学中的适应论（adjustment theory），该理论认为自然环境与人类活动之间存在相互作用的关系，地理学应当研究人类对自然环境适应的观点，是人地关系论的一种学说，又称协调论。适应论是受到法国地理学派的可能论的影响而产生的，“adjustment”一词意为“协调”或“适应”，由英国地理学家罗士培于 1930 年首先创用。它既意味着自然环境对人类活动的限制，也意味着人类社会对自然环境的利用及利用的可能性。罗士培认为：人文地理学是研究人地之间的相互关系，而不是研究控制问题，就是说从不同的侧面论述人类活动对环境的适应能力。人文地理学包括两个方向，一是人群对其周围自然环境的适应，二是居住在一定区域内的人群与其他地理区域之间的关系。美国地理学家巴罗斯（Harlan. H. Barrows，1877～1960）于 1922 年发表文章，把地理学称为“人类生态学”。他主张地理学应致力于研究人类对自然环境的反应，分析人类的活动、分布与自然环境之间的关系，从另一个角度提出了适应论的观点，这种人类生态学的观点又称为“生态调节论”。

19 世纪末以来，人类学者逐渐认识到人类分布特性与环境分布特性之间存在一定的协调关系，提出了与人类生态学近似的文化生态学的概念，其研究重点为人类社会如何协调与自然环境的关系。地理学和人类学关于这个问题的研究，促进了适应论的发展。

20 世纪 50 年代以来，社会生产力的发展和人口的增长，使人类作用于自然环境的力量增强，而自然环境对人类的反作用也日益明显。为协调人口、资源、环境和发展之间的关系，人类生态学在 20 世纪 70 年代重新兴起。从 20 世纪 80 年代开始，协调论由于主张地理学的主要任务是研究如何协调自然环境与人类文化生活的关系，受到更为广泛的重视。

现代城市设计虽然发展了近一个世纪，但正如 Ai MadaniPour 对其七个方面的模糊性的阐述那样，仍然存在着诸多的不适应，尤其是我国的城市设计发展，存在着学科和作用上缺乏自明性、理论和实践上缺乏适应性、运作和发展上缺乏协调性及系统性等亟待解决的问题，处于摸着石头过河的无序探索阶段。同时，城市发展建设又是一项浩大、影响深远的系统工程。历史经验警示我们：稍有不慎便会造成巨大的失误，甚至影响到下一代，危及生存。

在城市设计领域引入适应性的观念，目的在于运用其动态观和整体协调关系说为现代城市设计，尤其是为我国现阶段的城市设计界定一个明晰的学科生存空间，建构一个适宜中国国情的理论框架和一个可调节反馈的、和谐的城市设计系统（陈纪凯，2004）。

2.3.3　适应性城市评价的方法基础

城市生态控制论中最主要的问题之一是自组织和最优控制问题，这是生态系统的特性，是生态系统长期进化的结果。自适应、自组织与系统的协调控制是分不开的，协调控制也是生态大系统的一个重要特点。在协调控制的作用下，生态系统的各种功能可以大大得以改善。

城市生态系统的优化原理很多，归纳起来无外乎两条：一是高效原理，即物质能量的高效利用，使系统生态效益最高；二是和谐原理，即各组分间关系的平衡融洽，使系统演替的机会最大而风险最小。适应性城市设计的任务，就是要依据这两条基本原理去调控城市的人流、物流、能流、信息流和货币流的空间形态；同时，这两条原理也是城市发展适应性评价的依据。

1. 高效原理

城市作为一个高效的社会-经济-自然复合生态系统，其内部的物质代谢、能量流动和信息传递关系，不是简单的链，也不是单个的环，而是一个环环相扣的网络。网络节点和连线各司其职，各得其所。物质能量得到多层分级利用，废物循环再生，各部门、行业间共生关系发达，系统的功能、结构充分协调，使得系统能量损失最小，物质利用率最高。其调控包括循环、机巧和共生三项基本原则（陈纪凯，2004）。

1）循环原则

循环原则包括系统内物质的循环再生，能量的多重利用，时间上的生命周期、气候周期等物理上的循环及信息反馈、关系网络、因果报应等事理循环。

在城市生态系统中，每一个组分既是下一组分的“源”，又是上一组分的“汇”。没有“因”和“果”、“资源”和“废物”之分。物质在其中循环往复、充分利用。城市的大拆大建、重复建设、旧区保护失控、设计与管理脱节、多头管理、各自为政等问题的内部原因就在于城市系统的循环再生机制，把资源和环境全当作外生变量处理，致使资源利用效率和环境效益都不高。将城市系统中的各条“食物链”接成环，在城市各种关系和资源之间、内部和外部之间搭起桥梁，才能提高城市的资源利用效率，改善城市环境。

2）机巧原则

“机”即机会，要尽可能抓住一切可以利用的机会，利用一切可以利用的因素。“巧”即技巧，要有灵活机动的战略战术，善于用现有的力量和能量去控制和引导系统。要善于因势利导地将系统内外一切可以利用的力量和能量（包括自然及人工的，合作和对抗的）转到可利用的方向，以便为系统整体功能服务。

机巧原则的基本思想是变对抗为利用，变征服为驯服，变控制为调节，以退为进，化害为利，顺应自然，因位制宜，是城市设计适应观的基本出发点。

3）共生原则

共生是不同种的有机体或子系统合作共存、互惠互利的现象。共生的结果是所有共生者都大大节约了原材料、能量和运输成本，系统获得多重效益。共生者之间差异越大，系统的多样性越高，从共生中受益也就越大。因此，单一功能性的土地利用，条条块块式的管理系统，其内部多样性很低，共生关系薄弱，整体效率不高（图 2.3）。

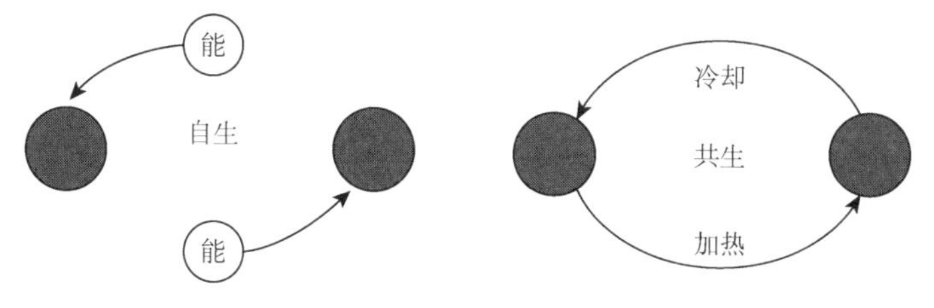

图 2.3　共生原则示意图

协同学的创始人哈根（Harmann Haken）指出，一个由大量子系统组成的系统，在一定条件下，由于各子系统间的相互作用和协作，会形成具有一定功能的自组织结构。城市的自组织状态就是通过共生来实现的，共生导致有序，这是生态控制论的基本原理之一。

衡量城市共生作用强弱的关键，一是看部门间联系的多寡和强弱；二是看城市多样性的高低。城市多样性表现为结构多样性、功能多样性、产品利用多样性等。

2. 和谐原理

城市协调发展是城市生态调控的核心。生态协调是指城市各项人类活动与周围环境之间相互关系的动态平衡，包括城市的生产与生活，市区与郊区，城市的人类活动强度与环境负载能力，城市的眼前与长远利益，局部和整体利益以及城市发展的效益、风险与机会之间关系的适应性动态平衡。维持城市生态平衡的关键在于增强城市的自我调节能力，调控的基本原则包括相生相克原则、最适功能原则和最小风险原则。

1）相生相克原则

生态系统中任何两个相关组分之间可能存在两种不同类型的生态关系：一是促进关系；二是抑制关系。生态系统中的任何一个组分都处在某一个封闭的关系环上，当其中的抑制关系数为偶数时，该环是正反馈环，即某一组分 A（图 2.4（a））的增加（或减少）通过该环的累积放大作用，将促进 A 本身的增加；负反馈环则相反，A 的增加通过该环的相生相克作用将抑制 A 本身的发展（图 2.4（b））。城市规划、设计与评价应充分运用这一辩证关系，解决好各种矛盾，使城市功能、空间、环境的不适应关系降至最低。

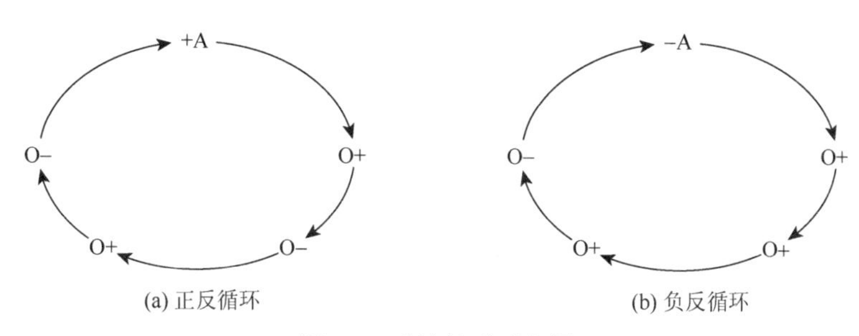

(a) 正反循环　(b) 负反循环

图 2.4　反馈关系示意图

2）最适功能原则

城市生态系统是一个自组织系统，其演替的目标在于整体功能的完善，而不是其组分结构的增长。城市自我调节能力的高低取决于其能否像有机体一样控制其组分的增长，和谐地为整体功能服务（图 2.5）。最适功能原则要求如下。

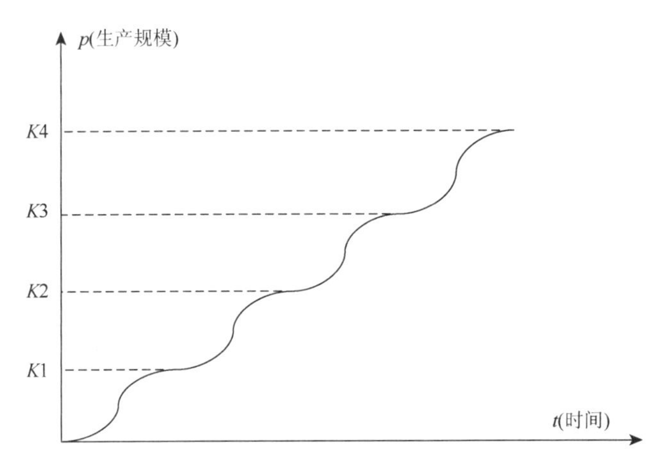

图 2.5　城市增长的组合 S 形曲线

（1）一切组织增长必须服从整体功能的需要，系统功能的稳定和结构的持续膨胀是不相容的。今天的很多城市就像得了肥胖症的孩子，其部分子系统过度发育而使机体变得很不协调。

（2）一切生产部门的产品生产是第二位的，而产品的功效或服务目的才是第一位的。随着环境的变化，生产部门应能及时修正产品的品种、数量、质量和成本。城市亦如此，必须建立适应性的动态更新系统和信息反馈系统，才能保证城市的健康发展和品质。

3）最小风险原则

在长期生态演替过程中，只有生存在于限制因子上、下限相距最远的生态位中的物种生存机会最大（图 2.6）。限制因子原理表明，任何一种生态因子在数量、质量上的不足和过多都会对生态系统的功能造成损害。例如，城市密集的人类活动给社会创建了高效益，

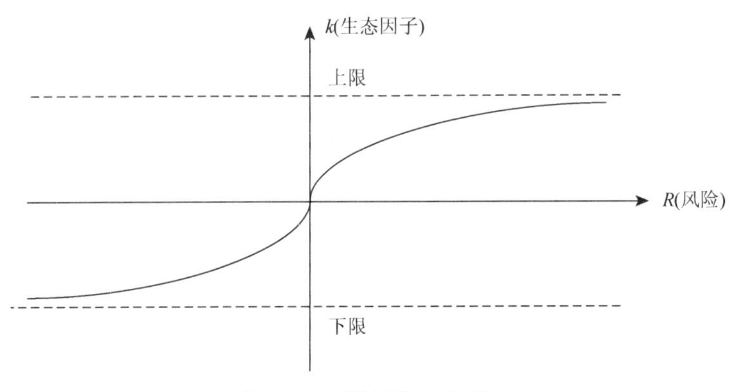

图 2.6　风险变化示意图

同时也给生产与生活带来了风险。城市中人类活动若超过某项资源或环境负载能力的上、下限，就会给系统造成大的负担和损害，降低系统效益。若能通过内部结构调整，将人类活动的风险控制在适当的范围，则城市总体效益和机会都会大大增加。

2.3.4　传统城市建设的适应性因素

2.3.4.1　西方传统城市建设的适应性因素

纵观西方传统城市的形态和发展可以发现，有些是在自发基础上形成的，有些则讲求规则的平面布局。在长期发展过程中，城市实体都是由不同时期的不同片段在城市扩展变化过程中有机地组成的混合体。但是，历史上一些有代表性的城市，看似随机的城市混合体，事实上却是动态的适应、控制过程作用的美好结果。通过分析，可以发现西方传统城市具有三个特点：发展建设依赖“规令”和“法律”；城市构成模式与布局具有内在规律性；建筑类型的适应弹性与城市的延续性。

1. 发展建设依赖“规令”、“法律”和市民参与

亚历山大在 1975 年曾发现，约翰·拾纳在《1290 年到 1420 年意大利的文化和社会》一书中就指出过，意大利城市的有机发展形态特质并非灵感偶发的结果，而是其建造依赖于一套“规令”和“法律”。和亚历山大所说的“模式”很相似，每年由一群公民根据法规来拟定一些营建计划，并由公民组成的团体来负责审查营建计划。书中有一段：“锡耶纳（Siena）城邦的道路监督条例是在 1290 年订制的，其中包括有关都市发展的 300 个条文，规定每年的五月由一个委员会审查行政主管范围内整个城市的发展情况，并且要对全大会负责；五月的第一或第二周，要预拟下一年度的营建计划。例如在 1297 年 5 月 10 日，该委员会拟就了 18 条法规，其中有 3 条针对教堂，2 条针对中央广场附近的两座皇宫、4 条针对道路对街的拱形廊、4 条针对井水和洗手间、7 条针对街道的铺面和道路加宽。此外，每年有 4000 里拉的经费，用于筹建郡城的皇宫和浸信会教堂，并组成委员会督导城市的开发。通常委员会的成员都不是营建专家，而只是普通公民。这表明，锡耶纳自然有机的城市特性是在法规和条令的控制作用下建成的，整体的控制仍是非常重要的”（陈纪凯，2004）。

2. 城市构成模式与城市形态具有内在规律性

以自然生长和布局活泼而久负盛名的威尼斯，看似无规律的城市结构却被许多作者，特别是两位现代规划大师刘易斯·芒德福和勒·柯布西耶认为不仅是中世纪城市的精华，也是当代城市的重要模型。城市规划的“基本单元体”——纵贯的运河水网将城市分割成 103 个 3.5hm^2 左右的小岛，城市交通包括贡朵拉（gondolas）和步行（pedestrians）的自然和人工两类交通系统。这一体系独特地将交通路线和单元体边界并存于同一元素——运河上。Midland 在 1982 年把威尼斯城市水网和步行体系抽象为节点结构，经过解析和拓扑变换，发现城市构成模式就是将城市中心线（即威尼斯大运河）作为中心轴线，

而 103 个小岛呈单元状沿中心轴线排列；将中心轴线大运河和沿轴小岛拉直并规则化后，威尼斯就像是按照格网划分的现代城市。因此，自然条件的限制实际上成为一种内在的控制性规律。

3. 建筑类型的适应弹性与城市的延续性

西方传统城市在形成过程中是通过都市元素间的动态适应关系而发展的。一些都市元素在城市转换过程中，机能会产生重大变化，但其建筑形式仍统一于大的城市格局中。如古罗马斗兽场的环形阶梯状造型表明了其有剧场功能，由于社会的变迁，其功能完全被改变：由剧场变成了城市。但是，在此过程中，建筑功能的变化和整合却不影响其风格。正如罗西所说，建筑类型是永恒的。建筑类型的适应性和弹性，是城市和历史建筑可以更好地延续的基础。

综上所述，西方传统城市具有以下特点：发展建设遵循内在形态规律和法律规范等控制性原则，通过吸引市民参与，经过长期发展而成的，在长期建设过程中具有整体控制性；同时，城市发展过程中即使某些建筑功能产生变化，但仍保持建筑类型和城市形态的延续性。因此，西方传统城市具有动态适应性的特点。

2.3.4.2　中国传统城市的适应性因素

西方现代城市设计理论有一部分还停留在概念阶段，而中国古代传统城市建设却已在动态适应性城市设计方面进行了长期的实践。这些成果虽然没有系统的文字阐述，但可通过对城市实例和思想的考察与归纳总结出来。

1. 城市建设思想

我国古代传统城市建设思想是礼制、风水学说和营造法式三者的统一。其中，礼制提出了传统城市和建筑等级化社会空间形制和秩序的要求，以及此类空间形制和秩序的概念模式；而风水则把概念模式放诸于具体的自然环境和建设条件中加以系统分析和组织；营造法式等工程做法则为礼制和风水制约下产生的具体等级建筑提供了建筑细部规范和施工管理组织程序。

从《礼记》、《礼书》等书中清晰可见，礼制对我国古代城市建设的影响无所不在。礼制等级规定决定了人们的社会意识形态基础，并物化到外部空间的等级和秩序塑造上，从理论上确立了城市与建筑的各类建设模式。随着儒家思想逐步取得统治地位，礼成为封建统治思想的核心。在传统城市建设方面，《周礼 • 考工记》对中国传统城市形制有着很大影响。由于倡导尊孔，儒家学说发展更有利于皇权统治的巩固，使代表儒家正统礼制观念的《考工记》逐渐受到推崇，汉代以后，《考工记 • 城制》已成为帝王都城规划必须遵循的理想和规制。这种营国制度中的王城规划有两大特点：一是强调王权，即突出以宫为中心的“左祖右社，面朝后市”的王城主体结构；二是强调建立礼治规划秩序。除王城规划外，其他一系列规划也无一不充分体现王权和等级礼治秩序。这种王城理想主要表达了统治者在空间物质环境上对等级礼制等的社会和经济要求及空间概念，以此达到在实际生活中用等级空间来对人民进行潜移默化的教化和控制作用，以进行更好的统治。因而，礼所限定的城市和建筑模式是古代传统城市建设思想的基本理念和基础（陈纪凯，2004）。

风水学说是我国古代关于建筑环境规划和设计的一门学问，规定了建筑与自然环境之间的关系，以及建筑群体的组织原则和方式。风水术具有一定的科学性。首先，其是一种试图综合考虑环境中各种客观因素的整体思辨、思维方式，也是人与自然相适应而协调发展的经验。在建筑外部空间设计和环境景观规划上，风水术也达到了极高的艺术境界；风水规划还充分运用了中国传统象征美学的原理，在环境规划和建筑设计上运用数、形、物等的象征来表达人与宇宙统一的思想。由于风水术在漫长发展过程中很大程度上被礼制化了，在意识形态上以天地鬼神信仰、方位凶吉观念等对正统儒家礼制等级思想进行了补充，在具体操作层面上可以辅佐礼制建设模式，按风水原理规划组织环境和建筑，即以凶吉定式等方法规范建筑及其群体的组合、布局方式，使礼中规定的等级制礼制秩序可通过具体的物质环境条件约束和抽象的哲学观念规则而得以组织、实施起来。同时，风水术还以“压白尺”、“门光尺”等尺法影响到民间、寺庙建筑，弥补了营造尺和法式的官式外空缺。可以说，风水术和礼制是在不同方面、不同层面上相辅相成的，共同指导中国古代建筑和城市建设的实践（陈纪凯，2004）。

营造法式作为建造具体程序和细部构造规定的典型论述，将礼制等级制建筑模式进一步具体化为可施工建设的细部和单体，使礼制和风水学说所代表的社会和环境考虑在施工环节具有可操作性。对中国传统建筑模数系统的重要论述主要集中于北宋李诫所撰的《营造法式》和清代工部《工程做法则例》中。这两部书都反映了当时的营建政策和制度，在李允鉌 1985 年所著的《华夏意匠》中谈到《营造法式》的意义：由于中国传统建筑的礼制等级体现在建筑规模、高矮、材料质量、细部尺寸大小等建筑要素上，对建筑要素标准的控制等同于对礼制等级的控制；而传统营造技术的工艺概念是预制构件和组合装配，因此产生了设计与施工的定型化、标准化要求。传统建筑模数就是为满足这种最终统一的礼制等级和建设施工的双重需求而产生的标准尺度单位。在建设中提出“以材为祖”，形成“材分制”模数系统，即在大木结构建筑设计中，以拱枋断面“材”为设计的基本模数，“材有八等”，依建筑等级高低而选用之。以此出发，继续确定建筑中各构件乃至整幢建筑的尺寸和规模，再结合礼制要求确定建筑群的规模，《工程做法则例》继承发展了这套建筑模式系统。李允鉌研究认为，这种建筑模数制既是中国传统建筑礼制等级制度的产物，又是当时建筑设计和施工经验的成功总结。

因此，作为中国古代建设语言内容的礼、风水、营造法式，三者从不同层面和角度阐述了如何将空泛的社会意识形态具体化到城市建筑建设实践上的一整套控制性做法，蕴涵着动态适应的、多层次的城市设计思想。

2. 城市建设方式和特点

中国古代城市建设思想主要指从《考工记》开始的营国制度传统，随着各朝各代社会经济发展和礼制的不断完善而有所突破、发展，并形成从城市规模直至门窗户牖各种尺度的礼制等级建设模式。首先，古代城市一般都在礼制秩序的要求下，遵循某种特定的城市形制而建设。比较有代表性的城市形制就是《考工记·城制》中确立的王城理想。城市形制仅仅是大的城市意图，作用是控制城市整体布局、对城市建设的总体性进行规定，但并不涉及具体的尺寸关系。在城市形制的整体控制下，通过确立并运用城市模数（核心建筑群尺寸）、街坊模数（胡同间距）和建筑模数（材分制）三级模数系统，进行着连续有序、多样统一的城市设计和建设。在此过程中，除礼制规定和具体建设需要外，风水凶吉定式、建筑构造方式和美学构图原则也都对模数的确定和城市及建筑的组织起到了辅助性作用。这种建设方式体现了在城市设计方面的统一控制适应性和动态适应性。

1）统一控制适应性

中国古代城市建设的统一控制适应性在精神层面上表现为文化礼制的制约，在物质环境层面上表现为统一的建设模式控制。其中，文化礼制制约表现在：中国传统城市大部分都是依礼制城市形制建造，只是遵循的程度不同；即使在民众的认知中也对礼制城市形制有所认识。从北京儿歌也可发现这一认知，如："四合院，墙靠墙，中天井，四角方，八哥叫，橘子香，大水缸，种莲花，莲花开，出莲蓬，里面飞出个金凤凰"（陈纪凯，2004）。

建设模式的统一控制适应性则可以在明清北京城等比较严格遵循礼制城市形制的传统城市中，通过城市模数、街坊模数和建筑模数三级模数制而集中体现出来。传统城市总体结构中的基本城市设计模数一般以最重要的、代表统治者权力和秩序的大型核心建筑群（宫城等）的尺寸来定义。最具代表性的明清北京城，是《考工记》中王城规划理想在封建社会中不断发展而取得的高度成就，其形制与王城规划形制基本相同，都以宫城尺寸为模数确定城市规模。王城规划中宫城占王城的1/9（贺业钜，1985），而紫禁城则近乎为明清北京城的1/50（博熹年，1992）；济南旧城作为明朝德王王城，则是以抚衙尺寸为城市基本模数来建设的，每一个城市模数单位都是由城市主要街道所界定的（陈纪凯，2004）。

在单个城市模数所限定的街坊范围内，继续确定第二级模数——街坊模数。明清北京城以胡同南北间距（胡同中距）为街坊模数，形成"鱼骨式"街道网。譬如城市格局迄今仍保持很完整的北京南北锣鼓巷地区，胡同模数为70～72m，接近典型的三进式四合院的南北向长度。其他地区的格局虽没有如此规整，胡同模数也有差异，但大体在此数值左右。即使看起来非常不规整的地区，如白塔寺地区，也遵循此模数。

第三个层次是运用建筑模数来规范具体建筑的设计、施工标准。在以建筑尺寸和建筑材料质量等级反映建筑的礼制等级和建设规模的基础上，先确定建筑的礼制等级，然后在建筑模数系统（八等材分制）中选择与之相应的建筑模数进行设计、施工和建造，从而有效控制了具体建筑和群体的规模和质量。

由此可知，中国传统礼制城市是在礼制城市形制的严格、统一控制下，按城市层次一级一级地建造出来的。

2）动态适应性

虽然处于礼制城市形制严格、统一的控制下，中国古代传统城市建设的动态适应性还是体现在对整体控制规则的适应性和灵活性上，具体使用过程并不僵化，而是结合自然地理、气候、地域、城市功能等影响因素，共同对城市建设起作用，从而产生了各种多样、统一的传统城市。

在城市整体层次上，封建社会的礼制城市建设模式对中国传统城市的整体格局都具有先天影响。但是，礼制城市建设模式对具有重要政治性和特殊区位的城市，特别是大城市的约束比较大；而对因经济、交通和地理等其他因素而繁荣的城市以及一些小城市的约束作用则较小。在这类城市的发展中，经济、地理等条件代替礼制要求成为城市发展的主导因素和产生城市多样性的源泉，突破了严格的礼制要求而按照需求发展。但是礼制对城市建设的要求仍或多或少地体现在城市形制中，表现出礼制形制对各种不同性质和情况的传统城市的适应性和指导性。

自然城市中控制性要素的作用远大于人们的想象，是保证城市有机成长的重要因素，而不同的城市特色则是城市动态适应性的体现。控制适应性要素主要包括文化、统治管理因素，如中国的礼制观念和西方的法律条令，在传统社会中二者的作用合二为一。动态适应性因素主要包括地理、地域、气候、社会阶层构成、经济发展需求等自然和社会经济条件。因此，可以从城市整体控制适应性和动态适应性两方面来研究适应性城市设计的理论内涵和特征。

亚历山大曾总结，现在的城市设计模仿传统形式是失败的，其原因是没有挖掘出老城的内在性质，说明了中西方的传统城市设计和城市建设都有其内在规律。它们都具有在整体控制下的动态适应性特点，也就是在特定城市整体控制性因素（包括礼制、文化共识或法规条令等）的控制下，依照一定内在规律而进行的长期连续灵活的小规模设计和建设行为，而不是阶段性的单一目标或无目标行为。

2.3.5 城市发展适应性评价的基本要素

2.3.5.1 人的适应性需求

如果说传统城市设计侧重于研究人类聚居的物质形态，一般意义上的现代城市设计则侧重发现城市存在的意义和社会经济作用，而适应性城市设计则是更自觉、谦逊地从人类与其聚居全息环境的适应关系入手，更广泛地探讨两者之间及其自身的互动作用关系，从中探寻一种客观上的动态平衡（陈纪凯，2004）。

皮亚杰把人与环境的持续交往描述为适应，这种交往使心理结构不断发展而复杂化，以便有效地应付环境的要求，环境越复杂，人的心理结构也变得越复杂，“同化”和“调节”是人类适应环境的基本途径。这是人类平衡动机的需要。人们往往按一个固定模式活动，但人们在行动过程中又力争增加自己的行为与固定模式的适应性。这种自觉的平衡动机既有生理的，也有非生理的。

1. 人对聚居地的基本需要

人的基本需要可分为以下 6 个层级。

（1）生理需要（physiological needs），如饥、渴、寒、暖等。

（2）安全需要（security），如安全感、领域感、私密性等。

（3）相属关系和爱的需要（affiliation needs），如情感、归属感、家庭、亲属、好朋友等。

（4）尊重需要（esteem needs），如威信、自尊、被尊重等。

（5）自我实现需要（actualization needs）。

（6）学习与美学需要（learning and aesthetic needs）。

2. 人类对聚居地的基本需要

希腊学者 C.A.Doxiads 将人类对聚居地的基本需要概括为以下几点。

（1）安全需要。安全是人类生存的基本条件（包括人的生理需要，基本满足的前提），人要有土地、空气、水源、适当的气候、地形等，以便抵御来自大自然与其他人的侵袭。

（2）选择性与多样性需要。在满足人类基本生存的基础上，还要满足人们可以根据自身的需要与意愿进行选择的需要。“钟爱多样性”是生物学家、人类学家、心理学家的格言，是一切“人”，包括生物的本性。

（3）需要满足的因素。下列五原则将要予以最大、最低或最佳限度地满足。①活动自由度。与自然、社会、人为设施、信息等外部世界有最大限度的接触，称为活动自由度，这种自由度随着科技发展不断扩大。②经济原则。以最省力（包括能源）、最省时间、最低花费的方式满足需要。③公共性与私密性。任何时间、地点都要有一个能受到保护的空间（protective space），无论是短期的，还是长期的；无论是一人独处，还是一群人在一起。人不但要把许多与自己有关的事物拉近到自己的身边，同时还要使自己靠近人群。人的生存离不开人群（社会），人群的聚集是社会内聚力的表现，在物质空间上体现为密度，中心与非中心的区别体现在密度的差别上。成组、成团体现有秩序的接近，只要有人群，就有中心。此外，如果中心过于拥挤，人会自动拉开距离，保护自身与小群体的私密性与领域性。公共性与私密性是人的基本需要，所有的聚居地与建筑都是这两者矛盾平衡的体现。④人与其生活体系中各种要素之间有最佳的联系，包括大自然与道路、基础设施与通信网络。⑤根据具体的时间、地点以及物质、社会、文化、经济和政治的种种条件，取得最佳综合、最佳平衡。在小尺度范围内，人为环境要适应人的需要，在大尺度范围内的人造物要适应自然条件。

2.3.5.2　观念要素

城市自诞生以来就是人类表现信念的物质载体（陈纪凯，2004）。存在决定意识，意识反过来指导行为。沙里宁说：“让我看看你的城市，就知道这里的人们在追求什么”，既表明城市是人类观念的物化表现，也说明人类集体意识对城市的巨大影响。正如西方传统的宗教精神赋予城市宗教路径、空间和仪式广场等特征，中国传统的“天人合一”理念赋予城市“顺应风水”、内向庭院等特征。所以城市设计与开发必须适应当时、当地特定人群的既有观念，并不断调整以达到互动同步的良性循环。对人的观念的适应包括对精神观念（spiritual）、理念、知觉和认识等方面的适应。

精神要素是民族之间、地域之间、文化之间和人的生活方式之间的本质区别要素，是人们的信念与地域特征相结合的产物。所谓“一方水土养一方人”，城市精神就是这种综合体，它既表达了人的价值取向和精神状态，也体现了物质文明的综合水平。

理念是指人们在生产、生活、学习过程中形成的对事物的一般看法和总体认识，并作为生存准则指导并规范自身的行为。理念是各种经验、概念相互作用形成系统的集合产物，在城市活动中表现为生活模式、行为特征、风俗习惯、生存态度、价值观等隐性要素，并兼顾聚落形态、空间走向、空间布局、环境待征等显性因素。

不同的时间、地域、人群，对大到生存方式、生活态度、价值取向、现代化城市发展，小到对城市印象、街道色彩的概念理解都不尽相同。比如对汽车，发达地区的人们将其看成一种交通工具，而在贫困地区则被看作是一种地位和财富的象征。城市人在渴望花园和草地、小径，农村人却在梦想高楼大厦和宽阔的公路。所以，城市设计与开发必须充分研究并适应特定人群的生活理念和概念认识，才能真正达到“以人为本”的目的。

知觉是借助作为认识主体的人头脑中所具有的某种先天“结构”完成的，称这种“结构”为“图式”（schemata）。“图式”在人脑中具有某种相对的“恒常性”，空间知觉观念就建立在这种“恒常性”的“图式”基础之上，向我们揭示了人具有“图式化”的本能。

空间知觉（space perception）是指主体（包括人）意识到自身与周围事物的相对位置的过程。主要涉及空间定向和对事物深度、形状、大小、运动、颜色及其相互关系的知觉，并凭借视觉、听觉、动觉、平衡觉、嗅觉和味觉的协同活动辅以经验而实现。

2.3.5.3　文化性要素

文化适应性主要表现为价值观、地点（场所）、特色、遗迹、历史、活力、行为准则等要素的适应。每个区域、每个城市都存在着深层次的历史与文化差异，城市的空间结构关系、肌理、形态特征都蕴涵着人们在此长期生活的行为方式和文化积淀，因此城市与空间形成了文化意义和空间秩序（陈纪凯，2004）。

民族的文化价值观念影响了生活方式和社会行为准则，进而形成社会空间。在每个特定的地区，种族群体的文化传统及其演进影响城市空间的组织与发展，形成了城市空间的文化特色。城市空间的文化特色主要表现为：空间物质形态既积淀和延续了历史文化，又随居民整体观念和社会文化的变迁而发展，空间结构形成后又反过来影响生活在其中的居民的行为方式和文化价值观念。因此，需要将城市空间看作是不断进行新陈代谢的生命有机体，将空间的发展看作是一种内在的、在原机体上的生长。

城市文化的特点，某种意义上是不同历史时期的不同管理者、规划者和设计者素质的综合反映，包括使用者参与的设计。这种综合反映主要表现为不同的文化价值观，不但受传统文化、习惯、乡土风俗的影响，而且还承受新科技、新生活方式及外来文化的冲击。

社会要素的范围很广，涉及社会、政治、经济、文化等诸多方面，但是与城市空间有关的要素则主要集中在文化变迁、社会行为和社会问题对社会空间及其发展的相互关系等方面。从现象来看，主要包括社会平等、选择、健康、福利、教育、社会团体、私密性和安全性等涉及个人和群体生存发展权益的因素。

从历史维度就空间环境资源分配及城市形制而言，城市是政治主张和利益的物化形式。虽然城市设计绝不是政治，随着时代的进步，技术含量也日趋丰富，但是从城市设计的发生及组织执行过程来看，它依然与社会政治文化和经济利益有着不可分割的密切关系，甚至可以说，不通过一定的政治手段，城市设计是无法有效操作的。从技术角度讲，城市设计问题的提出、研究设计的组织、操作实施、反馈大多是由行政途径来组织完成的，所以政治性要素不仅对城市发展起很大作用，而且对城市设计本身也具有操作上的技术指导意义。

城市发展需要经济基础作为强大的后盾。城市的经济适应性所涉及的经济性要素主要指与人和环境有关的城市空间能效，包括城市的消费和得利情况，投资与开发的效益情况，以及与城市开发、就业、收入情况等。城市发展的经济适应性，使城市不再停留在物质环境品质的塑造上，更重要的是对城市建设发展整合起到一定的宏观策动作用，使经济效益和社会效益、精神文明和物质文明达到和谐同步。

2.3.5.4　自然要素

城市都被广阔的自然环境包围，城市所处的地理位置（如山谷、河滨、沿海）、地貌（如山丘、河流、平原）、植被（如树林、草地）及气候（气温、日照）等都对城市产生影响。城市的自然适应性，就是通过城市开发利用、改造自然环境，使城市的人文环境与自然环境相适应、相融洽（陈纪凯，2004）。

早期城市的形成过程和所在的地理环境密切相关，尽管城市兴起的地点不同，但大多为水陆交通中心、江河渡口或物产丰富之地。由于自然条件的差异，在区域内形成了不同的城市地域景观。大陆临海地区城市大而密集，内陆地区城市小而松散，温暖湿润地带城镇多，而寒冷干燥地区城镇少，在极地、荒漠、洪水泛滥区、地震等条件恶劣的地区几乎无法产生城市。从小范围看，依山傍水、地质条件好、资源丰富的地区多为城镇选址之处。

城市所处的自然条件特色是影响城市空间特征的主要因素之一。不同的气候产生不同的建筑形式和组群形态，形成各自的空间特征。就城市个体而言，其空间结构、形态特征也多产生于自然环境。城市与河流、湖泊、海岸、港湾、山脉、高地、森林、植被等特殊地形、地貌结合，形成独特的城市景观，如苏州、威尼斯的水网城、常熟的青山半入城、重庆的山城、广州的云山珠水城等。

城市的自然生态条件也是城市空间环境质量的体现，城市中的绿地、水面、阳光、空气等自然环境质量是城市空间质量的重要标志。

一方面，自然环境是限制城市发展的“边界条件”。山区城市很难建成一片开阔的中心广场，沙漠城市难以做到全城浓荫如盖。另一方面，自然条件也是城市特色形成的可能，这就是事物的两面性。例如，山区城市沿山坡蜿蜒的道路，从山顶俯视全城是平原城市无法形成的景色；沙漠城市大量生土建筑的房屋、封闭的庭院，也是南方城市没有的特色。所以，大到城市布局，小到居住组团或步行街，甚至每栋建筑都与当地的地形、地貌、气候、植被等密切有关。

2.3.5.5　人工环境要素

1. 城市形态特征要素

根据城市发展的基本规律，在规模、区位、次序和自组织方式上依据不同的自然地理、社会、经济、文化和科学技术条件，产生不同的组合形式，从而形成千姿百态的城市形态，是城市生活的固化表现。从物质空间构成来看，城市形态及其特征主要是通过以下要素被人感知的：城市结构形态、空间场所、联系路径、景观与观察者的关系、城市轮廓线、边缘、区域、标志、节点、入口等。对城市形态要素的研究，可以从整体上把握城市的形态特征，有利于新旧城市形态的适应性融合，以及新建城市形态的系统性和完整性塑造（陈纪凯，2004）。

2. 城市功能要素

城市是生活、工作、购物、宗教、娱乐及公共活动等各种功能的综合体，不同功能应合理地相互邻近。城市功能要素范围很广，但其综合性能水平是城市功能的衡量标准。综合性可以反映出公共性和多样性，从而增强城市、社区的个性。场所若具备综合的功能，便能使人兴奋、有精神，从而积极思考和交往。但是，城市并不是，也不可能每个区域都要追求所有功能上的综合。综合是要挖掘出每栋建筑在生活、工作、购物和娱乐等方面的内在潜力，主要体现在城市土地利用方面的渗透性和可达性、弹性和适用性、安全性和便利性。

对城市基本功能要素的适应是对人自己基本需求的适应，关于人的切身利益，也是城市生活活力的基本性能要素。

3. 城市运动系统要素

城市的显性运动系统是由人流、车流、物流组成的，是城市生活体的动脉。传统城市是建立在步行系统上的，以人的尺度为依据，具有封闭性、内向性，静态、方式单一等特点，其整体结构意象性较为明确。现代城市则建立在汽车运动的基础之上，具有开放性、外向性，动态、方式复杂等特征。由于运动系统在现代经济生活中占有独特的地位，其轨迹——道路便成为现代城市的主要结构表现要素，影响着城市结构形态和社会的发展。

随着时代进步和人口增加，城市密度不断增大，城市人流、车流、物流的种类不断增加、细化，交通方式越来越多样化，流量也日趋增大，机动工具代步也日趋普遍，且各成系统，使城市的各种运动流变得错综复杂。如何处理好各种运动流及其相互关系，使其协调发展，以实现城市交通有机、有序是现代城市运营管理的关键之一。

4. 建筑物要素

建筑是城市聚落的基本实体单元，更是城市环境的主要物质要素。不同的自然地理气候条件产生不同的建筑技术、特色材料及空间结构类型；不同的文化理念、风俗习惯带来不同的建筑组合方式和形态风格，从而形成了不同的城市形态和肌理特征。建筑形态是形成城市结构肌理形态景观特征的极其重要的因素。反过来，城市的发展又会带来建筑的变异；城市功能变迁会导致建筑性质的改变；城市结构的改变会影响建筑的环境价值；城市人口、密度的变化，会影响建筑的规模和集合方式；城市生活方式的不同会影响建筑空间构成和组织等。

相对于城市，建筑对居民生活的变化是极其敏感的，因为宏观的城市形态是通过微观的建筑空间形态来体现的，而且，建筑比城市更贴近人的生活。所以对建筑影响城市的相关要素的研究，可以从微观角度更深层地理解城市，使城市更加适应人的尺度的需要。建筑影响要素包括：建筑类型、使用情况、建筑的新与旧、建筑的维修情况、形体特征、高度、协调性、朝向（方向）、体量、开窗方式、入口、比例、材料、细部、色彩、文脉、风格等。

5. 城市街廊要素

城市的生活与生活空间是多种多样、复杂、有机和相互交叉的；同时，城市中的各种活动与活动空间又有一定的特性与区分。为了避免各种活动的无限制扩展，减少不必要的负面干扰，保持一定的平衡，需要一定的街廊作为媒体，以提高城市环境的质量。

街廊设施是指城市中除了建筑物之外的一切地上物，按其功能可分为如下几类。

（1）实用性的路栅、路障、路灯、路钟、座椅、电话亭、邮筒、垃圾筒、公交站亭、地下道口、人行天桥、停车场、加油（气）站、充电插座（公用）、健身设施等。

（2）审美性的行道树、花坛、喷泉、雕塑、户外艺术品、地面艺术铺装等。

（3）视觉传达性的交通标志、路标、路牌、地面标志等。

当然，街廊功能不是独立而是复合的，且从城市景观的要求出发，都具有审美性的要求。通过对街廊的整体考虑与设计，可以使城市景观更加丰富怡人。

街廊设施可用于路径或城市开放空间的塑造，使空间引发活动，活动强化空间。可以明确界定人、车的使用空间，使它们互不干扰而又能便捷转换。可以塑造活动空间品格，强调空间的运动感与滞留性，以促发不同性质的动态与静态活动。

第3章 地下管线与城市发展适应性

城市作为一个资金流、信息流和人群流高度集中交汇的地方，伴随着城市化的高速发展，城市人口密度过高、资源环境约束趋紧等问题凸显，使得城市空间开发利用逐步重视广阔的地下空间。地下空间的合理开发利用已经成为建设集约型城市、实现可持续发展的必经之路（张文彤等，2009）。城市的发展离不开地下管线，地下管线长期担负着城市的信息传递、能源输送、排涝减灾、废物排弃等功能。因此，地下管线也被人们称为城市的“生命线”（朱伟，2014）。从目前来看，多数城市存在各种专业管线（给水、排水、电力和燃气等）各自为政，地下建（构）筑物的修建缺乏统一规划的问题，使有限的地下空间资源未能得到充分利用，为城市后期发展带来一定的不良影响。

城市发展与地下管线相互影响。一方面，城市的发展必将推动配套基础设施建设的发展，地下管线的规模也将随之扩大，城市发展对提升地下管网的承载力有更高的要求和相应的促进作用。另一方面，地下管线的建设发展也将对城市扩张和地下空间开发利用带来一定影响。城市扩建和地下空间资源开发利用受地下管线布设约束，与已有管道的距离越近，甚至超出安全界限，将产生安全隐患。因此，合理规划城市地下管线建设与发展，确保地下管线空间布局和承载力适应城市发展需要，不仅对地下空间资源合理利用具有指导意义，同时对城市的可持续发展具有重要意义。

3.1 地下管线空间布局安全性

随着城市规模的不断扩大、人口的急剧增加以及城市经济的高速发展，城市安全运行问题比以往任何时候都更加迫切。例如，近年来城市建设理念落后、地下管线建设规模不足、管理水平不高等问题，相继引发了一系列的城市内涝、因管线泄漏造成的爆炸、路面塌陷等事件，严重影响人民群众生活和城市安全运行。据住房和城乡建设部2011年对全国351座城市的调研表明，2008～2010年，全国有62%的城市发生过暴雨内涝，发生3次以上暴雨内涝的城市有137座，直接影响城市安全运行。2014年6月，北京市朝阳区一道路因雨水排污管破裂形成长约2m、宽1.5m的地面塌陷，导致东西方向车辆行驶缓慢。上述安全事件的发生，都与地下管线的布设有直接关系。据不完全统计，仅2009～2012年，国内每年发生城市地下管线事故千余起，因建设施工而引起的管线事故所造成的直接经济损失达数十亿元，间接经济损失数百亿元，同时造成大量的人员伤亡（刘克会等，2013）。地下管线安全形势十分严峻，为加强城市地下管线建设管理，保障城市安全运行，提高城市综合承载力和城镇化发展质量，国务院办公厅于2014年印发的《关于加强地下管线建设管理的指导意见》明确指出：要把加强城市地下管线建设管理作为履行政府职能的重要内容，统筹地下管线规划建设、管理维护、应急防灾等全过程，综合运用各项政策措施，提高创新能力，全面加强城市地下管线建设管理。

3.1.1 城市地下管线空间布设原则和要求

为满足生产和生活的需要，在城市道路或建设用地的地上、地下要铺设多种管线（如给水、电信、电力、燃气、雨水、污水管线等）。由于管线的性质不同、用途各异，并且大多数管线需要利用道路进行布置，若不进行综合规划与布设，则可能产生各种管线在水平和竖向空间布置上相互冲突和干扰（刘应鹏，2013），引发城市安全问题。市政工程管线综合设计，就是根据实际情况，科学合理地布置各种管线的走向和间距，并正确处理不同管线间的空间位置，包括平面关系和竖向关系。

1. 管线水平布设的原则和要求

为使地下管线布设符合城市发展要求，管线水平布设在规划与设计时需遵循以下原则和要求（刘应鹏，2013）。

（1）统一空间地理坐标系。在市政管线规划与设计中，需采用与城市规划设计相同的地理空间坐标系统，避免出现互不衔接的情况。

（2）充分利用现有管线。在进行新的管线规划设计时，需充分考虑已有管线情况，一般只在现有管线与城市发展不适应时，才会考虑将其拆除或废弃。

（3）预留发展空间。考虑城市未来发展的需要，地下管线的数量必然会增加。因此，在管线规划设计时，比如管位设计时，应尽量为以后可能新增的管线预留发展空间。

（4）适当控制管线长度。在满足管线运行和使用的情况下，尽可能缩短管线长度，减少建设成本，降低管线管理和维护的困难。

（5）水平顺序要求。地下管线应与道路红线、中心线按一定的顺序平行铺设。地下管线尽可能布置在人行道、非机动车道和绿化带下面，除非由于空间限制，才会考虑将埋设较深和检修次数较少的管道（如污水管、雨水管和给水管等）布设在机动车道下，同时还应尽量避开车辆频繁经过的地带。一般情况下，根据管线的性质和埋设深度，确定各种地下管线从道路红线或建筑物红线向道路中心线方向平行布置的顺序。比如，输气管线和输油管线等，对建（构）筑物的危害较大，布设时应远离建（构）筑物。另外，对于埋设较深、接入支线少、检修周期长、检修时不需要对路面开挖的工程管线也应适当远离建（构）筑物。

（6）水平净距要求。管线在水平布设时，各管线之间，管线与建（构）筑物之间，应保证管线的水平净距符合规范要求。

（7）避开地质条件不良地带。在确定各种市政管线布设位置时，应尽可能避开地震断裂带、滑坡危险带、地势高差起伏较大的地带。

2. 管线垂直布设的原则及要求

管线垂直布设应以水平布设为基础，同时结合布设地段的实际情况，对各种市政管线在竖向空间进行合理的位置布设。为使地下管线布设符合城市发展要求，管线垂直布设在规划与设计时需遵循以下原则和要求。

（1）尽量减小埋设深度。一般情况下，在符合各类管线埋设规范和运营要求时，应尽量减小管线的埋设深度，以减少施工难度，方便后期维护和保养。

（2）满足专业技术要求。在管线布设过程中，针对重力自流等特殊管线，其铺设深度必须满足流向和坡度要求。

（3）必要的保护措施。有重型设备或大件运输车辆通过的地段，在铺设地下管线时，对局部可能会承受重压的管线应采取必要的保护措施，以防止车辆通过时对地下管线造成损伤。

（4）尽量采用综合管廊等铺设方式。为便于管线的日常管理和维护，特别是针对交通咽喉区，地下管线种类众多，地下空间相对狭小，在经济、技术条件允许的情况下，尽量采用综合管廊等先进技术进行管线铺设，以减少地下管线施工工程量、方便施工、加快建设进度，便于日后维护、检修和管理等。

（5）优先考虑有特殊埋设要求的管线。管线垂直布设时，应优先考虑有特殊埋设要求的管线。例如，在确定各类管线交叉口标高时，排水管线标高应作为首先考虑的因素，其管段的坡度和管底标高经专业计算确定，不能轻易变更，不然会影响其技术指标和排水能力。

（6）符合垂直净距要求。管线垂直布设时，各管线之间，管线与建（构）筑物之间，应保证其垂直净距满足规范要求。

3.1.2　城市地下管线空间布局特点

城市地下管线的空间布局具有分布范围广、公共性、关联性和易损性等特点。

1. 空间范围分布广

城市地下管线的一大特点是地理分布范围宽广，各类不同的管线纵横交错分布于城市的地下空间中。据不完全统计，仅广东省 21 个地级城市建成区的地下管线总长度已超过 23 万 km，四川省 21 个市州、183 个区县的地下管线总长度共计约 25 万 km。

2. 公共性

城市地下管线的空间分布具有很强的公共性，主要体现在地下管线的服务范围覆盖整个城市，服务于城市的各单位、集体和个人。因此，无论分布在哪个位置的地下管线一旦遭到破坏，将会对相关的单位和个人造成影响，降低服务质量，甚至造成严重后果。

3. 关联性

城市地下管线不仅空间分布位置存在关联，而且不同的功能之间也存在关联，这种联系使得地下管线从整体空间布局上构成了完整的网络结构。其网络规模庞大，具有数量众多的节点和线路，且各类不同的管线相互影响，共同发挥作用。当某些管线发生故障不能正常运营时，其影响的范围不仅涉及该管线所服务的区域，还可能会影响到与之相关的区域，甚至对整个管网系统的正常运营带来影响。

4. 易损性

城市地下管线虽然分布在地下，日常生活中人们基本很难接触到，但是，地下管线时常会遭受来自各方的破坏，具有极强的易损性。破坏管线的影响因素不尽相同，主要因素包括外部环境、地质条件、铺设方式和自身条件等。

3.1.3　地下管线空间布局安全隐患

地下管网建设是城市基础设施建设的重要内容之一，当前城市地下管线种类多、分布广、线路长，体现了城市发展的需要和城市现代化水平。城市化进程为地下管线的建设、运营和管理带来了一系列挑战。随着城市范围的不断扩张，地下管线的空间分布范围也随之变化，地下管线网络结构不断复杂化，各种安全隐患问题也接踵而至。例如，诸多城市存在地下管线设施过于陈旧、管线资料不全、管理混乱等情况，再加之地下管线空间布局设计不合理，建设不规范，将引发管线超负荷运行、管位重叠交叉、废弃管线挤占等一系列问题。

1. 隐患原因分析

我国城市地下管线空间布局存在诸多安全隐患，主要原因有以下几方面。

1）地下管线老化和腐蚀

随着城市发展和管网建设加快，我国许多城市相继出现不同程度的管线老化和腐蚀现象，存在安全隐患问题。20 世纪 80 年代中期至今，是我国燃气管线大规模建设的时期，此阶段多选用钢管为主，采用管道外防腐，加上规划不合理、施工不规范、缺乏运营检测保养，经过 30 多年运营，管线老化、管道腐蚀穿孔等情况随之出现，导致燃气泄漏事件时有发生。老化和腐蚀的管线，一方面，本身就存在泄漏的安全隐患；另一方面，还将影响其他管线的规划与布设，进而引发地下管线空间布局安全问题。

2）管线数据不全、不准

我国大部分城市的地下管线存在数据资料不全、标准不统一和以人工管理为主的情况。据不完全统计，全国约有 70%的城市在地下管线信息综合管理方面，存在缺乏系统的基础性档案资料、地下管线分布状况不清的情况。当前，全国绝大多数城市都未建立统一的地下管线管理数据库。现有管网资料多以人工方式管理，由此导致地下管线家底不清、信息不准确。另外，由于没有统一的管理，各自为政，管线信息在数据格式、标准方面不统一，资源难以共享。部分资料还存在空间位置精度不高或与现状不符的情况。同时，管线运营监测信息尚未纳入地下管线信息综合管理平台中，因此现有地下管线信息无法为城市规划、建设提供有效的地下空间信息保障。例如，由于无法提供准确、完整的地下管线信息，建设单位在施工前只能四处奔波，到相关的管线公司和测绘信息管理部门索取地下管线信息资料，但多数情况下，都未必能获得相应资料。管线资料信息不全、不准，给管线规划、空间位置布设、建设施工带来很大影响，以至于经常发生在施工中挖断管线的情况，由此引发安全隐患问题，甚至造成严重的安全事故和经济损失。

3）管线种类繁多，管理各自为政

城市地下管线的产权和运营分属不同的部门和权属单位管理，加之地下管线缺乏统一的管理体制，城市规划部门负责管线工程的审批，城市建设部门负责道路开挖审批，而规划、设计、施工和维护及后期管理又属于管线权属单位。这种模式人为地分割了管线的全生命周期过程，并且由于各部门的职责和利益不同，存在严重的信息不对称的情况，当不同部门之间的利益出现矛盾时，很难对出现的问题进行协调与解决。例如，当管线权属单位在管线建设和运营中出现安全隐患时，需要政府多部门协调解决，极易出现部门和部门之间相互推诿的事情，使得原本简单的事情复杂化，问题难以得到解决。

4）缺乏顶层设计，综合协调机制不完善

长期以来，城市地下管线的多头管理，导致管理机制不顺畅，难以形成合力，严重影响地下管线规划编制的科学性。目前，在管线的建设、规划和设计上，缺乏顶层设计的权威性和统一的规划指导，综合协调机制不完善，难以实现城市地下管线规划建设的统一协调。

5）日常维护薄弱，重视程度不够

城市建设中存在“重建设、轻养护”问题。在地下管线竣工后，就可能长年无人问津，导致管道淤积、腐蚀、渗漏等隐患问题难以及时被发现和排除。随着城市的快速发展，地下管网建设的专业性、技术性要求也越来越高，新增管线需要进行详细的规划、设计，对布设位置、埋深都有详细的要求。而在新管线的规划和施工中，对已有管线的水平位置埋深及健康安全状况缺乏准确信息，导致管线被挖爆、挖断的情况时常发生，造成我国管线事故率居高不下。

6）法律法规不健全，缺乏执行力

近年来，为保证地下管线的建设和安全运行，中央和地方政府相继制定和出台了多项法律法规和文件，对管理和保护地下管线发挥了较好的作用。在我国，与城市地下管线有关的法律有 9 部，行政法规有 4 个，还有部分部门规章。但是，除了住房和城乡建设部颁布的《城市地下管线工程档案管理办法》管理的主要对象是城市地下管线工程档案外，目前尚没有一部专门的法律法规来调整城市地下管线的规划、建设和与管理（徐匆匆等，2013）。并且，随着时间的推移，有的法规已不适应新的形势发展要求；有的法规不够健全，导致在实际工作中难以执行。

2. 隐患分类

城市地下管线安全隐患问题，归纳起来主要有以下几类。

1）管线超负荷运行

随着城市化进程的加快，原有管线的供给能力难以满足城市发展的需求。为增加供给，需要合理增设新的管线。因此，若管线规划不合理，空间布局不能适应城市发展需要，将会出现管线超负荷运行的情况，给城市带来很大的安全隐患问题。比如，燃气管线如果超负荷运行，再加上年久老化，则会增加泄漏爆炸事件发生的概率。

2）管线占压

由于地下管线空间布局的不合理，不少地方存在管线占压的情况。地下管线被占压后将会引发诸多问题。例如，如果发生供气管线破裂，因管线占压不能及时得到检修，一方面导致市民无气可用，另一方面还将相继引发更严重的次生灾害：可能引发爆炸事件，从而导致更多危险事件发生。

3）城市“拉链马路”现象频发

伴随城市发展，地下管线建设项目也日渐增多，由于地下管线缺乏统一规划、建设和管理，在地下管线建设中各自为政，导致地下管线布设规划不合理，路面反复开挖现象屡见不鲜，常常出现“马路拉链”现象，窨井伤人现象也时有发生，给市民生活带来严重的安全隐患。

4）管线应急能力薄弱

在地下管线规划设计过程中，忽视管线对自然灾害、极端气候的应急能力，导致地下管线应对抵抗地震等自然灾害和极端气候条件的能力薄弱，频繁出现安全隐患问题。

5）城市内涝问题凸显

近几年城市排水问题日益突出。据不完全统计，2008～2010 年，全国 351 个城市中的 60%，在降雨量达到 50cm 以上时，都曾发生过内涝，其中内涝灾害超过 3 次以上的城市有 137 个。主要原因之一是由于管线布设不合理，导致排水管线分布不成系统，排水能力差。同时，城市内涝容易出现雨污合流的情况，造成城市污水量增加、水资源浪费，给城市用水安全带来隐患。

3.1.4　地下管线空间布局安全性与城市发展的相互作用

城市地下管线安全问题，不能等到城市发展之后再来解决，应当在发展之前做好规划，发展之中同步统筹，发展之后才能保证其运行良好并进行有效的维护管理（刘贺明，2009）。城市的发展与地下管线的安全问题密切相关，相互影响。安全是城市发展的前提，地下管线在现代城市安全中占有的位置越来越受到关注，需要在城市化进程中前置考虑。

地下管线事故的发生，既有管线系统自身的原因，也有自然环境、人为的外力破坏原因。不论是哪种原因，当某一类管线发生故障或事故时，极易以各种破坏形式作用于其他管网，使各种危险因素相互作用、叠加，甚至是相互助长，引发重大灾害事故，给城市运行带来不利影响。同时，城市的发展也给地下管线空间布局的安全性带来了新的隐患。基于大量案例和事故机理分析，地下管线空间布局安全性与城市发展相互作用分为以下三种类型（朱伟，2014）。

1. 功能型

功能型相互作用，即两个系统功能上的依存造成一个系统的失效使得另一系统无法正常发挥作用。功能型相互作用可分为两种情况，一是功能失效或能力降低。例如，由于管线空间布局不合理，引发了城市电力线路故障。电力线路的中断会造成供水系统水泵功能失效、燃气系统调度功能失效，进而给城市的水、电、气供应造成影响。二是负荷增大影响正常功能。如城市发展带来的人口增加，导致水、电、气的使用量增加，也给相关管线增加了压力，由此导致管线空间布局存在安全隐患。再如，排水系统在暴雨情况下，由于负荷的增加难以有效发挥作用，而严重的积水将影响道路交通运输。

2. 布设型

布设型相互作用，即一个系统的失效对相邻布设的另一个系统产生影响甚至损害。例如，地铁建设会对地下管线的布设环境造成破坏，进而对布设其中的管线造成各种结构性影响，影响地下管线空间布局安全性。再如，2006 年 1 月 3 日凌晨，北京市东三环辅路因污水管线发生漏水事故，导致直径超过 20m、面积约 100m^2 的地面塌洞，塌陷造成污水、通信、路灯线缆管道等均有折损，上水管道悬空，北京东部交通瘫痪近 1 天，进而影响整个北京市的交通路况。总之，地下管线中的一条管线破裂，管线结构本身以及内部介质都可能对相邻管线产生一定影响，造成折损或构成威胁，同时导致承载路面松动垮塌，影响交通运行。当然，燃气管道的泄漏爆炸造成的影响更大，往往会造成其他相邻管线结构性的破坏。

3. 恢复型

恢复型相互作用，即对城市运行系统某方面进行恢复过程中，有关系统恢复程序计划、修复进度安排方面的冲突。例如，随着城市发展，需要对某些区域的地下管线进行改建或扩建，由此需要对道路进行开挖，一方面会影响交通的正常运行，另一方面如果发生开挖不合理的事件，还将进一步威胁到城市的安全运行。

3.2　地下管网承载力

城市问题始终伴随在城市发展过程中，随着城市规模的增长和功能集聚，各种城市问题随之增多。城市的发展不可能是无限制的，由此引发我们对城市承载力的思考。城市可持续发展与城市综合承载力相协调，不仅关系到城市自身未来的发展命运，同时也关系到周边地区能否顺利实现可持续发展的目标。城市承载力主要包括城市资源承载力、城市环境承载力、城市生态系统承载力、城市基础设施承载力、城市安全承载力、公共服务承载力（傅鸿源等，2009），它们是城市综合承载力的主要部分，起着决定性作用。地下管网是一种重要的城市基础设施，其承载力属于城市基础设施承载力，因此，地下管网承载力对城市可持续发展具有重要作用。因此，《国务院关于推进新型城镇化建设的若干意见》（国发〔2016〕8号）指出，要实施城市地下管网改造工程，统筹城市地上、地下设施规划建设，加强地下基础设施建设和改造，合理布局电力、通信、广电、给排水、热力、燃气等地下管网。通过地下管网改造工程的实施，增强地下管网承载力，使之适应城市发展需要。

3.2.1　地下管网承载力基本概念

1. 承载力的基本概念

承载力一词最早源于力学概念，定义为物体在发生破坏之前可承受的限值载荷。承载力最早应用于地基和桥梁的受力分析中，后来逐渐被引入到生态学领域，定义为生态系统对生活在其中的种群的承载数量。随后该概念被广泛传播，现已演化为描述发展的限制程度的概念之一，在经济、社会和环境等领域均有所延伸。近年来，随着可持续发展概念的广泛推广，承载力被认为是可持续发展的重要组成部分，生态、资源、环境、人口及基础设施的协调发展是承载力的核心内容。

虽然承载力的形式具有多样性，但其基本内涵保持一致，主要体现在以下三方面（肖颖，2014）：

（1）承载力的主体均是某一区域可供利用的内部或外部资源和环境系统，客体均是以人类为核心的社会经济系统；

（2）每种承载力都体现了外部环境对内部系统的约束和限制；

（3）承载力的发展遵循可持续发展的原则。

2. 市政设施承载力

城市承载力是城市环境、生态、资源和基础设施承载力的统称。“市政”是“市政基础设施”的简称，是以政府为主导的一系列重要公共服务系统的集合，涵盖水资源供应、能源供应、防洪排水、通信、环卫等众多领域，是城市发展必不可少的物质保障。市政基础设施承载力是指某个区域和某段时期内，基础设施系统能够满足人类生活需求和社会发展的要求。

3. 地下管网承载力

城市管网承载力是指某段时间内，若管网功能正常、系统完善，其输送生活用水、能源、信息和排除雨水、污水的数量和质量水平满足城市生产、生活需求的特性（张中秀等，2012）。相对于其他基础设施，管网的工程投资大、技术含量高，并且在出现事故时输送的介质不能立刻停止，在造成浪费的同时往往引发次生灾害。因此，近年来国内城市规划专家相继提出要求加强管网承载力评估工作。研究管网承载力，其核心是城市的可持续发展，可有效提高城市综合竞争力，为政府的发展决策提供依据，也是实现城市适应经济社会发展的必然要求，意义重大。

城市管网承载力的大小受城市的性质、发展阶段、地理要素特征及规模大小等因素的影响，其值在城市的不同发展阶段有不同的反映内容，具有动态性的特征。如果人类社会对城市管网系统的需求超过了承载力限度，城市管网系统就会产生变化，本来是为民服务的设施，可能反过来给广大人民群众的生活带来负面影响。

3.2.2 地下管网承载力特征

根据管网承载力的定义，其内涵至少包括以下三个方面[①]：一是人们在一定生活水平和生活质量要求下的承载力，反映在管网本身上就要符合设计标准和规范，以及人们对输送物质的质量要求；二是在满足管网本身对承载力要求的前提下，可支撑社会经济可持续发展的规模，而这又与人们的生产和生活方式有关；三是管网的维持和调节能力，是管网承载力的支撑部分，城市可持续发展规模对管网承载力的阈值有一定限制作用。

各类不同管线以一定的方式组合在一起，形成了网状结构，使管网系统具有了一定的维持和调节能力，在一定程度上，可以抵御外界一定的冲击和变化。但是，这种抵抗外界冲击和变化的能力是有限的，如果超过一定的阈值，管网系统的结构将会遭到破坏，单纯依靠管网自身的组织能力无法恢复，进而导致其丧失功能，这时便需要对其进行改造。

从本质上来说，管网承载力是由管网本身和外界需求共同决定的，是管网系统与城市发展进行物质输送、能量交换、信息反馈的能力和自我调节能力的表现，体现了管网与城市可持续发展之间的联系，当城市经济发展超越了管网所能承受的限度，将反过来影响人类的生存和发展。

管网的功能不仅包括管网系统内在的“基本功能”，更重要的是服务于城市发展的供给功能。在评价城市管网承载力时，必须结合城市发展需求进行评价。城市管网系统的调控机制多是通过城市发展需求反馈来完成的，进而对管网的布设进行改进，使之适应城市发展的需求。

地下管网承载力从本质上体现了管网对城市经济发展和人们生活需求的支持能力，同时也反映了随着社会经济的发展，人们对城市基础设施需求的变化。综合分析，管网承载力具有如下特征。

1. 客观性

在一定时期、一定条件下，城市管网承载力的结构和功能是客观存在的。一定功能结构的管网系统，具有承受人类活动，并满足城市发展需求的支持能力。城市不但具有管网容量方面的限度，而且有社会经济方面的限度，具体表现为管网建设、管理技术和社会生

① 张哲. 2008. 城市给水管网承载力评价研究. 北京：北京建筑工程学院.

产力的水平是有限的。在一定的历史时期，管网系统对城市发展总有一个客观存在的承载阈值。在该阈值内，管网承载力能自我调节。若超过了这个阈值，某些功能就会受到影响，承载力就会下降，从而制约城市发展。

2. 主观性

管网承载力的分析和评价很大程度上取决于主观因素，从不同角度、用不同方法来衡量同一城市的管网承载力，可能会得出不同的结论。因此，管网承载力涉及人们有怎样的生活期望和判断标准，具有主观性。

3. 动态性

由于城市社会经济系统都是动态的，管网的承载力在一定程度上也随之动态变化。例如，不同时段，人们对于用水量、用电量会有不同的需求，在管网的输送能力承载范围内，管网能动态适应人们的需求。管网承载力的动态性在很大程度上可以由人类活动加以控制，人们可以利用对管网信息的掌握，根据自身需求，对管网进行改造和扩建，使之朝着人们预定的方向变化，适应城市发展需要。

4. 模糊性

由于管网系统的复杂性、影响因素的不确定性和人类认识的局限性，管网承载力的大小会有一定的模糊性。

5. 阶段性和层次性

管网承载力的大小受城市的性质、发展阶段、地理环境特征及城市规模大小等因素的影响，其值在不同的城市阶段有不同的反映内容，因此，管网承载力具有阶段性和层次性。

3.2.3 地下管网承载力与城市发展的关系

城市管网承载力与人民生活和城市建设息息相关。城市不可能无限制地发展，一个城市的极限容量是多少，与城市管网的承载力有很大关系。通过承载力的评价，客观反映城市地下管网的资源获取、输送能力和安全可靠程度，评估现有城市地下管网的开发利用强度和进一步满足经济社会发展需求、提供基础服务的潜力，同时寻求提升管网承载力的措施，科学合理决策，使之与城市发展相适应。

城市发展适应性与城市的可持续发展在本质上是一致的，都是针对当前人们所面临的人口、经济和社会方面现实问题提出来的，都强调发展与人口、资源环境之间的关系，解决的核心问题都是社会发展与资源环境的关系问题。

承载力与城市发展适应性的不同点是两者考虑问题的角度不同，是一个问题的两个方面。城市发展适应性是从较高的视角，强调发展的可持续性、协调性和公平性，强调发展不能脱离自然资源与环境的约束。承载力则是从基础出发，以城市发展适应为目标，根据环境条件和需求，确定城市的资源开发、环境利用以及各种基础设施发展的速度与规模，强调城市发展的极限性。对管网承载力而言，它与城市发展适应性的关系主要体现在以下几方面。

（1）管网承载力是城市发展适应性的重要判断依据之一，城市发展适应性是建立在可持续发展基础之上的，而管网承载力反映的是一定时期内人类对社会经济和管网系统的认识和管网系统满足城市生产、生活需求的能力。在一个相对较短的时期内，人类的认识水平和技术水平是相对稳定的，因此，管网承载力在一定时期具有一定的稳定性，能够为城市发展适应性判断提供支撑。当管网承载力满足当前社会经济发展和人们生活需要，说明城市发展正在朝着适应社会经济和人们需求的方向发展，反之，则说明城市发展适应性有待提高。

（2）管网承载力和城市发展相辅相成。一个区域的管网建设发展必定是以消耗一定的人力、财力和物力为基础的，从管网承载力的角度看，这种消耗水平必须与社会经济发展相一致。因此，管网承载力的高低在一定程度上反映了社会经济发展水平，较高的管网承载力具有较为适宜的人口规模、较好的经济环境和较高的科技含量，体现了较好的城市发展适应性；反之，则说明城市发展适应性有待进一步提高。因此，承载力的提高有利于促进城市适应性发展。

（3）城市发展适应性在城市内部各要素中，通过自身的发展及互动反馈作用，体现为所拥有的支撑城市可持续发展的整体能力，而管网承载力是城市承载力的重要组成部分，体现了城市发展适应性水平。

综上所述，管网承载力与城市发展适应性具有一定的联系，二者相互影响，相互作用。因此，在进行管网承载力分析时，要以城市的可持续发展为原则，把管网承载力置于城市可持续发展战略构架下进行讨论。城市的可持续发展是城市发展适应性的目标，也是一种理念，而地下管网承载力是城市是否可持续发展的条件和支撑之一。如果承载力能动态适应城市生产、生活需要，城市才能可持续发展；反之城市发展是不可持续的。

3.3　地下空间资源利用状况

随着城市化的进程不断加快，城市人口快速增长、经济规模不断扩张，为了使城市发展能适应人口、经济的发展，城市慢慢往广阔的地下空间发展。地下空间是城市发展的战略性空间，是一种新型的国土资源。纵观当今世界，很多发达国家和发展中国家已经把地下空间开发利用作为解决城市资源、环境、抗灾救灾的重要措施，达到城市土地资源集约化利用与城市可持续发展的目的，使城市发展适应人口、经济发展的需要（柳昆等，2011）。2016年5月，李克强总理在武汉考察时说：“我们的城市地上空间高楼林立，发展势头很好，但在地下空间利用的深度、广度上，与发达国家还有较大差距。地下空间不仅是城市的‘里子’，更是巨大的潜在资源”。因此，合理开发利用地下空间资源对提升城市发展适应性具有重要促进作用。

3.3.1 城市发展对地下空间的需求

城市地下空间的开发与利用不是偶然出现的，而是城市发展到一定阶段的必然产物，受城市发展客观规律、政策、经济和地理位置等因素影响。我国的城市地下空间开发类型多样，除了建立能源和战略物资储备外，其他类型的地下空间开发大多是在城市发展过程中，由于地面空间资源不足，不能满足人口和社会经济发展的需要，才向地下空间索取新的资源。科技的发展足以支撑地下空间开发工作。为了满足城市发展的需求而进行一定程度的地下空间开发才是合理的。一般来说，当城市发展出现以下几种情况时，会产生对地下空间开发利用的需求。

1. 城市地面空间开发接近饱和

当前，我国城市发展大量占用地表空间，城市不断由中心向四周粗放式扩张。当城市发展到一定阶段时，必然会出现发展用地不足、地面建筑密度过大、高层建筑过多等问题，从而导致城市资源紧张、环境恶化和地面空间容量接近饱和的状况。此时，开发利用地下空间可有效解决城市空间容量问题，使城市用地紧缺的问题得到一定缓解。

2. 城市交通拥堵

随着城市人口及交通流的增加，特别是大城市的交通问题普遍成为制约经济发展、降低人们生活质量的瓶颈之一。路网不畅、设施不足、交通拥堵等问题越来越突出；行车难、停车难、交通秩序混乱等问题也日益突出，对城市可持续发展造成巨大的压力。单纯依靠地上空间增加路网和拓宽街道已难以有效疏导过大的车流量和人流量。这时，只能通过修建地铁、地下通道等方式来缓解地面交通问题。另外，车辆保有量的不断增加，地面空间资源原本就是稀缺资源，没有更多的空间来修建停车场，是越来越多的地下停车场出现的原因。通过合理开发利用地下空间资源，能有效解决城市发展空间不足的问题。

3. 城市安全运行

为了城市的安全运行，需要建立适当的能源和物资的战略储备，供战争、灾害等紧急状态下使用，部分也可用于平时的周转。而地下空间具有封闭、隐蔽、热稳定等特性，建立能源和物资储备系统最为合适。

3.3.2 地下空间资源的特征

从城市发展来看，人们对地下空间与自然资源开发利用的历程极为相似，都经历了原始的简单利用到如今的规划与设计，不断满足城市发展的需要。地下空间是城市的重要自然资源，从自然资源整体的高度分析、掌握和控制地下空间资源，指导地下空间科学、有序开发，对城市发展适应性具有重要意义。

1. 稀缺性和有限性

稀缺性和有限性是地下空间资源的固有特征。任何资源都是相对于需求而言的，一般来说，人类对资源的需求是无限的，而许多资源都是有限的，如土地、矿产资源等，地下空间资源也是一样。尽管目前对地下空间资源的开发利用远远不及地上资源，但若是不合理开发利用，必将面临资源耗尽的一天。

2. 整体性

地下空间资源的开发利用与地面空间资源极为类似，不同资源之间是相互联系的，在开发某一类资源时，需要考虑与其他资源的相互作用和影响。因此，地下空间作为一个整体系统，一方面，需要考虑地质条件、水文条件、城市建设状况、社会经济和生态环境等因素相互关联、相互制约、交叉共生。对城市地下空间进行开发利用时，势必会对周围的环境系统产生一定的作用和影响。另一方面，地下空间资源的开发利用也要考虑地下、地表和空中空间资源的相互关联、相互制约、交叉共生。

3. 地域差异性

自然资源的形成受到气候、地质、地理环境的制约和影响，因此，任何自然资源的空间分布都是不均匀的，地下空间资源具有地域性。例如，在某些工程地质、水文地质、上部建筑物基础良好的区域，地下空间具有良好的可开发性。相反，在地质环境脆弱、地面存在高层建筑等区域，地下空间的开发受到环境影响限制，可开发体量极为有限（饶平平等，2010）。

4. 多样性

大部分自然资源都具有多种功能和用途，地下空间资源也一样，开发方式、用途各有不同，与地面空间形成相互补充的整体关系。各类功能和用途的地下空间资源的开发利用可以有效解决城市发展用地不足的矛盾，满足城市发展适应性的需求。

5. 动态性

随着人类社会经济增长和科技水平的提高，对资源利用的深度和广度都在不断变化，因此，地下空间资源的开发利用同样具有动态性。早期人类利用地下浅层空间来建设居住、仓储空间，如今，我国城市地下空间的开发利用正在以前所未有的速度发展，利用地下空间建设了诸多的商场、地下变电站、地下轨道交通等。随着城市化的发展，地下空间可利用的深度和广度还将不断变化。因此，对地下空间资源的分析与利用，需要保持动态的、可更新的原则。

3.3.3　地下空间资源开发与城市发展适应性的关系

随着城市化进程的加快，城市人口高度集中，生产和交通工具密集，有限的城市空间不断超负荷，城市用地严重不足。开发利用地下空间资源，城市建设由地上向地下发展已是必然趋势。合理开发利用地下空间资源对提升城市发展适应性具有积极作用，同样，城市发展要以可持续发展为目标，必然要求对地下空间资源进行合理开发与利用。因此，地下空间资源的开发与城市发展相互促进、相互制约。

1. 合理开发利用地下空间资源，避免资源浪费

城市规划建设要与经济发展相适应，避免脱离社会经济需求的盲目开发。在规划中要根据城市的具体情况确定地下空间的开发程度，避免在不具备经济实力的城市盲目筹建地铁等大型地下基础设施，造成地下空间资源的严重浪费，制约城市发展。

2. 科学规划地下空间，满足城市发展动态需求

在城市建设过程中，地下空间作为城市可持续发展的空间资源应得到保护，以空间储备的形式，为未来城市更新与改造保留地下空间资源。城市用地规划中应预留地下空间，特别是在城市公共用地的控制规划中，应增加公共用地面积，并加以严格控制与保护。如把城市绿地、街道空间、城市广场等公共空间，作为后期开发地下空间的储备用地，满足后期城市发展的需要。以深圳为例，在罗湖口岸第二代改造时，就预留了未来修建地铁的地下空间，在此范围内不得修建任何设施，为后期地铁的建设以及地上、地下的综合开发打下了良好的基础。如果没有前期所做的工作，地下塞满通道、电线，现在要建地铁就很难。同样，北京皇城根开放式公园的建设，既有文化休息和改善环境的功能，也预留了今后适当开发地下空间的可能性，为后续地下空间开发和城市建设做好了准备。

3. 确立科学合理的地下空间分层开发模式，提高地下空间资源的利用率

人类开发利用城市地下空间的能力是逐步提高的，顺序是由浅入深的，同时，不同深度的地下空间适合开发的功能也有所不同。在城市地下空间开发的早期，主要进行地下浅层空间的开发，此时应充分结合城市可持续发展的需求，考虑到未来深层开发的可能性，以避免大面积开发利用浅层地下空间对进一步开发深层地下空间的影响，进而导致地下空间资源的浪费。

4. 地下与地上空间相互协调，提升城市发展适应性

城市土地资源是一个整体，要满足城市发展的要求，地上空间、地下空间必须协调发展。城市的地下空间布局要受到一定阶段的社会、经济等历史条件和人的认识能力的限制，同时，由于地下空间的开发利用相对滞后于地上空间，随着城市建设水平的不断提高，人们对城市地下空间作用认识也将不断深入与提高。因此，在确定城市地面空间布局时，应充分考虑到城市未来的发展和人们对城市地下空间开发利用认识的提高，合理规划城市建设发展。

第 4 章　地下管线与城市发展适应性评价数据资源及处理

4.1　数　据　源

4.1.1　数据分类

地下管线与城市发展适应性评价的数据资源包括基础地理信息数据、地理国情数据、专题数据及其他数据，如图 4.1 所示。

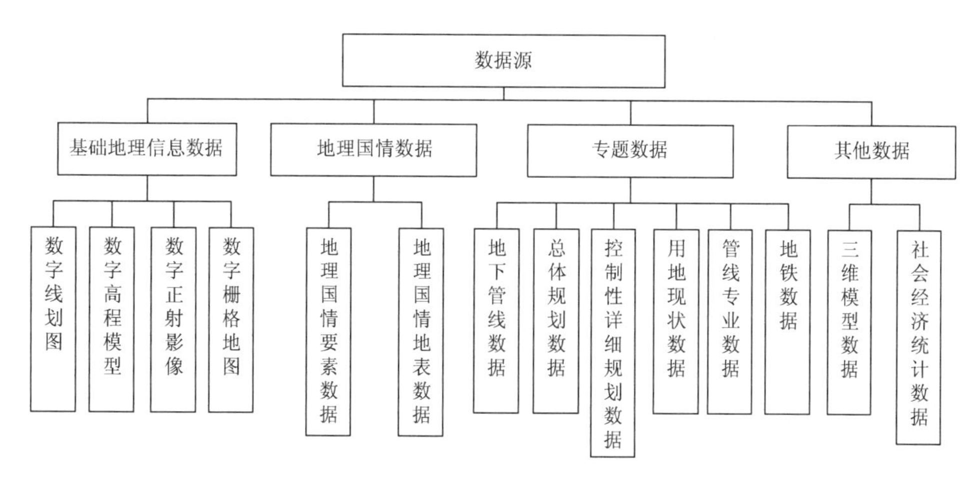

图 4.1　数据源分类体系

4.1.1.1　基础地理信息数据

如图 4.2 所示，基础地理信息数据包括数字线划图、数字高程模型、数字正射影像、数字栅格地图。

1. 数字线划图

数字线划图（digital line graphic，DLG）是地形图的基础地理要素分层存储的矢量数据集。

1）数据内容

DLG 产品由数字线划图数据和元数据文件组成。其中，数字线划图数据是建库、制图一体化数据，主要内容包括水系、居民地及设施、交通、境界与政区、地貌、植被与土质等。

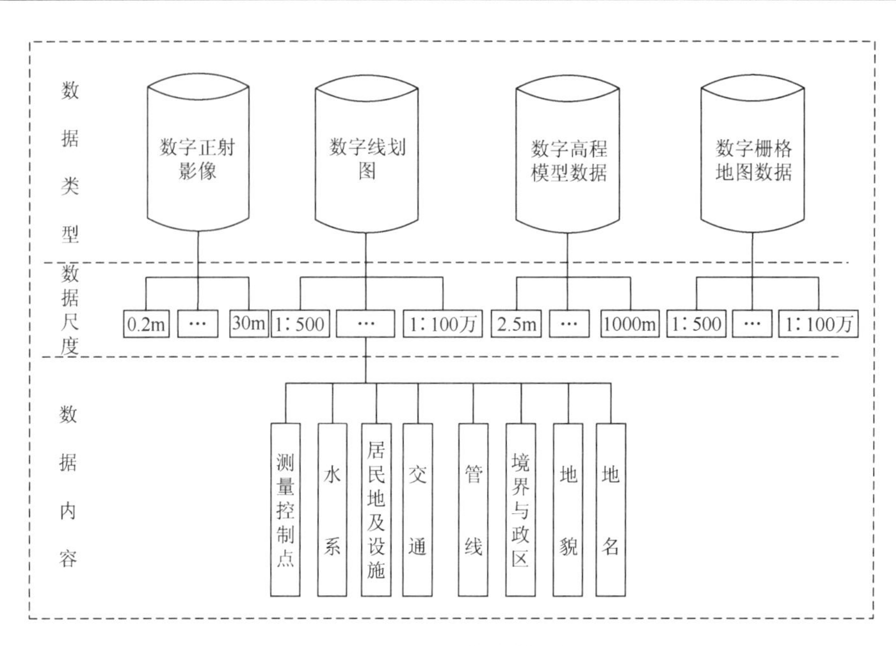

图 4.2　基础地理信息数据构成

2）数据质量

DLG 数据质量特征包括空间参考系、位置精度、属性精度、完整性、逻辑一致性、时间准确度、元数据质量、表征质量、附件质量等内容。

DLG 数据上明显地物点相对于附近野外控制点的平面位置中误差和高程中误差不得大于相应比例尺精度规定。例如，1∶2000 DLG 平面位置与高程中误差如表 4.1 所示。

表 4.1　1∶2000 DLG 平面位置与高程中误差　　（单位：m）

地形类别	平面中误差	高程中误差	
		高程注记点	等高线
平地	1.2	0.4	0.5
丘陵地	1.2	0.5	0.7
山地	1.6	1.2	1.5（地形变换点）
高山地	1.6	1.5	2.0（地形变换点）

2. 数字高程模型

数字高程模型（digital elevation model，DEM）是以高程表达地面起伏形态的数字集合。

1∶250000 数字高程模型的格网间距为 100m；1∶50000 数字高程模型的格网间距为 25m；1∶10000 数字高程模型的格网间距为 5m；1∶5000 数字高程模型格网间距为 2.5m；1∶2000、1∶1000、1∶500 数字高程模型格网间距为 2.5m。

1）数据内容

DEM 由规划格网的数字高程模型数据和元数据文件组成。

2）数据质量

DEM 数据质量特征包括空间参考系、位置精度、逻辑一致性、时间准确度、栅格质量、元数据质量、附件质量等内容。

DEM 格网点对于野外控制点的高程中误差不得大于标准相应比例尺精度规定。例如，1∶2000 DEM 数据高程中误差如表 4.2 所示。

表 4.2　1∶2000 DEM 精度指标　　（单位：m）

地形类别	高程中误差		
	一级	二级	三级
平地	0.4	0.5	0.75
丘陵地	0.5	0.7	1.05
山地	1.2	1.5	2.25
高山地	1.5	2.0	3.00

3. 数字正射影像图

数字正射影像（digital orthophoto map，DOM）是将地表航空航天影像经正射投影而生成的影像数据集，参照地形图要求对正射影像数据按图幅范围进行裁切，配以图廓整饰，即成为数字正射影像图，它具有像片的影像特征和地图的几何精度。

1）数据内容

DOM 由数字正射影像数据（包括影像定位信息）、元数据及相关文件构成。相关文件指需要随数据同时提供的信息，如图廓整饰等。

2）数据质量

DOM 数据质量特征包括空间参考系、位置精度、逻辑一致性、时间准确度、影像质量、元数据质量、表征质量、附件质量等内容。

DOM 上明显地物点相对于附近野外控制点的平面位置中误差不得大于相应比例尺精度要求。例如 1∶2000 数字正射影像图平面位置中误差如表 4.3 所示。

表 4.3　1∶2000 DOM 平面位置中误差　　（单位：m）

地形类别	平面中误差
平地、丘陵地	0.6
山地、高山地	0.8

4. 数字栅格地图

数字栅格地图（digital raster graphic，DRG）是以栅格数据形式表达地形要素的地理信息数据集。DRG 数据可由矢量数据格式的数字线划图转换后形成，也可由模拟地图经扫描、几何校正及色彩归化等处理后形成。按数据尺度，包括：1∶250000，1∶50000，1∶10000，1∶5000，1∶2000，1∶1000，1∶500DRG 等；DRG 是数字线划图相应比例尺模拟地形图的数字形式，按照地面分辨率不同要求输出，并按相应比例尺图幅分幅储存。

1）数据内容

DRG 数据内容由栅格数据（包括地理定位信息）、元数据及相关文件构成。相关文件指需要随数据同时提供的说明信息。

2）数据质量

图上地物点对最近野外控制点的图上点位中误差不得大于相应比例尺控制点点位中误差要求。表 4.4 为 1∶2000 图上地物点对最近野外控制点的图上点位中误差要求。

表 4.4　1∶2000 DRG 平面位置中误差　（单位：m）

地形类别	平面中误差
平地、丘陵地	0.6
山地、高山地	0.8

4.1.1.2　专题数据

如图 4.3 所示，可用于地下管线与城市发展适应性评价的专题数据，主要包括地下管线数据、总体规划数据、控制性详细规划数据、用地现状数据、管线专业资料、地铁数据等。

1. 地下管线数据

地下管线数据包括地下管线普查数据和竣工测量数据等，包含给水、排水、燃气、通信、电力、热力和工业七类管线。地下管线数据是进行地下管线与城市发展适应性评价的主要数据源之一。

1）数据内容

地下管线数据是指地下电力、通信、供水、排水、燃气、热力、工业等管线、综合管沟（廊）及其附属设施的平面位置、埋深、管材、设计参数等数据。

2）数据质量

（1）地下管线探查精度。包括隐蔽点和明显点探查精度。其中，隐蔽管线点的探查精度如下：平面位置限差应为 $0.10h$；埋深限差应为 $0.15h$（其中 h 为地下管线的中心埋深，单位为厘米，当 $h<100$cm 时则以 100cm 代入计算）。明显管线点的埋深测量精度中误差小于±2.5cm。

（2）地下管线点的测量精度：平面位置测量中误差不得大于±5cm，高程测量中误差不得大于±5cm。

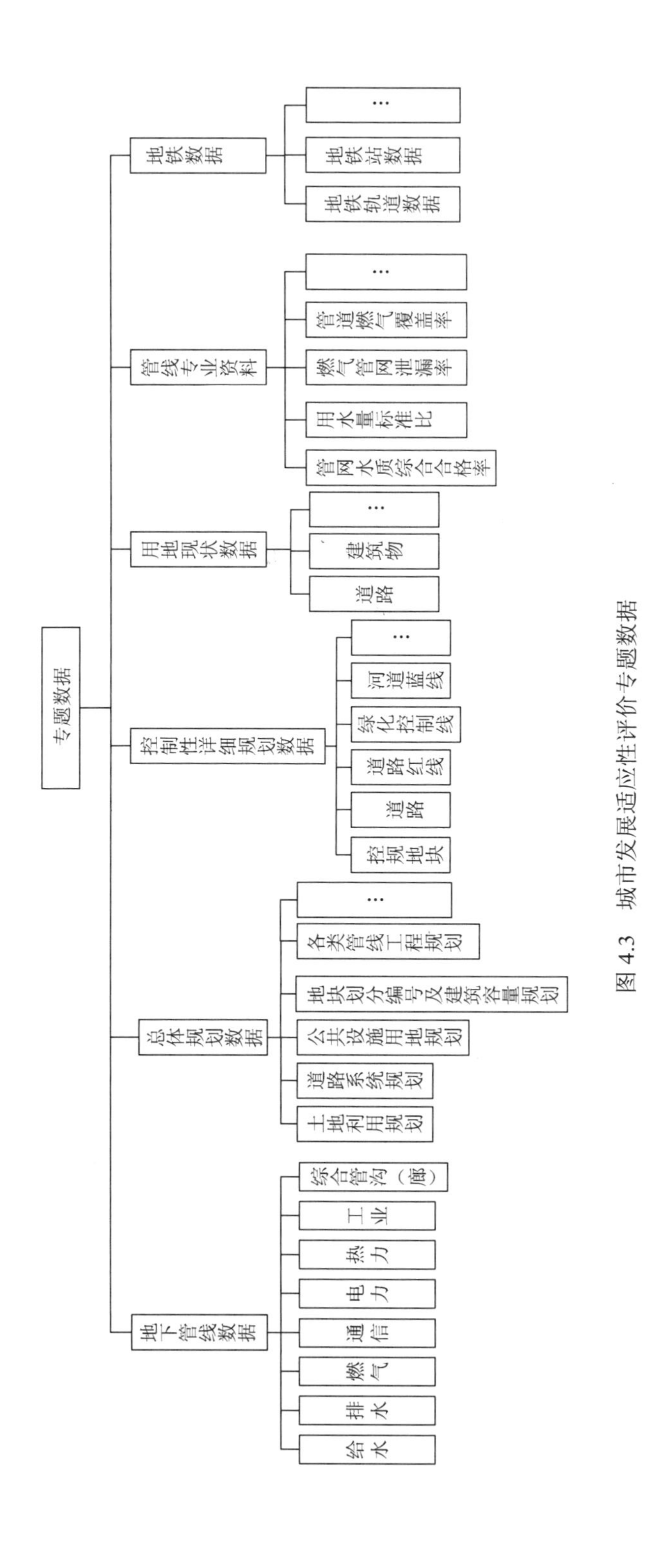

图 4.3　城市发展适应性评价专题数据

（3）地下管线图测绘精度：地下管线与邻近的建筑物、相邻管线以及规划道路中心线的间距中误差，不得大于图上±0.5mm。

2. 规划数据

规划数据主要包括城市总体规划数据、控制性详细规划数据等。

1）总体规划数据

城市总体规划数据包括土地利用规划、道路系统规划、公共设施用地规划、地块划分编号及建筑容量规划、各类管线工程规划等。

2）控制性详细规划数据

控制性详细规划数据主要包括绿地注记、地块注记、管线、规划用地、控制地块、道路中心线、绿化控制线、道路红线、中央分离带、绿地、建筑等若干图层信息，主要包含用地性质、地块面积、规划日期等属性字段。

3）地下建（构）筑物数据和用地现状数据

地下建（构）筑物数据和用地现状数据，能够提供地下空间的用途、形式、深度、层数和面积等信息。地下建（构）筑物数据主要包括建筑竣工图、结构竣工图，而建筑竣工图主要包括图纸目录、设计说明、平面图、立面图、剖面图、地下室平面图等；结构竣工图主要包括图纸目录、设计说明、基础平面图、基础详图、地下室详图等。用地现状数据主要包括道路、建筑物等用地数据。

3. 管线专业数据

管线专业数据指自来水公司和燃气公司等管线权属单位提供的给水管网、燃气管网、排水管网、电力管网等专业资料。其中，给水管网专业资料包括管网密度、单位管长维修次数、产销差率、管道材质构成、人均综合用水量、管网水质综合合格率、管网压力合格率、用水量标准比。燃气管网专业资料包括管网密度、管道燃气覆盖率、管网利用率、管道管材构成、管网风险等级、燃气管网事故率、燃气管网泄漏率、管网老旧指数等资料。排水管网专业资料包括雨污分流管道总长、雨污混接管线节点数量、管线节点总数、断头管线的数量等资料。电力管网专业资料包括电力消耗总量、载荷分散系数等专业资料。

4. 地铁数据

地铁数据提供地铁线路空间平面图、纵（横）断面图和施工图变更等数据，从中可以获取到地铁轨道各段里程的标高、地面高，地铁站的范围、埋深等。

4.1.1.3 地理国情数据

地理国情数据是从地理的角度分析、研究和描述国情，即以地球表层自然、生物和人文现象的空间变化及其相互关系、特征等为基本内容，对构成国家物质基础的各种条件因素做出宏观性、整体性、综合性的调查、分析和描述，是空间化和可视化的国情信息。

1. 数据内容

1）地表覆盖分类数据

地表覆盖分类数据包括 10 大类覆盖类型（刘若梅等，2013），按照各自采集要求对地表覆盖物进行分类采集形成的数据，具体如图 4.4 所示。

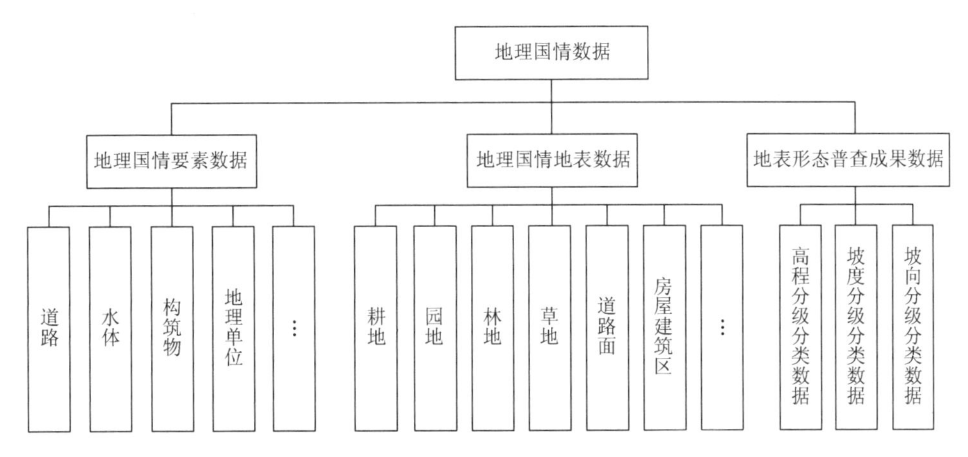

图 4.4　地理国情数据内容体系

2）地理国情要素数据

地理国情要素数据包括道路、水体、构筑物（尾矿库）、地理单元等以地理要素形式采集形成的数据。

3）地表形态普查成果数据

地表形态普查成果数据包括高程、坡度和坡向的分级分类数据。

2. 数据质量

平面精度指数据采集和正射影像套合精度，即采集的地物界线和位置与影像上地物的边界和位置的对应程度。影像上分界明显的地表覆盖分类界线和地理国情要素的边界以及定位点的采集精度在 5 个像素以内。

对于地表覆盖分类数据，没有明显分界线的过渡地带内覆盖分类保证上一级类型的准确性。分类精度的正确率满足（程鹏飞等，2013）：一级类错误率不超过 0.3%，二、三级类错误率不超过 1.2%的规定。

4.1.1.4　其他数据

其他数据，指除基础地理信息数据、专题数据、地理国情数据以外，可用于城市地下管线监测与城市发展适应性分析的数据，包括城市三维模型数据、社会经济统计数据等，如图 4.5 所示。

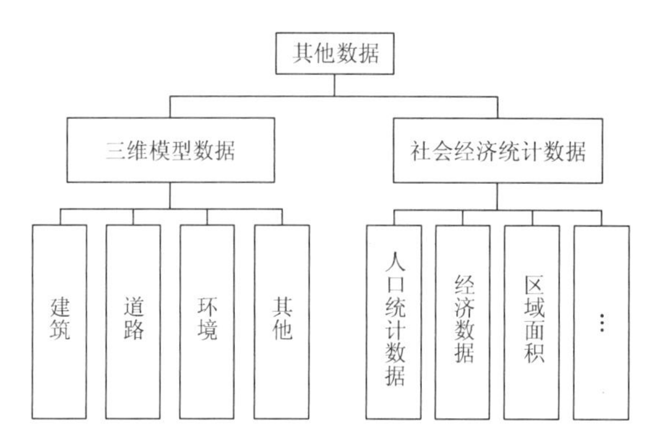

图 4.5　其他数据

1. 城市三维模型数据

城市三维模型数据主要包括城市建筑、道路、环境及其他四大类。三维型数据主要用于构建三维场景，如图 4.6 所示。

图 4.6　城市三维模型数据

2. 社会经济统计数据

通过国家、省、市等各级政府统计年鉴，政府官方网站等渠道获取城市供水、人口、经济、区域面积等数据。

4.1.2　数学基础

地下管线与城市发展适应性分析需要的数据来源广泛，种类繁多，每种数据都有对应的坐标系统。我国全国性的数据学基础先后使用了 1954 年北京坐标系、1980 年西安坐标系、WGS-84 坐标系和 2000 国家大地坐标系，而一些地方又有着自己独立的坐标基准，如地方独立坐标系统。为了更好地使用这些数据资源，需将不同来源的数据统一到相同的坐标系下，使这些数据有一个共同的坐标和高程基准。

自 2008 年起，我国启用的 2000 国家大地坐标系 1∶5000 及更小比例的基本比例尺地形图一般采用国家统一的坐标系，但对于更大比例尺的数据一般采用各地方独立坐标系。而早在 1988 年，国家正式启用“1985 国家高程基准”，现行的大于 1∶50 万比例尺的各种地形图，都采用高斯-克吕格投影。

4.1.2.1　空间数据的平面坐标系

1. 1954 北京坐标系

1954 年，我国采用克拉索夫斯基椭球，并与苏联 1942 年坐标系统进行联测，通过计算建立了我国大地坐标系统，称为 1954 北京坐标系统。

1954 北京坐标系统属参心大地坐标系，该坐标系的大地原点设在原苏联的普尔科沃，采用克拉索夫斯基椭球参数和多点定位法进行椭球定位。

2. 1980 西安坐标系

1980 西安坐标系是于 1978 年 4 月西安召开全国天文大地网平差会议确定重新定位后，建立的我国新的坐标系。该坐标系的大地原点设在我国中部的陕西省泾阳县永乐镇，位于西安市西北方向约 60km，故称 1980 西安坐标系，又简称西安大地原点。

3. 2000 国家大地坐标系

2000 国家大地坐标系（china geodetic coordinate system 2000，CGCS2000），是我国新一代大地坐标系。

2000 国家大地坐标系的原点为包括海洋和大气的整个地球的质量中心；*Z* 轴由原点指向历元 2000 的地球参考极的方向，该历元的指向由国际时间局给定的历元为 1984.0 的初始指向推算，定向的时间演化保证相对于地壳不产生残余的全球旋转，*X* 轴由原点指向格林尼治参考子午线与地球赤道面（历元 2000.0）的交点，*Y* 轴与 *Z* 轴、*X* 轴构成右手正交坐标系。

4. 地方独立坐标系

在我国许多城市和工程测量中，若直接用国家坐标系，可能会因为远离中央子午线或测区平均高程较大，而导致长度投影变形较大，难以满足工程或实用上的精度要求。同时，对于一些特殊的测量，如大桥施工测量、水利水坝测量、滑坡变形监测等，采用国家坐标系在使用中很不方便。因此，基于限制变形、方便、实用、科学的目的，在许多城市和工程测量中，常常会建立适合本地区的地方独立坐标系。

不同地方独立坐标系建立方式不尽相同。但大部分都是由 1954 北京坐标经过换带、旋转、平移而得到。

4.1.2.2　高程基准

高程基准面是根据具体所确定的验潮站多年平均海水面而决定的。实践证明，在不同地点的验潮站所得的平均海水面之间存在差异，选用不同的基准面就有不同的高程系统。

1. 1956 黄海高程系

1956 年 9 月 4 日，国务院批准试行《中华人民共和国大地测量法式（草案）》，首次建立国家高程基准，国家水准原点位于青岛观象山上，称“1956 年黄海高程系”，简称“黄海基面”。该高程系以青岛验潮站 1950～1956 年验潮资料算得的平均海面为零起算面，水准原点的高程值为 72.289m。

2. 1985 国家高程基准

1985 国家高程基准采用青岛验潮站 1952～1979 年潮汐观测计算的平均海水面，水准原点的高程值为 72.260m。

4.1.2.3　地图投影

1. 高斯-克吕格投影

如图 4.7 所示，高斯-克吕格投影是等角横切椭圆柱投影，它假定一个椭圆筒套在地球体外面，使其与某一条经线相切，再按高斯-克吕格投影所规定的条件，将中央经线东、西各一定经差范围内经、纬线交点投影到椭圆筒上面，然后将椭圆筒展开成平面，即获得投影后的平面系。

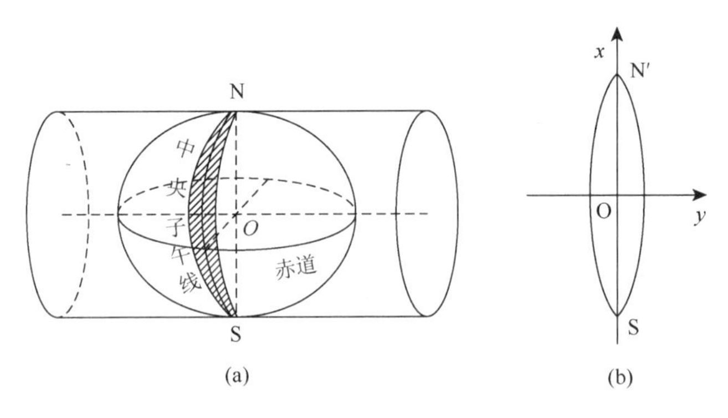

图 4.7　高斯-克吕格投影原理图

2. 投影分带

如图 4.8 所示，高斯投影采用分带投影的方法。我国 1∶2.5 万～1∶50 万地形图均采用 6°分带，1∶1 万及更大比例尺地形图采用 3°分带投影，以保证地图有必要的精度。

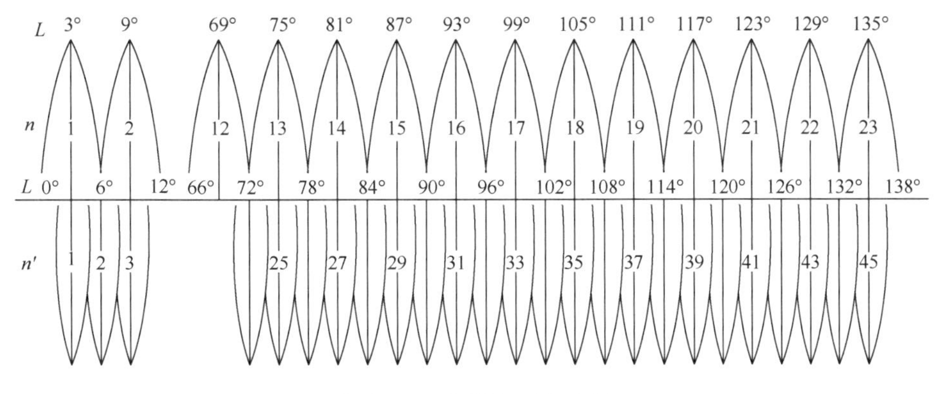

图 4.8　3°分带和 6°分带图

1）6°分带法

从格林尼治 0°经线起，自东半球向西半球，每经差 6°分为一个投影带，即东经 0°～6°、6°～12°、12°～18°、…、174°～180°，西经 180°～174°，…，6°～0°，用阿拉伯数 1、2、3、4、…、60 表示投影带号，全球共分为 60 个投影带。

东半球，其投影带号 n 总是小于 30，各投影带中央经线的计算公式为

$$L_0 = (6n - 3)° \tag{4.1}$$

西半球的投影带号 n 总是大于 30，各投影带中央经线的计算公式为

$$L_0 = 360° - (6n - 3)° \tag{4.2}$$

2）3°分带法

从东经 1°30′算起，自东半球每 3°为一带，将全球划分为 120 个投影带，即东经 1°30′～4°30′、4°30′～7°30′，…，东经 178°30′至西经 178°30′，…，西经 1°30′至东经 1°30′。其中央经线的位置为 3°、6°、9°、15°、…、180°，西经 177°、…、3°、0°（王琪，2012）。

4.1.3　数据分类利用

4.1.3.1　地下管线空间布局安全性评价数据

城市地下管线空间布局安全性分析包括地表建（构）筑物占压地下管线，地下管线之间、地下管线与地下建（构）筑物空间间距、管线之间的净距、水平顺序、垂直顺序、空间布置、埋深、穿越等监测指标。

城市地下管线空间布局安全性分析需要城市道路中心线、城市道路面、城市道路两侧绿化带、房屋建筑区及地下管线等专题信息，可从基础地理信息数据和专题数据中提取。

1. 基础地理信息数据

城市地下管线空间布局安全性分析需要城市道路中心线、城市道路面、城市道路两侧绿化带、房屋建筑区等数据，可以从数字线划图中的道路、绿化带、房屋等图层获取。

城市地下管线空间布局安全性评价的结果分析，需要确定地下管线及地上建（构）筑物的空间位置及空间关系，可以与数字线划图叠加，分析获得其空间位置和空间关系。

2. 专题数据

城市地下管线空间布局安全性分析需要地下管线数据提供给水、排水、燃气、通信、电力、热力和工业管线等平面位置、埋深等数据，以及控制性详细规划数据提供道路红线、河流蓝线范围、控规地块分类及走向等信息。

4.1.3.2　地下管网承载力数据

地下管线承载力分为给水管线承载力、燃气管线承载力、排水管线承载力和电力管线承载力等多种管线承载力，不同管网承载力需要不同的管线专业数据。

为实现地下管网承载力分析，需要获取包括人均综合生活用水量、管网水质综合合格率、管网密度、管网压力合格率、管道燃气覆盖率、管道管材构成等多种管线运营专业数据，其主要来源于专题数据和其他数据。

1. 专题数据

不同的管网承载力分析需要不同管线权属单位提供不同的管线专业资料。

给水管网承载力分析所需要的人均综合生活用水量、管网水质综合合格率、产销差率等指标数据，可以从自来水公司提供的综合生活用水量、管网水耗氧量合格率、水色度合格率、产销差等信息中通过计算获得。

燃气管网承载力分析所需要的管网密度、管网利用率、燃气管网事故率等指标数据，可以从燃气公司提供的燃气管网长度、供气区域面积、在供气管线长度、事故次数等信息中通过计算获得。

排水管网承载力分析所需要的雨污分流比、密度指标、雨污混节点比等指标数据，可以从排水管线权属单位提供的雨污分流管道总长、雨污混接管线节点数量、管线节点总数等信息中通过计算获得。

电力管线承载力分析所需要的单位 GDP 耗电量、容载比、供电可靠率等指标数据，可以从电力管线权属单位提供的电力消耗总量、荷分散系数、经济负荷率、备用系数等信息中通过计算获得。

2. 其他数据

地下管网承载力分析需要的供水信息、区域面积、人口总数、经济状况等数据，可以从国家、省统计年鉴或者通过国家、省统计局官网等渠道获得。

4.1.3.3　地下空间资源利用状况数据

地下空间的开发受到建设现状的限制，排除建筑物基础、管线、已开发的地下空间、特殊用地等的制约，剩余空间即为可供合理开发的资源。通过试点区域内控制性详细规划数据，将监测区域的地下空间分为可开发区、限制开发区和禁止开发区，通过分析可开发区、限制开发区和禁止开发区的开发程度，形成地下空间资源开发利用状况分析结果，服务于城市规划建设。

地下空间资源的开发利用受限于现有的地下空间布局和地上空间资源分布状况。地下建（构）筑物是地下空间的主要组成部分，利用 GIS 空间分析方法对城市地上、地下空间资源分布、限制开发的区域、可充分开发区域和有限开发区域进行叠加分析，完成对地下空间资源开发利用状况分析评价。为满足地下空间资源的开发利用状况分析，需要从地理国情数据、专题资料中获取地下管线数据、地下建（构）筑数据、地铁数据等地下空间资源，以及草地、道路、房屋、广场等地上地表分类数据。

1. 地理数据

进行地下空间资源利用状况分析时，可从地理国情数据提取草地、城市发展备用地、道路、广场、建（构）筑物、林地、控制区等地表现状数据。

2. 专题数据

地下空间资源利用状况分析需要利用地下建（构）筑的空间位置和空间关系，可以从地下建（构）筑物数据中提取地下空间的深度、层数和面积等信息。

地下空间资源利用状况分析还需要利用地下管线的空间位置和空间关系，可以从地下管线数据中获取给水、排水、燃气、通信、电力、热力和工业等七类管线空间位置和空间关系数据。

需要利用地铁中心轨道数据、地铁站数据，包括起点终点地面高、起点终点埋深、起点终点编号等信息。可以从获取的地铁线路平面、纵断面图数据中提取上述信息。

4.2 数据模型

为了获取地下管线监测与城市发展适应性分析所需数据，需要将复杂的地理事物（如河流、道路、建筑物、地下管线等）和现象进行简化、抽象，并在计算机中进行表示、处理和分析。这就需要对现实世界进行抽象建模，即空间数据模型。

空间实体的抽象分为三个层次，即现实世界、概念世界及数据世界。

数据模型是对现实世界进行认知、简化和抽象表达，并将抽象结果组织成有用、能反映世界真实状况数据集的桥梁，是地理信息系统的基础，主要分为概念模型、逻辑模型及物理模型，它们的关系如图 4.9 所示。本节主要对概念模型加以说明。

概念模型是地理空间中地理事物与现象的抽象概念集，是地理数据的语义表示。主要分为对象模型、场模型和网络模型。

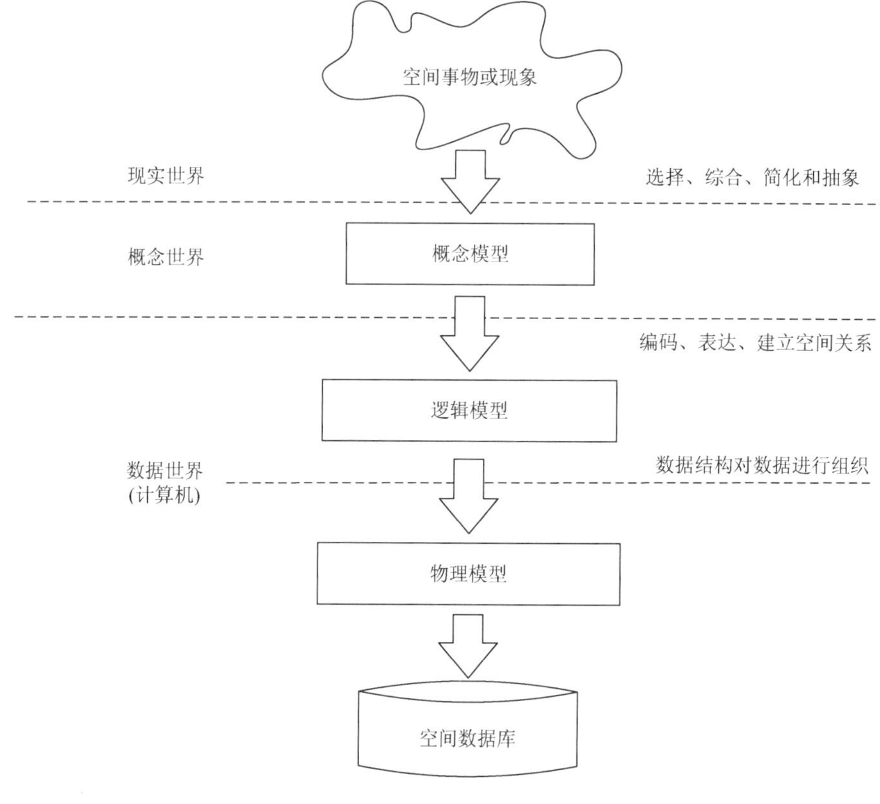

图 4.9　数据模型关系图

4.2.1　对象模型

对象模型也称为要素模型。首先，将研究的整个地理空间看成一个空域，地理现象和空间实体作为独立的对象分布在该空域中，然后，按照它们的空间特征分为点、线、面、体四种基本对象，并与其他分离的对象保持特定的关系，如点、线、面、体之间的拓扑关系，并且每个对象都对应一组相关的属性。

基础地理信息数据中可以建立对象模型的数据主要有数字线划图；专题数据中可以建立对象模型的数据主要包括地下管线数据、总体规划数据、控制性详细规划数据等；地理国情数据中可以建立对象模型的数据主要包括地理国情要素数据、地理国情地表数据。

根据地下管线监测与城市发展适应性分析数据体系，需要从数据源中提取对应的点、线、面、体数据。每种对象都有一组相关的属性，如图 4.10～图 4.13 所示。

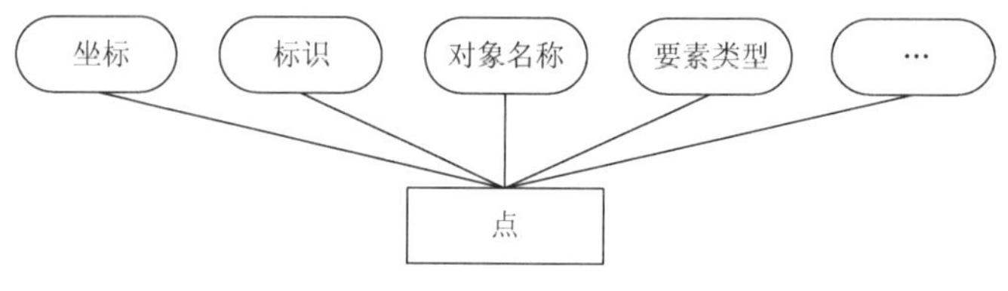

图 4.10　点的概念模型

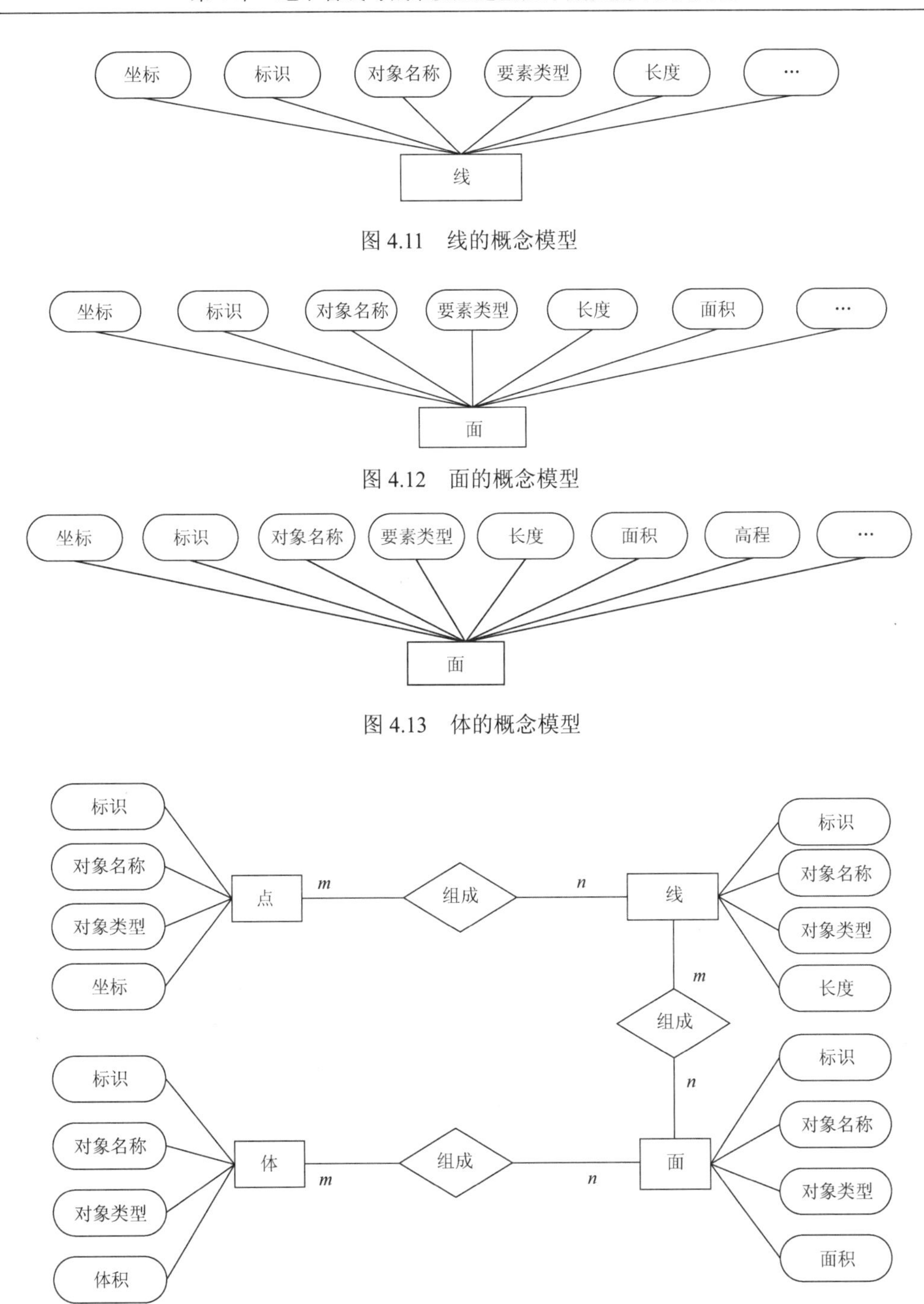

图 4.11　线的概念模型

图 4.12　面的概念模型

图 4.13　体的概念模型

图 4.14　总体 E-R 图

4.2.2　场模型

场模型是把地理空间中的现象作为连续的变量或体来看待，如大气污染程度、地表温度、土壤湿度、地形高度，以及大面积空气和水域的流速和方向等。根据不同的应用，场可以表现为二维或三维。一个二维场就是在二维空间 R^2 中任意给定的一个空间位置上，都有一个表现某现象的属性值，即 $A=f(x, y)$。一个三维场是在三维空间 R^3 中任意给定的一个空间位置上，都对应一个属性值，即 $A=f(x, y, z)$。

数据源中的一部分数据可以通过建立场模型来进行分析，主要包括多时段的数字正射影像图、数字高程模型等。对于二维空间场可采用规则矩形区这种具体的场模型来描述。将平面区域划分为规则的、间距相等的矩形区域，每个矩形区域称作格网单元（grid cell）。每个格网单元对应一个属性值，而忽略格网单元内部属性的细节变化。

4.2.3 网络模型

网络模型是一个由线或边连接在一起的顶点或结点的集合（王树禾，2004）。由点集合 V 和 V 中点与点之间的连线的集合 E 构成的二元组（V, E），V 中的元素称为结点，E 中的元素称为边。设 $G=(V, E)$是一个图，$e=V_iV_j$ 是其中一条边，顶点 V_i 和顶点 V_j 分别是边 e 的起始结点和终止结点，则顶点 V_i 和 V_j 是相邻的，e 与 V_i、V_j 是关联的。网络模型中，从结点 V_1 到结点 V_n 的路径是指顶点序列（$V_1, V_2, \cdots, V_n$），序列中结点不重复，则称该路径为简单路径。如果从结点 V_1 到结点 V_n 有路径，则称 V_1 和 V_n 是连通的。

网络模型和对象模型一样，都是用来描述不连续的地理现象，不同之处在于它需要考虑通过路径相互连接多个地理现象之间的连通情况。网络是由欧式空间 R^2 中的若干点及它们之间相互连接的线段构成。如公路、铁路、管道、自然界中的物质流、能量流和信息流等地理网络。网络模型也可以看成对象模型的一个特例，它是由点对象和线对象之间的拓扑空间关系构成的。

4.3 数据获取与融合

为满足地下管线监测与城市发展适应性分析需求，提取适应性分析所需数据，综合利用基础地理信息数据、地理国情数据、专题数据等多种数据源，建立地下管线监测与城市发展适应性分析需要的数据与数据源的映射关系，采用坐标转换、投影变换、格式转换和数据查询、筛选等多种技术方法对数据源进行处理、汇总，形成最终需求数据。

建立数据模型后，将基础地理信息数据中的数字线划图，专题数据中的地下管线数据、总体规划数据、控制性详细规划数据、地铁数据，地理国情数据中的地理国情要素、地表数据，抽象成点、线、面、体，按一定的标准转换成一定的格式，实现数据的整体融合。

4.3.1 坐标转换

由于数据源种类繁多，形式多样，数据源坐标系统与目标坐标系存在差异，为了保证数学基础的统一，需要进行坐标转换。

坐标转换是指用一定的数学方法将一种坐标系的数据转换为另一种坐标系的数据的过程，是建立不同空间参考系统中两点间一一对应关系的方法。目前常用的坐标系统很多，这里不一一罗列它们之间的具体转换算法，仅介绍坐标转换基本原理。

1. 仿射变换

仿射变换，也称六参数变换，其变换公式为

$$\begin{cases} X' = Ax + By + C \\ Y' = Dx + Ey + F \end{cases} \tag{4.3}$$

式中，(X', Y') 为目标坐标系中的坐标，(x, y) 为源数据坐标系的坐标；A、B、C、D、E、F 为方程参数，其中，A、E 分别确定点 (x, y) 在源数据坐标系中 X、Y 方向上的缩放尺度，B、D 确定旋转尺度，C、F 分别确定在 X 方向和 Y 方向上的平移尺寸。

2. 相似变换

数据坐标变换一般采用相似变换模型，即选择常用的 4 个参数，通过平移、旋转和缩放来将数据源坐标系转换为目标坐标系。

当公式 (4.3) 中的参数满足条件 $A = E = S\cos\alpha$，$B = -D = S\sin\alpha$ 时，则得到四参数的相似变换公式如下：

$$\begin{cases} X' = Ax + By + C \\ Y' = -Bx + Ay + D \end{cases} \tag{4.4}$$

式中，(X', Y') 为目标坐标系中的坐标，(x, y) 为源数据坐标系中的坐标；A、B、C、D 为方程参数。相似变换的实质是坐标系间的平移、旋转和缩放尺度的变换，式中 C、D 分别为坐标在 X 和 Y 轴上的平移大小，$S = \sqrt{A^2 + B^2}$ 为缩放比例，$\alpha = \arctan(B / A)$ 为旋转角度。

为了求出上式中的参数，建立两种坐标系之间的仿射（或相似）转换关系，至少需要 3 个（或 2 个）已知的控制点坐标。实际上，控制点应多于 3 个（或 2 个），方能按照最小二乘法原理进行平差，得出参数值，代入上述方程，即建立源数据坐标系和目标坐标系之间的仿射（或相似）变换数学模型。由此可以看出，仿射变换和相似变换都是线性函数变换模型，可对原图形进行平移、旋转和缩放。比较而言，相似变换不能进行 X、Y 轴不均匀缩放的变换，而仿射变换能保证更高的数据精度。但是，这两种变换模型并不能改变原坐标系的投影方式，若需进行坐标投影变换，则要采用更复杂的变换模型。

4.3.2　投影转换

地图投影造成长度、面积和角度上的变形，故投影转换比坐标转换更为复杂，需要使用多项式逼近模型才能保证转换的精度。多项式逼近的构造及幂次、变换区域大小、控制点分布状况、线性方程组求解方法是影响地图坐标数值变换精度和稳定性的主要因素。目前，有解析变换法、数值变换法和数值-解析变换法三种方法。

1. 解析变换法

解析变换法是找出两投影间坐标变换的解析计算公式，按采用的计算方法不同又分为正解变换法、反解变换法和综合变换法三种。

1）正解变换法

直接确定数据源地图投影下点的直角坐标与目标投影下相应直角坐标的关系，也称直接变换法。它表达了不同投影之间具有精确的对应关系。例如，由复变函数理论知，两等角投影间的坐标变换关系式为

$$X + iY = f(x + iy) \tag{4.5}$$

即

$$\{x, y\} \to \{X, Y\} \tag{4.6}$$

2）反解变换法

采用中间过渡的方法，由一种投影坐标（x, y）反解出地理坐标（φ, λ），然后再将地理坐标代入另一种投影的坐标公式中，从而实现由一种投影的坐标到另一种投影坐标的变换，也称间接变换法。

反解变换公式为

$$\{x, y\} \to \{\varphi, \lambda\} \to \{X, Y\} \tag{4.7}$$

投影方程为极坐标形式的投影，如圆锥投影、伪圆锥投影、多圆锥投影、方位投影和伪方位投影等，需将原投影点的平面直角坐标 x、y 转变为平面极坐标 ρ、δ，求其地理坐标 φ、λ，再代入新投影方程式中。即

$$\{x, y\} \to \{\rho, \delta\} \to \{\varphi, \lambda\} \to \{X, Y\} \tag{4.8}$$

对于斜轴投影来说，还需将极坐标 ρ、δ 转化为球面极坐标 Z、α，再转化为球面地理坐标 φ、λ，最后再代入新投影方程式中。即

$$\{x, y\} \to \{\rho, \delta\} \to \{Z, \alpha\} \to \{\varphi, \lambda\} \to \{X, Y\} \tag{4.9}$$

3）综合变换法

综合变换法是将正解变换法与反解变换法结合在一起的一种变换方法。通常根据原投影点的坐标 x 反解出纬度 φ，然后根据 φ、y 求得新投影点的坐标 $\{X, Y\}$，即

$$\{x \to \varphi, y\} \to \{X, Y\} \tag{4.10}$$

综合变换法比单纯运用正解变换法或反解变换法简便，但只在某些情况下对某些投影采用此种变换法。

从理论上讲，反解变换法也是一种解析变换，能够反映投影的数学实质，且不受制图区域大小的影响，可在任何情况下使用。从程序设计的角度来看，反解变换法程序易于设计、修改和维护，对于具有 n 种地图投影的投影变换，只需实现这 n 种投影的正算（从直角坐标变换到经纬度）和反算（从经纬度变换到直角坐标），并且当每增加一种新的投影时，也只需增加该投影的正算和反算。同时，该方法具有较高的执行效率和投影

变换精度，可满足实际投影变换的需要。因此，目前在大多数的软件中都采用反解变换法来实现投影转换。

2. 数值变换法

在数据源投影方程未知（包括投影常数难以判别）时，或不易求得两投影间解析式的情况下，可以采用多项式来建立它们之间的联系，即利用两投影间的若干离散点（纬线、经线的交点等）坐标，用数值逼近的理论和方法来建立两投影间的关系。数值变换法是地图投影变换在理论和实践中一种比较通用的方法。

首先要选择一个适当的回归模型，回归模型选择恰当与否，直接影响到坐标转换的精度。数值变换的方法有二元 n 次多项式变换、正形多项式变换、插值法变换、微分法变换和有限元法变换等，比较普遍采用的是二元 n 次多项式变换法。

数值变换一般的数学模型为

$$F=\sum_{i,j=0}^{n}a_{ij}x^{i}y^{j} \tag{4.11}$$

式中，F 为目标投影点坐标 X、Y（或 φ、λ），n 为 1、2、3、…、K 等正整数，a_{ij} 为待定系数。

例如，二元三次幂多项式为

$$\begin{cases}X=a_{00}+a_{10}x+a_{01}y+a_{20}x^{2}+a_{11}xy+a_{02}y^{2}+a_{30}x^{3}+a_{21}x^{2}y+a_{12}xy^{2}+a_{03}y^{3}\\Y=b_{00}+b_{10}x+b_{01}y+b_{20}x^{2}+b_{11}xy+b_{02}y^{2}+b_{30}x^{3}+b_{21}x^{2}y+b_{12}xy^{2}+b_{03}y^{3}\end{cases} \tag{4.12}$$

在两投影之间选定 10 个共同点的平面直角坐标（x^i, y^i）和（X_i, Y_i），分别组成线性方程组，即可求得系数 a_{ij}、b_{ij} 值，这种方法属直接求解多项式的正解变换法。

虽然地图投影数值变换法的研究取得了一定进展，但在逼近函数构成、多项式逼近的稳定性和精度等一系列问题上仍需进一步研究和探讨。

3. 数值-解析变换法

在目标投影已知而原数据投影未知的情况下，不宜采用解析变换法，这时需将原图上各经纬线交点的直角坐标值代入式（4.11）中的多项式，则 F 为 φ、λ，按照数值变换方法求得原数据投影点的地理坐标（φ，λ），即反解数值变换，然后代入已知的新数据投影方程式中进行计算，便可实现两投影间的变换。

引用式（4.11）得到逼近多项式为

$$\begin{cases}\varphi=\sum_{i=0}^{s}\sum_{j=0}^{t}a_{ij}x^{i}y^{j}\\\lambda=\sum_{i=0}^{s}\sum_{j=0}^{t}b_{ij}x^{i}y^{j}\end{cases} \tag{4.13}$$

式中，i=0，1，2，…，s，j=0，1，2，…，t，i+j=n，a_{ij} 和 b_{ij} 为待定系数。

上述几种地图投影变换方法的适用情况和特点见表 4.5。

表 4.5　投影变换算法的特点与适用范围

算法名称		主要特点	适用范围
解析变换	正解变换	能够表达地图制图过程的数学实质，不同投影之间具有精确的对应关系，在解决多投影问题时存在计算冗余问题	受制图区域影响
	反解变换	方法严密，不受区域大小影响	任何情况
	综合变换	在某些情况下，比使用单一正解或反解变换更简便，但不是所有的投影都适用	视情况而定
数值变换		不能反映投影的数学实质，不能进行全区域的投影变换，常采用分块处理办法，给计算机自动处理带来困难	局部区域
数值-解析变换		同上	同上

4.3.3　格式转换

空间数据格式主要分为两种类型，即矢量数据结构和栅格数据结构，都可用来描述点、线、面三种基本地理实体类型。

为满足地下管线监测与城市发展适应性评价的需求，将收集的基础地理信息数据、地理国情数据、专业数据等数据，通过数据提取、组织重构、属性信息转换等方法处理，整合改造为目标数据，并按一定的标准转换成一定的格式。具体的格式转换方式有如下两种：矢量数据向栅格数据的转换；栅格数据向矢量数据的转换。

1. 矢量数据向栅格数据的转换

将点、线、面对象转化为栅格像元的过程称为栅格化。首先选择像元的大小，然后检测地理对象是否落在这些像元上，确定记录属性或空值。一般根据行或列方向上的扫描来完成，生成一个二维阵列。如需要对原始的地下建（构）筑图分布图的归档纸质文档进行扫描，再进行数据处理得到。

2. 栅格数据向矢量数据的转换

栅格数据向矢量数据转换称为矢量化，矢量化的目的是实现数据入库、数据压缩和矢量制图。栅格结构只是矢量结构在某种程度上的一种近似，如果要使栅格结构描述的图件取得与矢量结构同样的精度，甚至仅仅在量值上接近，数据量也要比后者大得多。

4.3.4　尺度变换

信息在不同尺度范围（相邻尺度或多个尺度）之间的变换称为尺度变换。尺度变换将某一尺度上所获得的信息和知识扩展到其他尺度上，实现跨越不同尺度的辨识、推断、预测或推绎。

通过多尺度变换，建立多个尺度之间空间数据的逻辑关系，空间数据集能够完备地从一种表示过渡到另一种表示，实现由单一比例尺的基础数据集派生出能满足不同应用层次的、具有内在一致性、不同详细程度的、任意尺度的数据集。

尺度变换方法主要有空间数据自动综合、小波变换、LOD 技术等。

1. 空间数据自动综合

空间数据的自动综合是为了改善数据的易读性和易理解性，而对空间目标的几何或语义表示所施行的一组量度变换，它包括空间和属性两方面的变换，需要通过模型综合和制图综合方法实现。模型综合强调空间数据的模型抽象和深层次的地理空间知识，按特定的抽象程度和空间结构的一致性以达到压缩表示上层的细节、实现表达地理现实的目的。制图综合主要涉及地理要素的内容选取和地理要素的图形概括。其中，数理统计、模糊数学等侧重于地理要素的内容选取；分形方法、数学形态学和要素平面坐标解析方法侧重于地理要素的图形概括；专家系统则致力于利用地学专家的经验，使地理信息自动综合模型化、规则化。由于空间信息的综合规律难以描述和表达，尽管目前已经出现了一些自动综合适用系统，但尺度依赖的综合方法仍不够丰富，大多数自动综合算法与尺度无直接或精确的关系，需要解决自动综合的模型、算法、知识及其协同应用等问题，而实现满足空间数据多尺度显示要求的空间数据自动综合，目前仍然十分困难。

2. 小波变换

小波分析是近年来发展迅速的数学分支，是目前国际上公认的最新时间（空间）-频率分析工具。它同时在时域和频域都具有良好的表征信息局部特征的能力，在信号的高频部分可以获得较好的时间分辨率，在低频部分可以获得较高的频率分辨率，使小波变换具有对信号的自适应性，故被誉为数学显微镜。借助小波分析理论，可以检测和提取多源、多尺度、海量数据集的基本特征，并通过小波系数来表达，再进行相应的处理和重构，从而可以获得该数据集的优化表示。小波分析中的多分辨分析（multi resolution analysis，MRA）思想与空间信息的无级比例尺自动综合概念是相互统一的，都是要得到不同尺度下信息量的增减，可以有效地表达空间数据多尺度特征。

3. LOD 技术

人们观察周围的物体时，眼睛的分辨率是有限的，即只能观察在一定的分辨率内的空间物体，超出这个分辨率人们就看不到物体。如果人们站在不同的高度观察空间物体，将会得到抽象程度不同的地形表面。细节层次（level of detail，LOD）技术就是一种符合人的视觉特性的技术。

LOD 技术应用在地形渲染中称之为多分辨率地形（multi-resolution terrain）。地形作为一种特殊的几何物体，在运用 LOD 法则时有一些特殊的技巧，因为地形通常是一个规则的矩形网格，其简化模式可以有两种：规则的简化和非规则的简化。规则的简化通常是对矩形网格采用自顶向下（up-to-down）、分而治之的策略，典型的有四叉树和二叉树，它们从场景的最低细节层次开始，按需要不断地改善细节；非规则的简化通常是采用自底向上（down-to-up）的方法来处理的，应用较少（刘湘南等，2008）。

4.3.5　数据的提取与融合

4.3.5.1　地下管线空间布局安全性分析专题信息提取

综合利用基础地理信息数据、控制性详细规划数据等数据源，建立与地下管线空间布局安全性分析所需数据的映射关系，运用空间分析方法及数据编辑工具提取包括城市道路中心线、地面建（构）筑物、城市车行道、人行道、城市道路两侧绿化带以及河流蓝线范围等专题数据。

1. 工艺流程

具体工艺流程如图 4.15 所示。

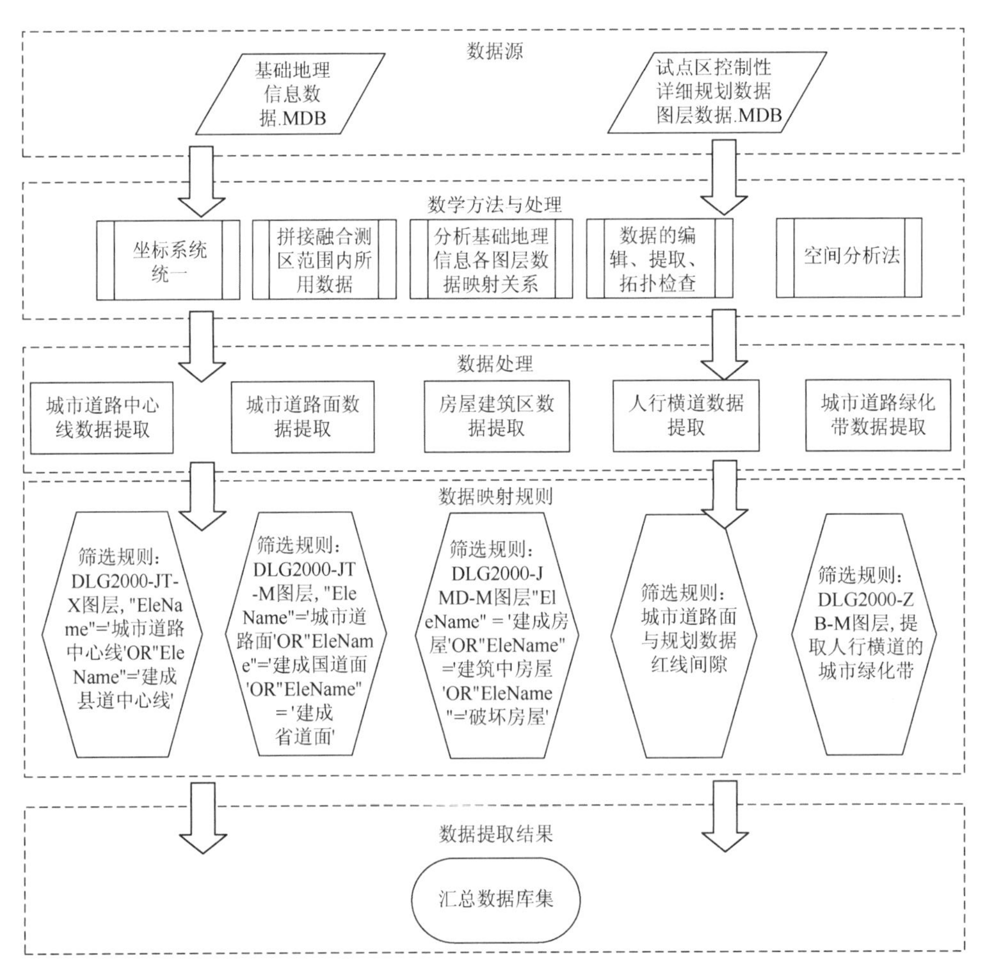

图 4.15　专题信息数据提取流程图

2. 技术方法及要求

（1）对分析范围内分幅数据进行拼接、裁剪和标准化处理。

（2）通过坐标转换和投影转换，将数据统一到同一坐标系统和高程基准。

（3）建立所需专题信息与基础地理信息数据的映射关系。

（4）提取城市道路中心线、地面建（构）筑物、城市车行道、人行道、城市道路绿化带以及河流蓝线范围数据。

（5）根据相互之间的空间关系构建车行道、人行道、绿化带、蓝线范围等多边形。

（6）对提取的分类数据进行逻辑结构检查。

4.3.5.2　管线承载力分析数据处理

管线承载力分析主要考虑给水、燃气、供电和排水等城市综合管线，通过到管线权属单位调研，收集管线承载力分析所需指标数据，对数据进行分析与处理，用于地下管线承载力分析。

1. 工艺流程

管线承载力分析数据处理流程如图 4.16 所示。

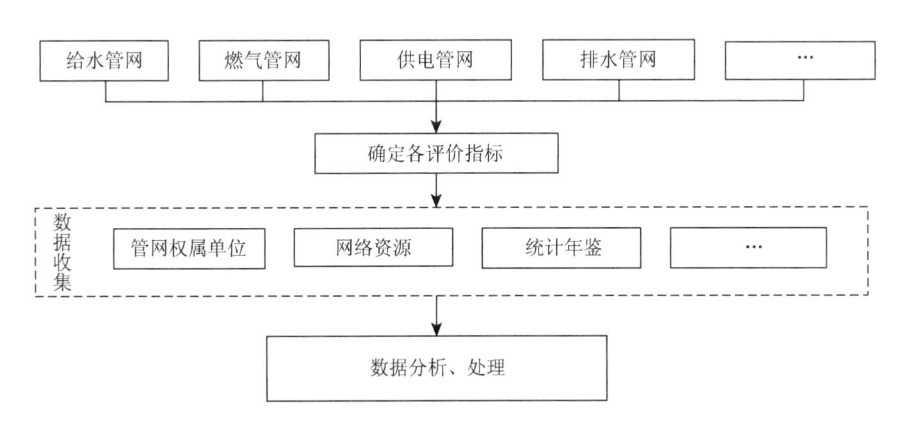

图 4.16　承载力指标数据处理流程图

2. 技术方法

（1）分析城市燃气、给水、供电和排水管线承载力分析所需数据。

（2）结合行业规范和标准，明确哪些信息可从管线权属单位收集获得。

（3）收集管线承载力分析所需指标数据。

（4）部分承载力指标数据可以从收集的信息中直接提取，例如，给水管网的产销差、单位管长维修次数信息，燃气管网的管道管材构成、管网风险等级等信息。大部分的承载力指标数据需对管线权属单位收集到的数据信息进行加工。例如，人均综合生活用水总量指标数据，是对收集到的生活用水总量和城市人口总数数据，通过$\frac{综合生活用水总量}{城市人口总数}$计算得到；管网密度指标数据，是对地下管线数据、供水区域面积数据，通过$\frac{区域内给水管道长度}{供水区域面积}$计算得到。

（5）依次分析处理各种管网承载力指标数据：给水管网承载力，燃气管网承载力，供电管网承载力，排水管网承载力等指标数据。

4.3.5.3　地理国情数据提取与融合

地下空间资源的开发利用受限于现有的地下空间布局和地上空间资源分布状况，地理国情数据是地上空间资源分布状况的主要分析来源。对地理国情数据进行地上空间资源分类提取，按建（构）筑物、道路、广场、草地、林地、城市发展备用地、保护区、控制区和其他用地进行分区，结合地下空间分布现状，完成对地下空间资源利用状况数据的分析。

1. 工艺流程

地理国情数据提取与融合流程如图 4.17 所示。

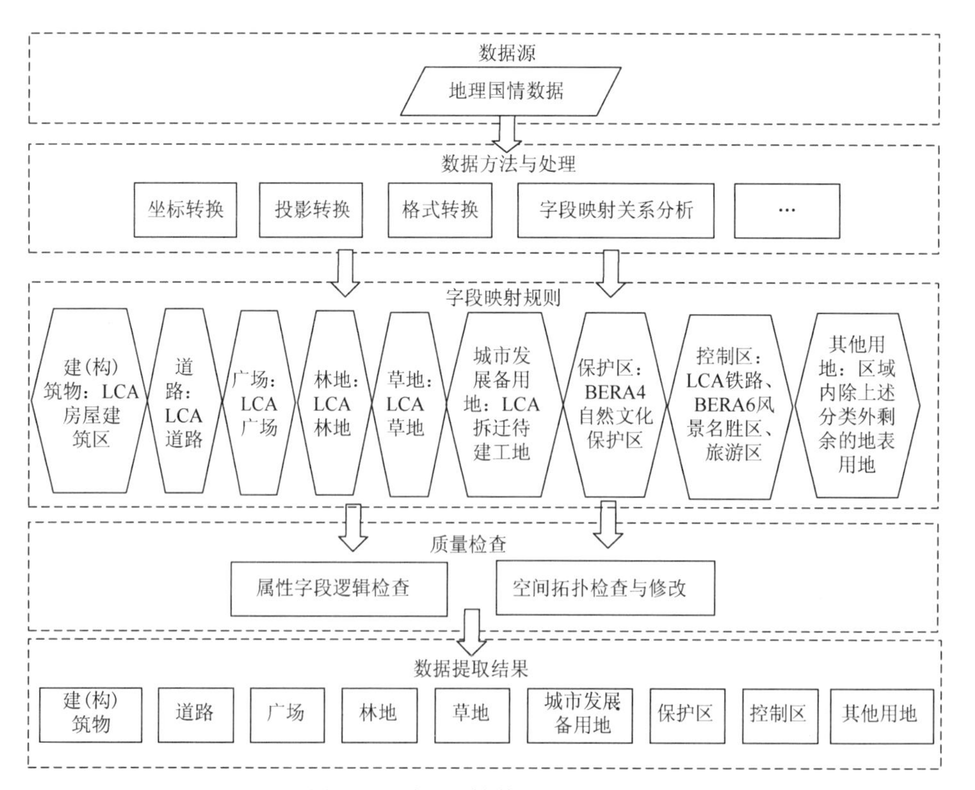

图 4.17　地理国情数据处理流程图

2. 技术方法

（1）分析地理国情数据与地上空间资源利用状况的数据映射关系，如表 4.6 所示。

表 4.6　地面空间现状与地理国情数据映射关系

地面空间现状地上资源（指标量化）	地理国情数据
建（构）筑物	LCA（地表覆盖分类数据）房屋建筑（区）
道路	LCA 道路
广场	LCA 广场
林地	LCA 林地
草地	LCA 草地
城市发展备用地	LCA 拆迁待建工地
保护区	BERA4（自然文化保护区）
控制区（包括风景名胜区，军事区，区域高压电力管道、运输走廊，铁路等交通廊道）	LCA 铁路、BERA6（风景名胜区、旅游区）
其他用地	区域内除上述分类外剩余地表用地

（2）统一地理国情数据坐标系统、投影系统。

（3）根据不同地下管线监测与城市发展适应性分析目标数据与地理国情数据映射关系，运用数据编辑、属性选择、融合等方法，对地理国情数据中映射的对应图层信息进行筛选和数据组织重构，逐类实现对分层数据进行提取和处理。

（4）对提取出的地表空间状态图层进行拓扑检查与修改，包括面重叠和面缝隙。

4.3.5.4　地下建（构）筑物数据提取

地下建（构）筑物包括地下车库、人防设施、地下交通设施等，是地下空间资源开发利用状况的重点分析内容，结合用地现状数据，从地下建（构）筑物数据中采集地下建（构）筑物信息，包括地下空间的位置、地下层数、地下面积等信息。

1. 工艺流程

地下建（构）筑物数据采集流程如图 4.18 所示。

2. 技术方法及要求

（1）收集地下建（构）筑物数据、用地现状数据，提取地下建（构）筑物相关信息，包括项目名称、地下类型、地下层数、地下面积、地下高度、地下建（构）筑物坐标、高程信息。其中，地下类型一般为车库、人防、地下商场、地下通道，地铁、地下储藏室等类型。

（2）扫描地下建（构）筑物竣工图。

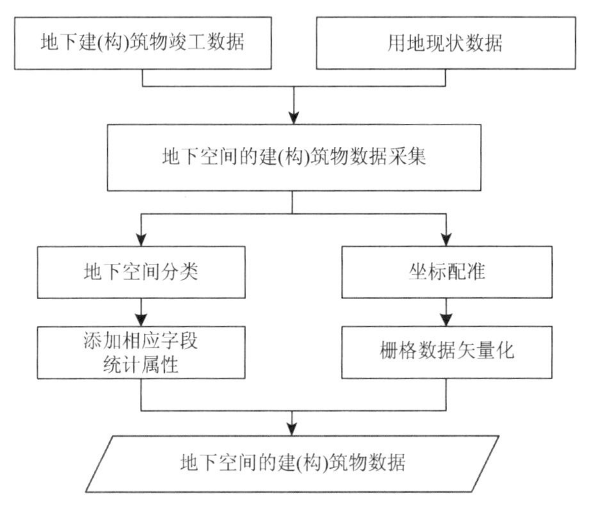

图 4.18　地下建（构）筑物数据采集流程图

（3）坐标配准。找出地下建（构）筑物竣工图扫描图件与用地现状位置空间对应关系，利用同名地物点进行坐标配准。

（4）坐标转换、投影转换。

（5）利用 GIS 矢量化功能，将坐标配准后的数据进行矢量化，得到矢量化的地下建（构）筑物数据。

4.3.5.5　地下管线数据处理与三维可视化建模

地下管线数据处理与三维可视化监测是地下管线监测与城市发展适应性分析辅助系统建设的基本内容，通过管线数据的三维可视化，能够更加真实地反映地下管线的空间布局形态，清晰地呈现地下各类管线之间、管线与地下或地上建（构）筑物之间的空间位置关系。

1. 工艺流程

通过地下管线普查成果数据的格式转换、属性字段映射和相关参数计算等处理，实现地下管线数据处理与三维可视化建模，其工艺流程如图 4.19 所示。

2. 方法步骤

（1）通过地下管线普查成果数据的坐标转换、投影转换及格式转化、属性字段映射，得到统一坐标系和高程基准下的地下管线数据。

（2）由于不同地方在不同时期对管线成果质量要求存在差异，为保证地下管线适应性分析数据结构统一可用，数据质量符合要求，需对管线的属性字段逻辑、空间拓扑关系进行检查与修改，以便得到标准化的地下管线数据。

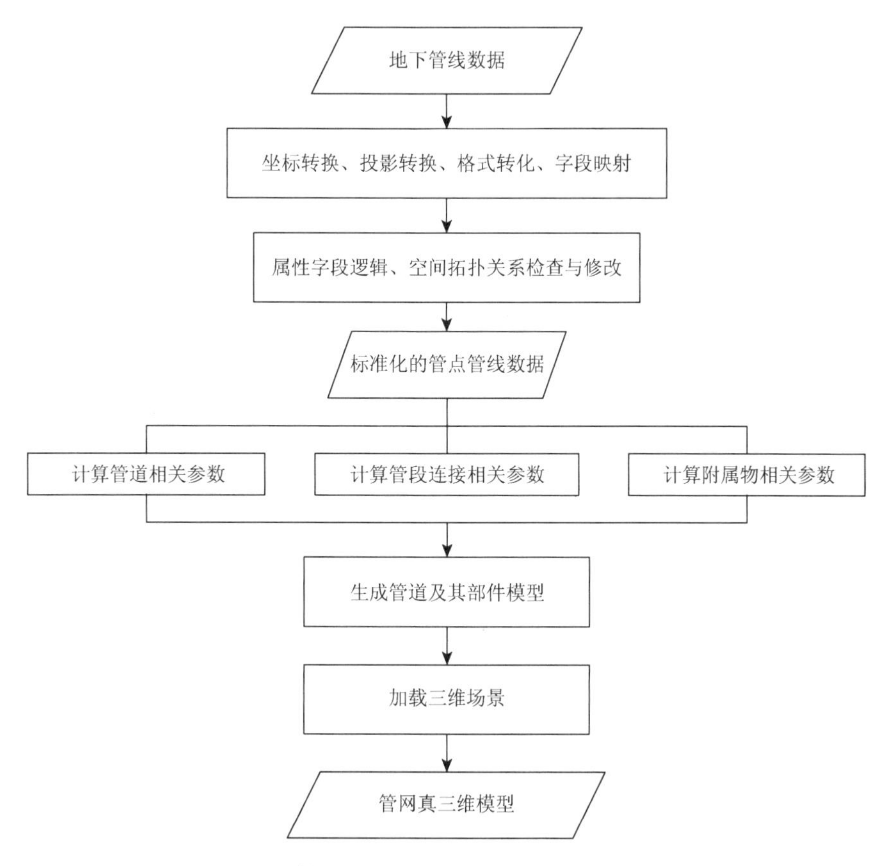

图 4.19　地下管线数据处理与三维可视化建模工艺流程图

（3）通过计算不同管类各管段的管线方位角、管道落差、管道管径等，得到管道的空间位置、姿态、大小以及管道间的连接关系等参数。

（4）根据不同管类各管点附属物字段值对管线附属物进行分类，分别计算得到各附属物的空间位置、姿态和大小缩放参数。

（5）通过已设置的各管线管道的纹理参数以及附属物的模型、纹理等，根据步骤（3）、（4）计算得到的各管道和附属物参数，由管线自动化三维建模工具生成管线真三维模型。

（6）将已有的地表建（构）筑物的三维模型导入到 Skyline 软件中进行区域的场景构建，形成地下管线监测与城市发展适应性分析辅助系统的三维场景。

（7）结合三维场景融合三维管线模型，实现地下和地上的三维实体可视化展示。

4.3.5.6　地铁数据提取

地下空间资源的开发利用受限于现有的地下空间布局和地上空间资源分布状况，地铁数据是地下空间资源分布状况的主要分析来源。提取的地铁数据主要有地铁站数据、地铁轨道数据，包括起点地面高、终点地面高、起点标高、终点标高、起点埋深、终点埋深等属性。

1. 工艺流程

地铁数据提取工艺流程如图 4.20 所示。

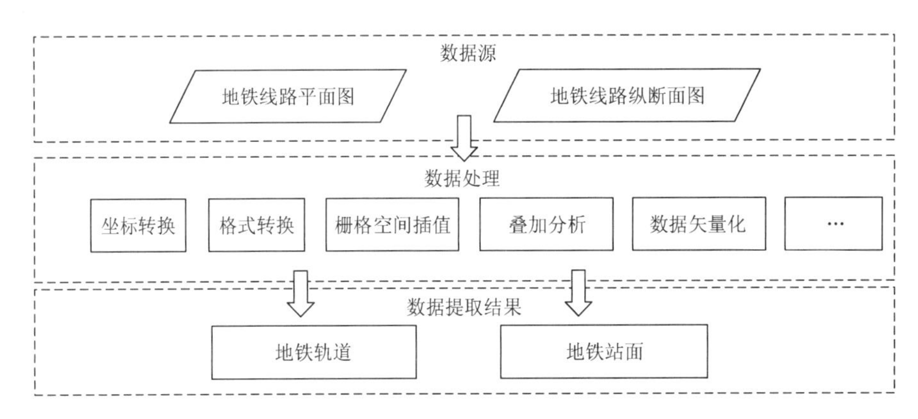

图 4.20　地铁数据处理工艺流程图

2. 方法步骤

（1）对地铁数据进行坐标转换、格式转换。

（2）处理地铁站数据。矢量化采集地铁站数据，并从剖面图中获取各地铁站的上顶面高程、下底面高程和地面高程。

（3）处理地铁轨道面数据。

由于收集的数据源，没有提供现成的满足属性要求的地铁轨道面数据，所以对于地铁轨道面数据的提取，采用点到线、线到面的方式获得，具体处理方法如下。①矢量化采集地铁各个千米桩数据，从剖面图中获取地铁千米桩地面高、标高，并计算埋深。②根据已有的千米桩地面高、标高信息，进行空间插值，将空间插值后的高程值赋值给新增的加密的地铁线路数据。③地铁线数据处理。将各千米桩点数据按顺序连接，得到地铁轨道中心线数据，但此时的地铁轨道中心线数据没有属性信息，无法满足后期分析及系统三维模型展示需要。故需要将地铁千米桩点数据的信息，运用叠加分析的方法，将地铁各千米桩点的起点地面高、终点地面高、起点标高、终点标高、起点埋深、终点埋深等信息赋值在相应的地铁轨道线数据上，得到所需要的地铁轨道中心线数据。④地铁轨道面处理。城市规划过程中，地铁轨道线路是按照一定的铺设标准进行设计，所以只需要对地铁中心线数据以标准轨道宽为半径建立缓冲区，即可得到标准地铁轨道面。

第5章　地下管线与城市发展适应性评价基本方法

GIS 空间分析提供一系列针对地理空间对象位置和属性信息的数据处理、分析方法，是进行地下管线与城市发展适应性评价的基本方法。综合评价指标体系的建立及评价方法的正确选择，是实现客观、公正、合理评价的关键。本章简要介绍地下管线与城市发展适应性评价过程中用到的 GIS 空间分析、系统综合评价以及评价体系建立方法。

5.1　GIS 空间分析方法

地下管线空间布局安全性分析、地下管网承载力分析以及地下空间资源利用状况分析均需从地下管线、地下建（构）筑物、地面房屋、道路、市政绿化带等地理对象的空间位置和形态特征中提取相应的空间信息。因此，地下管线与城市发展适应性评价离不开 GIS 空间分析，空间分析是适应性评价的基本方法之一。

空间分析是集空间数据分析和空间模拟于一体的技术方法，通过地理计算和空间表达挖掘潜在空间信息，以解决实际问题（黎夏等，2006）。常见的空间分析方法有空间量算、空间分析、空间统计分析、空间三维可视分析等。

5.1.1　空间量算

空间量算是指对地理空间中各种空间目标的量算与分析，包括空间位置、距离、周长、面积、空间形态以及空间分布等。空间量算是 GIS 中获取地理空间信息的基本手段，是进行复杂空间分析、模拟与决策制定的基础（刘湘南，2005）。

5.1.1.1　位置量算

空间实体的位置由其特征点的坐标来表达和存储。因此，空间位置量算就是确定空间实体坐标的过程。矢量数据由点、线、面等要素构成，点目标的位置用一个坐标点表达；线目标的位置则用坐标串表达；面目标的位置由组成它的线状目标的位置表达（刘湘南，2005）。

5.1.1.2　长度量算

长度是空间量算的基本参数，是空间量算的重要内容之一。它的值可以代表点、线、面、体间的距离，也可以代表线状对象的长度、面和体的周长等。

1. 距离

空间目标包括点、线、面等要素，其距离的量测有所不同。

1）两点间的距离

两点间的距离和方向可以利用笛卡儿坐标系中两点间的距离公式及两点间相互关系获得。设平面笛卡儿坐标系中的两点 $A(x_1, y_1)$、$B(x_2, y_2)$间的距离为

$$d=|AB|=\sqrt{(x_2-x_1)^2+(y_2-y_1)^2} \tag{5.1}$$

如图 5.1 所示，当已知球面半径 R 时，可以计算 P_1、P_2 间的球面距离。

设 $P_1(\phi_1,\lambda_1),P_2(\phi_2,\lambda_2)$ 为极点，球面三角形 ΔPP_1P_2 中有两条边和夹角是已知的，即有

$$\begin{cases}\angle PP_1=90°-\phi_1\\ \angle PP_2=90°-\phi_2\end{cases} \tag{5.2}$$

根据球面三角形的余弦定理：

$$\cos\angle P_1P_2=\cos(90°-\phi_1)\cos(90°-\phi_2)+\sin(90°-\phi_1)\sin(90°-\phi_2)\cos(\lambda_1-\lambda_2) \tag{5.3}$$

则有

$$\angle P_1P_2=\cos^{-1}(\angle P_1P_2)\cdot R \tag{5.4}$$

2）点到线的距离

如图5.2所示，设有直线AB，两端点的坐标为$A(x_A, y_A)$和$B(x_B, y_B)$，则点P的坐标为(x_P, y_P)。点 P 到直线 AB 的线距离为

$$D=|ax_p+by_p+c|/\sqrt{a^2+b^2} \tag{5.5}$$

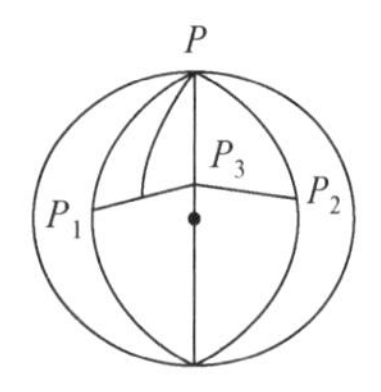

图 5.1　球体表面两点间距离

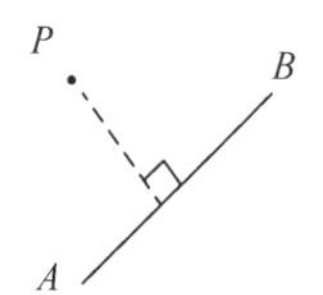

图 5.2　点到直线的距离

根据解析几何直线方程可得

$$D=|y_Bx_P-y_Ax_P+x_Ay_p-x_By_P+y_Ax_B-x_Ay_B| \tag{5.6}$$

3）点到面的距离

点 P 到面 A 的距离包括以下几种情况，如图 5.3 所示。①以点 P 到面 A 中一特定点 P_0（如重心、中心等）的距离，称为中心距离。②点 P 与面 A 中所有点之间最短的距离，称为最短距离。③点 P 到面 A 中所有点之间最大的距离，称为最大距离。

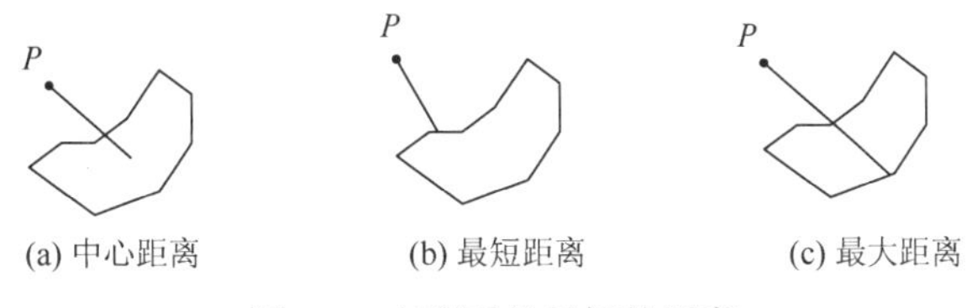

图 5.3　点到面状目标的距离

4）线状物体间的距离

线状物体 L_1、L_2 间的距离为 L_1 上的点 $P_i(x_i,y_i)$ 与 L_2 上的点 $P_j(x_j,y_j)$ 间距离的最小值，即

$$d=\min(d_{P_i},d_{P_j}\,|\forall P_i\in L_1,\forall P_j\in L_2) \tag{5.7}$$

5）面状目标物间的距离

面目标间的距离有：最短距离、最大距离和重心距离。最短距离是两目标最近点的距离；最大距离为两目标最远点间距离；重心距离是两目标重心间的距离，如图 5.4 所示。

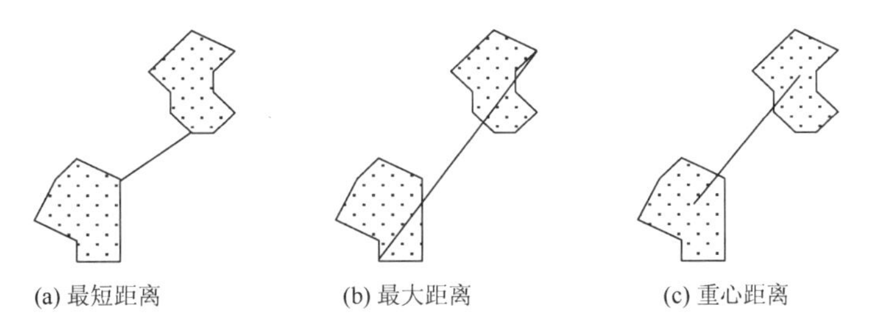

图 5.4　面状目标物间的距离

6）函数距离

受很多因素制约，大多数情况下，两点间距离不能走直线。因此，要根据实际情况，构建两点间的函数距离。

对于具有正南、正北、正东、正西方向规则布局的城镇街道，从一点到达另外一点距离正是在南北方向旅行的距离加上东西方向旅行的距离，该距离称为曼哈顿距离或出租车距离。计算公式如：

$$d(i,j)=\left|x_i-x_j\right|+\left|y_i-y_j\right| \tag{5.8}$$

通常，在地图上显示的从一点到另一点的公路里程要比汽车里程表所显示的里程少，因为汽车在行进过程中受到地表高程起伏的影响，车辆经过的路线是起伏的地形表面，如图 5.5 所示，虚线 AB 为地图显示的距离，实线 $A'B'$ 为汽车里程表所显示的距离。如果高程的变化基本上是线性的，那么额外增加的里程数能用简单的三角公式计算；由于大部分地表变化是非线性的，所以计算很复杂。在矢量坐标中，相对障碍物引起的路径偏移可以用非欧氏形式公式计算，具体如下：

$$d_{ij}=\left[(x_i-x_j)^k+(y_i-y_j)^k\right]^{1/k} \tag{5.9}$$

式中，变量 k 表示一系列可能的值，代替平方与平方根的符号。

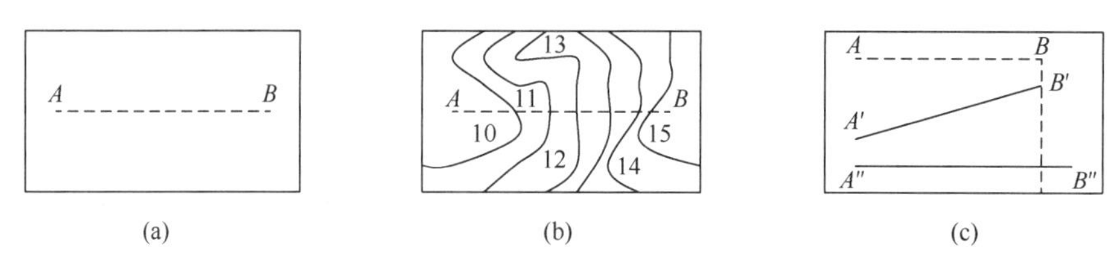

图 5.5　高程的变化与公路里程距离变化的关系

2. 周长

多边形的周长为组成多边形的所有线段长之和，计算公式为

$$L=\sum_{i=1}^{n} d_i \tag{5.10}$$

其中，d_i 为多边形各线段的长度。

3. 栅格数据长度量测

与矢量数据的方式与原理有所不同，在栅格数据中，计算线长是逐个将格网单元数值累加得到全长。该方法适合计算水平或垂直线，但是当线段倾斜，线上的格网单元沿着一定角度互相连接时，应在格网单元的斜线上计算每个单元之间的斜距。栅格数据结构长度的计算可用上述方法，但仍存在较大的局限性，如对高度弯曲的线性对象的量测，其误差要比矢量数据大。

5.1.1.3　面积量算

对于长方形、三角形、圆、平行四边形和梯形等简单的几何图形，可按照标准的几何图形面积公式计算。对于复杂的空间目标，其面积为上半边界积分值与下半边界积分值之差。设面状物体的轮廓边界由一个点的序列 $P_1(x_1,y_1)$、$P_2(x_2,y_2)$、…、$P_n(x_n,y_n)$ 表示，其面积为

$$S=\frac{1}{2}\sum_{i=1}^{n}\begin{vmatrix} x_i & y_i \\ x_{i+1} & y_{i+1} \end{vmatrix} \tag{5.11}$$

在栅格数据结构中，确定某一区域的面积是选择具有共同属性的格网单元数量乘以格网单元面积，如图 5.6 所示。

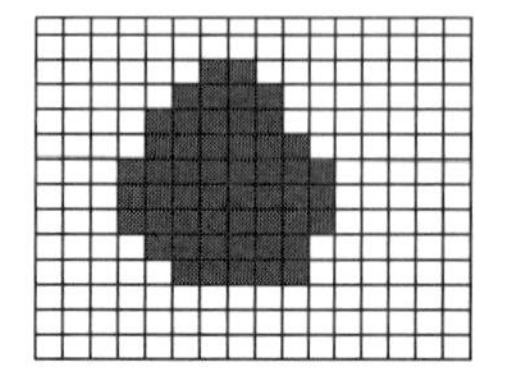

图 5.6　栅格形式的面积表达

对于三维曲面的面积，包含以下两种方法。

（1）将三维曲面投影到二维平面上，计算其在平面上的投影面积。

（2）三维曲面的表面积。空间曲面表面积的计算与空间曲面拟合的方法以及实际使用的数据结构（规则格网或者三角形不规则格网）有关。

5.1.1.4　体积量算

体积是指空间曲面与某一基准平面之间的容积，其计算方法因空间曲面的不同而不同。形状规则的空间实体体积量测较简单；复杂山体的体积计算可以采用等值线法，其基本步骤如下。

（1）生成等值线图。

（2）量算各条等值线围成的面积，设为 f_0、f_1、f_2、…、f_n 。

（3）设等值线间的距离为 h，则体积为

$$v = \frac{1}{3} f_0 \times h_0 + \frac{1}{2} \sum \left[f_0 + 2 f_1 + \cdots + 2(n-1) \times f_n \right] \times h \tag{5.12}$$

其中，f_0、h_0 分别为最上层（或最下层）等高线围成的面积和相应的高程差。

5.1.2　空间分析

5.1.2.1　缓冲区分析

1. 基本原理

缓冲区分析是确定地物近邻影响的一种空间分析方法（黎夏等，2006）。缓冲区就是在空间目标周围按照一定的距离条件建立的具有一定宽度的多边形邻域。缓冲区分析适用于点、线或面等地理空间对象。

从数学的角度看，缓冲区为给定的一个空间对象或对象集合，确定其邻域，邻域的大小由邻域半径 R 决定，因此对象 O_i 的缓冲区定义为：$B_i=\{x|d(x, O_i)\leqslant R\}$（邬伦，2001），即半径为 R 的对象 O_i 的缓冲区 B_i 为距 O_i 的距离小于等于 R 的全部点的集合，d 一般指最小欧氏距离，但也可以为其他定义的距离，如网络距离，即空间物体间的路径距离。对于对象集合 $O=\{O_i|i=1, 2, \cdots, n\}$，其半径为 R 的缓冲区是各个对象缓冲区的并集，即

$$B = \bigcup_{i=1}^{n} B_i \tag{5.13}$$

邻域半径 R 即缓冲距离（宽度），是缓冲区分析的主要数量指标，可以是常数或变量。缓冲区为新生成的多边形，不包括原来的点、线、面要素。

2. 缓冲区建立方法

1）矢量数据缓冲区的建立方法

（1）点要素的缓冲区。点要素的缓冲区是以点要素为圆心，以缓冲距离 R 为半径的圆（图 5.7）包括单点要素形成的缓冲区、多点要素形成的缓冲区和分级点要素形成的缓冲区等。

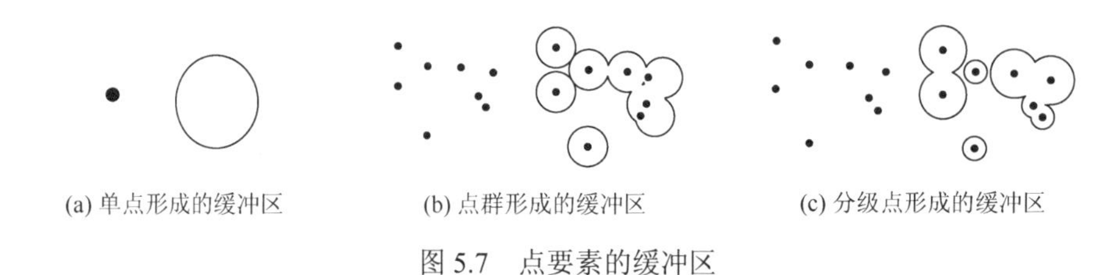
(a) 单点形成的缓冲区　(b) 点群形成的缓冲区　(c) 分级点形成的缓冲区

图 5.7　点要素的缓冲区

（2）线要素的缓冲区。线要素的缓冲区是以线要素为轴线，以缓冲距离 R 为平移量向两侧作平行曲（折）线，在轴线两端构造两个半圆弧，最后形成圆头缓冲区。图 5.8 为单线要素形成的缓冲区、多线要素形成的缓冲区和分级线要素形成的缓冲区。

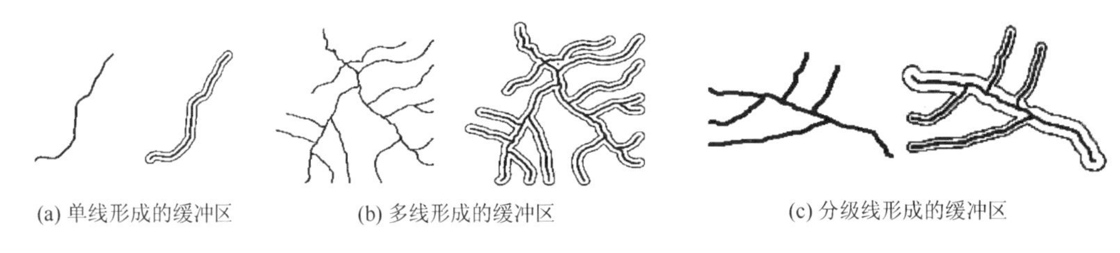
(a) 单线形成的缓冲区　(b) 多线形成的缓冲区　(c) 分级线形成的缓冲区

图 5.8　线要素的缓冲区

（3）面要素的缓冲区。面要素的缓冲区是以面要素的边界线为轴线，以缓冲距离 R 为平移量向边界线的外侧或内侧作平行曲（折）线所形成的多边形，其中，包括单一面状要素形成的缓冲区、多面要素形成的缓冲区和分级面要素形成的缓冲区，如图 5.9 所示。

(a) 单一面形成的缓冲区　(b) 多个面形成的缓冲区　(c) 分级面形成的缓冲区

图 5.9　面要素的缓冲区

2）栅格数据缓冲区的建立方法

栅格数据结构的点、线、面缓冲区的建立方法主要是像元加粗法，以分析目标生成像元，借助于缓冲距离 R 计算像元加粗次数，然后进行像元加粗形成缓冲区，如图 5.10 所示。

3）动态缓冲区

现实世界中很多空间对象或过程对于周围的影响并不是随着距离的变化而固定不变的。此时，需要建立动态缓冲区，根据空间物体对周围空间影响的变化性质，可以采用不同的分析模型。

（1）当缓冲区内各处随着距离变化，其影响度变化速度相等时，采用线性模型 $F_i = f_0(1-r_i)$；

（2）当距离空间物体近的地方比距离空间物体远的地方影响度变化快时，采用二次模型 $F_i = f_0(1-r_i)^2$ ；

（3）当距离空间物体近的地方比距离空间物体远的地方影响度变化更快时，采用指数模型 $F_i = f_0 \exp(1-r_i)$ 。

其中，f_0 表示参与缓冲区分析的一组空间实体的综合规模指数，一般需经最大值标准化后参与运算；$r_i=d_i/d_0$，d_0 表示该实体的最大影响距离，d_i 表示在该实体的最大影响距离之内的某点与该实体的实际距离，显然，$0 \leqslant r_i \leqslant 1$。

3. 缓冲区计算的基本方法

矢量数据缓冲区计算是以中心轴线为核心做平行曲线，生成缓冲区边线，再对生成边线求交、合并，最终生成缓冲区边界。具体算法有角分线法和凸角圆弧法（刘湘南，2005）。栅格数据缓冲区计算则是采用由实体栅格和八方向位移 L 得到的 n 方向栅格像元与原图作布尔运算来完成，由于栅格数据量很大，当 L 较大时计算量大、效率低，且距离精度也尚待提高。

1）角分线法

角分线法的基本思想是：在中心轴线两端点处作轴线的垂线，按缓冲区半径 R 截去超出部分，获得左右边线的起止点；然后在中心轴线的其他各转折点处，以偏移量为 R 的左右平行线的交点来确定该转折点处左右平行边线的对应顶点；最终由端点、转折点和左右平行线形成的多边形就构成了所需要的缓冲区多边形，如图 5.11 所示。

2）凸角圆弧法

凸角圆弧法的思想是：在中心轴线两端点处作轴线的垂线，按缓冲区半径 R 截去超出部分，获得左右边线的起止点；在中心轴线的其他各转折点处，首先判断该点的凸凹性，在凸面用圆弧弥合，在凹面用与该转折点前后相继的轴线的偏移量为 R 的左右平行线的交点来确定对应顶点，如图 5.12 所示。

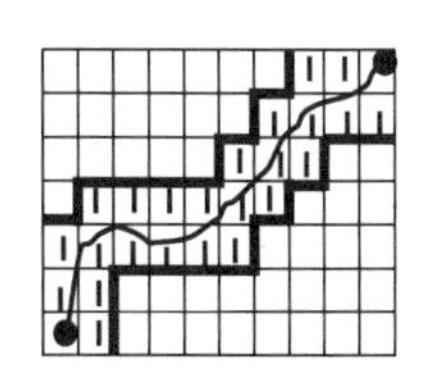

图 5.10　栅格型线要素生成缓冲区

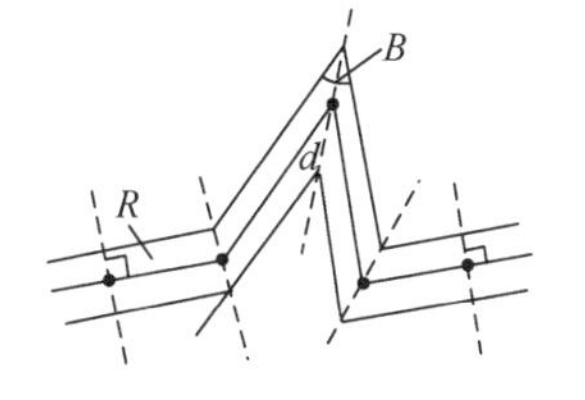

图 5.11　角分线法

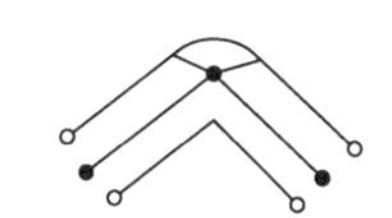

图 5.12　凸角圆弧法原理

3）缓冲区的重叠合并

空间物体的缓冲区有相互重叠的情况，包括多个要素缓冲区之间的重叠和同一要素不同部位缓冲区的自相交，必须对重叠缓冲区进行合并。对于栅格数据，对缓冲区内的栅格赋值，该值与其影响度唯一对应。如果发生重叠的区域具有相同的影响度，则取任意一个值；如果发生重叠的区域具有不同影响度等级，则影响度小的服从于影响度大的。对于矢量数据，有以下几种常用的算法。

（1）数学运算法。要得到正确的缓冲区范围就必须对重叠相交区域进行取舍、合并，最直观的方法是所有多边形的所有边界线段之间进行求交运算，生成所有可能的多边形，再根据多边形之间的拓扑关系和属性关系，去除多余的多边形。该方法计算量大，效率低，且由于存在分级目标，生成的缓冲区可能具有不同的影响度等级；若分开，则合并后不同影响度等级之间还可能存在重叠；若统一合并，则不同影响度等级的缓冲区可能被合并在一起，所以这种方法很难解决实际问题。

（2）矢量与栅格转换法。合并矢量数据的缓冲区相对比较困难，而合并栅格数据的缓冲区要容易一些，可以先把矢量数据格式转换成栅格数据格式，在合并缓冲区后，再将栅格数据格式的合并结果转换成矢量数据格式。矢量与栅格转换法原理简单，但经过多次数据格式的转换，会有一定的信息损失，精度有所降低，缓冲区变形较大，实际应用不多。

（3）矢量与栅格混合法。将矢量和栅格两种算法结合起来，各取所长，可以得到一种比较合理的算法。首先，把矢量数据的缓冲区转换成栅格数据，合并形成含有不同等级的动态缓冲区；然后对各个等级缓冲区的栅格边界分别进行扫描，提取扫描线上缓冲区边界的矢量数据，再对其求交，生成最终的缓冲区边线。此算法既避免了矢量算法的庞大运算量，又克服了栅格算法精度低的缺点，且缓冲区边界的最终生成是基于矢量的算法，结果较精确。

5.1.2.2　叠加分析

1. 叠加分析概述

叠加分析是指将同一地区、比例尺、数学基础，不同信息表达的两组或多组专题要素的图形或数据文件进行叠加，根据各类要素与多边形边界的交点或多边形属性建立具有多重属性组合的新图层（图 5.13），并对那些在结构和属性上既相互重叠、又相互联系的多种现象要素进行综合分析和评价；或者对反映不同时期同一地理现象的多边形图形进行多时相系列分析，以揭示各地理实体的内在联系及其发展规律的一种空间分析方法（刘湘南，2005）。地理空间数据处理与分析的目的是获得空间潜在信息，叠加分析是非常有效的提取隐含信息的工具之一。

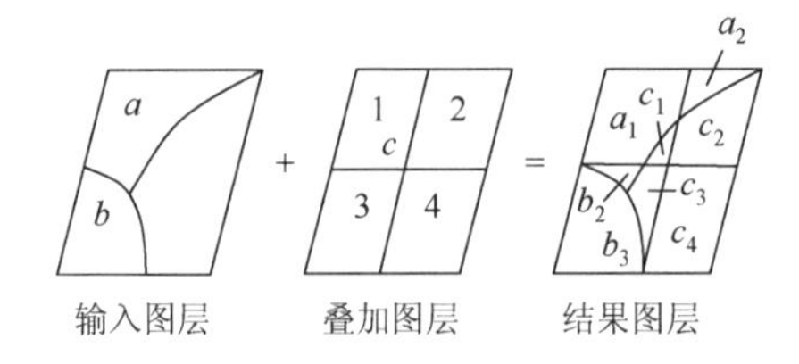

图 5.13　叠加分析的基本概念

2. 空间要素图形叠加

空间要素主要指的是矢量数据模型中的点、线、面等要素类。因此，矢量数据图形要素的叠加处理按要素类型可分为点与多边形的叠加、线与多边形的叠加、多边形与多边形的叠加三种。

1）点与多边形的叠加

将一个点图层叠加到多边形图层上，生成的新图层仍然是点图层。二者区别在于新的点图层具有与其位置对应的多边形图层的属性信息。

2）线与多边形的叠加

将一个线图层叠加到多边形图层上，首先要进行线段与多边形的空间关系判别，判断线段是落在多边形内、与多边形相交或在多边形外。若一个线目标跨越多个多边形，则需要计算线与多边形的交点，每个相交都会生成一个结点，多个结点将一个线目标分割成多个线段，同时多边形属性信息也会赋给落在它范围内的线段。

3）多边形与多边形的叠加

多边形与多边形的叠加要比前两种叠加复杂得多。首先对多层多边形的边界要进行几何求交计算，原始多边形被切割成新的弧段，然后根据要素的拓扑关系，生成新的多边形，并综合原来图层的属性信息。

根据叠加结果要保留不同的空间特征，常用的 GIS 软件通常提供了三种类型的多边形叠加分析操作，即并、叠和、交，如图 5.14 所示（刘湘南，2005）。

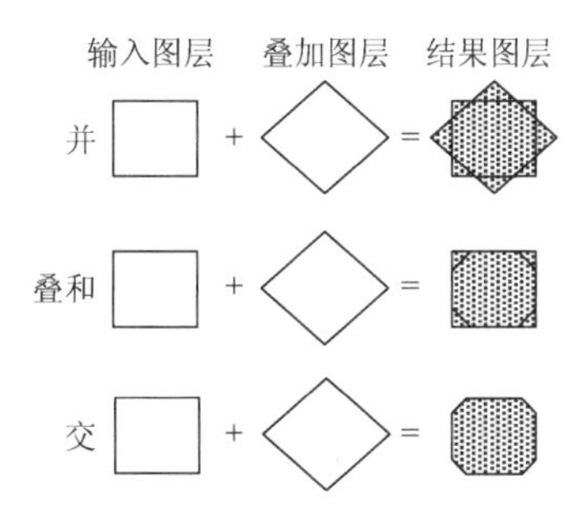

图 5.14　多边形的不同叠加方式

（1）并（union）：保留两个叠加图层的空间图形和属性信息，输入图层的一个多边形被叠加图层中的多边形弧段分割成多个多边形，输出图层综合了两个图层的属性。

（2）叠和（identity）：以输入图层为界，保留边界内两个多边形的所有多边形，输入图层切割后的多边形也被赋予叠加图层的属性。

（3）交（intersect）：只保留两个图层公共部分的空间图形，并综合两个叠加图层的属性。

3. 空间要素属性叠加

按照叠加的方式，空间要素属性叠加可分为代数叠加与逻辑叠加。在对矢量数据进行空间图形叠加处理之后，必须将相应图层的属性表关联起来，其属性值的计算方式就是这里的代数叠加和逻辑叠加。

1）矢量数据叠加分析

矢量数据属性叠加处理更多地使用逻辑叠加运算，即布尔逻辑运算中的包含、交、并、差等。以线与多边形叠加为例，先判断线段与多边形的位置关系，建立叠加后线段的新属性表，由于原有线段被分割成多个线段，该属性表与原属性表不能一一对应，但它包含原来线段的属性和被叠加的多边形的属性，图 5.15（a）表示逻辑并的结果，既包含多边形的属性也包含线段的属性。当要求逻辑差和逻辑交时，只需要从表中进行逻辑差和逻辑交运算，如图 5.15（b）、图 5.15（c）所示。多边形与多边形叠加的图形运算比较复杂，但是属性叠加只需依据运算规则进行各种代数以及逻辑运算即可。

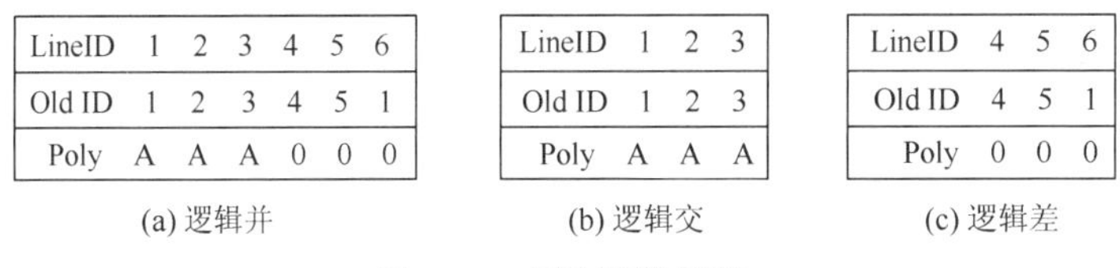

LineID	1	2	3	4	5	6
Old ID	1	2	3	4	5	1
Poly	A	A	A	0	0	0

(a) 逻辑并

LineID	1	2	3
Old ID	1	2	3
Poly	A	A	A

(b) 逻辑交

LineID	4	5	6
Old ID	4	5	1
Poly	0	0	0

(c) 逻辑差

图 5.15　属性逻辑运算

2）栅格数据叠加分析

栅格数据最大的优点在于各个属性都可用规则格网和对应的属性表示，数据结构简单。对于任意栅格单元，进行叠加分析只是属性表长度的增加。表 5.1 表示进行多重叠加后的栅格多边形的数据结构。

表 5.1　一个栅格的多重属性表示

行号	列号	属性 1	属性 2	…	属性 n
I_0	J_0	R_1	R_2	…	R_n

栅格数据的叠加分析操作主要通过栅格之间的各种运算来实现，如加、减、乘、除、指数、对数等。设 a、b、c 等表示不同要素层上同一单元格的属性值。f 函数表示各层上属性与用户需要之间的关系，A 表示叠加后输出层的属性值，则

$$A=f(a, b, c, \cdots) \tag{5.14}$$

叠加操作的输出结果可能是算术运算结果，可以是各层属性数据的最大值或最小值、平均值（简单算术平均或加权平均），或者是各层属性数据的逻辑运算结果。基于不同的运算和叠加形式，栅格叠加变换包括如下几种类型。

（1）局部变换：基于像元与像元之间一一对应的运算，每一个像元都是基于它自身的运算，不考虑与之相邻的其他像元。

（2）邻域变换：以某一像元为中心，将周围像元的值作为算子，进行简单求和、求平均值、最大值、最小值等。

（3）分带变换：将同一区域内具有相同像元值的格网看作一个整体进行分析运算，称为分带变换。区域内属性值相同的格网可能并不毗邻，一般都是通过一个分带栅格层来定义具有相同值的栅格。

（4）全局变换：基于研究区内所有像元的运算，输出栅格的每一个像元值是基于全区的栅格运算，这里的像元是具有或没有属性值的网格。

5.1.2.3　网络分析

网络分析的数学基础是图论和运筹学，是通过研究网络的状态以及模拟和分析资源在网络上的分配和流动情况，研究网络结构及其资源等的优化问题的一种空间分析方法（龚健雅，2001）。

GIS 空间分析是在计算机系统软、硬件的支持下，将与网络有关的实际问题抽象化、模型化、可操作化，根据网络元素的拓扑关系，通过考察网络元素的空间、属性数据，对网络的性能特征进行多方面的分析计算，从而为制定系统的优化途径和方案提供科学决策的依据，最终达到使系统运行最优的目标。

网络分析包括路径分析、连通分析、流分析、动态分段、地址匹配等（刘湘南，2005）。

5.1.3　空间统计分析

空间统计分析是以具有地理空间特性的事物或现象的空间相互作用及变化规律为研究对象，以具有空间分布特点的区域化变量理论为基础的一门学科（刘湘南，2005）。空间统计分析方法由分析空间变异与结构的半变异函数（或称半方差函数）和进行空间局部估计的克里金（Kriging）插值法两个主要部分组成，是 GIS 空间分析的一个重要技术手段。

1. 空间统计分析的概念

空间统计分析假设研究区中所有的值都是非独立的，相互之间存在相关性。在空间或时间范畴内，这种相关性被称为自相关。根据空间数据的自相关性，可以利用已知样点值对任意未知点进行预测。空间统计分析的任务为：揭示空间数据的相关规律，利用相关规律进行未知点预测。

2. 空间自相关理论

在空间统计分析中，通过相关分析可以检测两种现象（统计量）的变化是否存在相关性，若所分析的统计量为不同观察对象的同一属性变量，则称之为自相关。空间自相关反映的是一个区域单元上的某种地理现象或某一属性值与邻近区域单元上同一现象或属性值的相关程度，它是一种检测与量化从多个标定点中取样值变异的空间依赖性的空间统计方法。根据变异的性质可以分为三种类型：绝对型变异、等级型变异、连续型变异。

针对同一属性，当某一点属性值高，而相邻点同一属性值也高时，称为空间正相关；反之，称为空间负相关。当空间自相关仅与两点间距离有关时，称为各向同性；与方向相关时，称为各向异性。

3. 空间自相关分析方法

相关位置上的数据间具有一定的空间自相关度，对这种相关程度定量化是空间模式中依赖性和均匀性统计分析的基础。

空间自相关方法按功能大致分为全域型和区域型两类。全域型自相关的功能在于描述某现象的整体分布状况，判断该现象在空间中是否有聚集特性存在，但并不能确切地指出聚集在哪些地区。若将全域型不同空间间隔的空间自相关统计量依序排列，可进一步得到空间自相关系数图，用于分析该现象在空间上是否有阶梯性分布。区域型自相关能够推算出聚集地的范围，其主要有两个原因：①通过统计显著性，检测聚集空间单元的空间自相关度相对于整体研究范围是否足够大，若足够大，则表明该聚集空间单元自相关；②度量空间单元对整个研究范围空间自相关的影响程度，影响程度大的往往是区域内的“特例”（outliers），也就表示这些“特例”点往往是空间现象的聚集点。

计算空间自相关的方法有多种，最为常用的是 Moran’s I、Geary’s C、Getis、Join count 以及空间自相关系数图等。

5.2　系统综合评价方法

系统综合评价是人们根据评价目的，选择适合的评价形式，并据此选择多个方面的因素或指标，实现对评价对象进行客观、公正、合理评价的技术方法（任博芳，2010）。综合评价指标体系的建立及评价方法的选择，是实现地下管线与城市发展适应性评价的关键。常见的系统综合评价方法有综合指数法、层次分析法、主成分分析法、人工神经网络评价法、灰度关联评价法、模糊数学综合评价法等。

5.2.1　综合指数法

首先，确定评价指标，然后将评价指标的实际值与指标值（标准值、特征值）相比，进行数据归一化处理，得出一系列无量纲指数。其次，对评价参数赋权，将各单元参数的无量纲指数和参数权重进行加权平均，得出综合评价指数，再将综合指数按一定间隔划分为不同等级（苏为华，2000）。

该方法通常是先确定各因子的质量标准，再根据不同标准规定的数值确定取值的上、下限，可通过以下公式计算：

$$F=\sum_{i=1}^{n}w_i f_i \tag{5.15}$$

其中，F 为综合分值，w_i 为第 i 项指标的权重，f_i 为第 i 项的标准化值。

5.2.2　层次分析法

层次分析法是一种处理问题的决策思维方式，把复杂的问题分解为各个组成因素，按因素支配关系分组形成有序的层次结构，通过两两比较的方式确定层次中诸因素的相对重要性，然后综合人们的判断，一一决定各因素相对重要性总的顺序（郭金玉等，2008）。层次分析法不仅可以对权向量进行定量化判断，而且还可以对判断结果进行一致性检验，以保证判断不至于偏离一致性过大。

层次分析法的核心问题是计算各决策方案的相对重要性系数，而指标评价体系中的权重也正是一种重要性的量度。所以，层次分析法也可以用于构造评价指标体系的权重。

层次分析法基本步骤如下。

1. 建立层次结构模型

在对评价对象充分了解的基础上，根据问题的性质以及所要达到的目标，把问题分解为不同的组成因素，并按各因素之间的隶属关系和关联程度分组，形成一个不相交的层次。如图 5.16 所示，层次分析法的层次结构一般可以分为目标层、准则层和指标层三层。

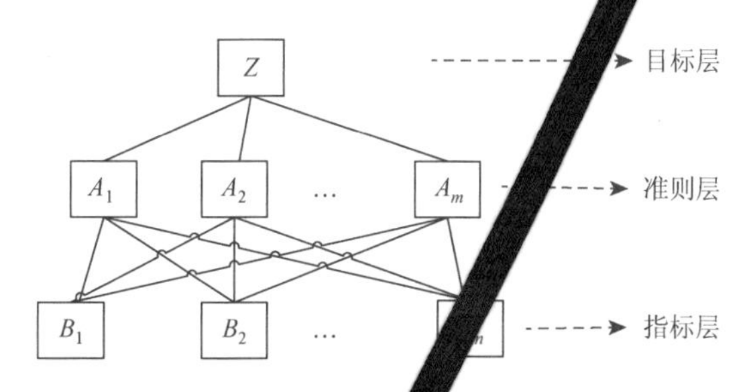

图 5.16　层次结构图

2. 构造判断矩阵

设某层有 n 个因素，$X=\{x_1,x_2,\cdots,x_n\}$，首先根据 n 个因素对上层某一目标的影响程度进行排序。用 a_{ij} 来表示该层第 i 个因素相对于第 j 个因素的比较结果，$a_{ij}=\dfrac{1}{a_{ji}}$。则有

$$A=\left(a_{ij}\right)_{n\times n}=\begin{pmatrix} a_{11} & a_{12} & \cdots & a_{1n} \\ a_{21} & a_{22} & \cdots & a_{2n} \\ \vdots & \vdots & \ddots & \vdots \\ a_{n1} & a_{n2} & \cdots & a_{nn} \end{pmatrix} \tag{5.16}$$

$\boldsymbol{A}$ 称为判断矩阵。进行两两因素比较时，根据影响程度大小，尺度取 1～9。尺度为 1 表示第 i 个因素相对于第 j 个因素同等重要；尺度为 9 表示第 i 个因素相对于第 j 个极端重要。以比较尺度构建各层次的成对比较矩阵，用以进行层次分析。

3. 层次单排序及一致性检验

层次单排序实质上就是确定下层各因素对上层某因素影响程度的过程。

假设有一同阶正则向量 $\boldsymbol{A}$，使得 $\boldsymbol{XA}=\lambda_{\max}\boldsymbol{A}$，解此特征方程所得的 $\boldsymbol{A}$ 经正规化后即为各评价因子的权值。由于客观事物的复杂性及对事物认识的片面性，构造的判断矩阵不一定是一致性矩阵。因此，得到 $\lambda_{\max}$ 后，还需进行一致性和随机性检验，检验公式如式 5.17。

$$CI=\frac{\lambda_{\max}-n}{n-1},CR=\frac{CI}{RI} \tag{5.17}$$

其中，CI 为一致性指标，$\lambda_{\max}$ 为 A 的最大特征根，n 为矩阵阶数，RI 为平均随机一致性指标，取值见表 5.2，其中，CR 为随机一致性比率。

只有当 $CR<1.0$ 时，判断矩阵才具有满意的一致性，所获取的值才比较合理。

表 5.2　*RI* 的数值表

矩阵阶数（n）	1	2	3	4	5	6	7	8	9
平均随机一致性指标值 RI	0.00	0.00	0.52	0.89	1.11	1.25	1.35	1.40	1.45

4. 层次总排序及一致性检验

确定某层所有因素对于总目标相对重要性的排序权值过程，称为层次总排序。从最高层到最低层逐层进行。

设 A 层 m 个因素 A_1、A_2、…、A_m，对总目标 Z 的排序为：$a_1,a_2,\cdots,a_m$；B 层 n 个因素对于上层 A 中因素为 A_j 的层次单排序为 $b_{1j},b_{2j},\cdots,b_{nj}$，其中 $j=1,2,\cdots,m$，则 B 层的层次总排序为

$$\begin{cases} B_1: a_1b_{11} & + & a_2b_{12} & + & \cdots & a_mb_{1m} \\ B_2: a_1b_{21} & + & a_2b_{22} & + & \cdots & a_mb_{2m} \\ \quad\vdots & & & & \vdots & \\ B_n: a_1b_{n1} & + & a_2b_{n2} & + & \cdots & a_mb_{nm} \end{cases} \tag{5.18}$$

即 B 层第 i 个因素对总目标的权值为 $\sum_{j=1}^{m}a_jb_{ij}$。

层次总排序的一致性检验如下：设 B 层的 n 个因素 B_1、B_2、…、B_n，相对上层（$A_j(j=1,2,\cdots,m)$）中因素的层次单排序一致性指标为 CI_j，随机一致性指标为 RI_j，则层次总排序的一致性比率为

$$CR=\frac{a_1CI_1+a_2CI_2+\cdots+a_mCI_m}{a_1RI_1+a_2RI_2+\cdots+a_mRI_m} \tag{5.19}$$

当 $CR<1.0$ 时，认为层次总排序通过一致性检验。至此，根据最下层（决策层）的层次总排序作出最后决策。若通过，则可按照总排序权向量表示的结果进行决策，否则需要重新考虑模型或重新构造一致性比率较大的判断矩阵。

5.2.3 主成分分析法

主成分分析是利用降维的思想，把多指标转化为少数几个综合指标（即主成分），其中每个主成分都能够反映原始变量的大部分信息，且所含信息互不重复（任博芳，2010）。按照概率统计的方法即线性组合的方差来表达，当 $\mathrm{Var}(F_1)$ 最大，则 F_1 包含的信息最多，称为第一主成分。若 F_1 不能代表原指标进行分析，则选择与 F_1 互不相关的第二个线性组合 F_2，则 F_2 称为第二主成分；依次类推，构造出其他主成分。

设有 n 个样本的数据集 $\boldsymbol{X}=\{\boldsymbol{x}_1,\boldsymbol{x}_2,\cdots,\boldsymbol{x}_n\}\in\boldsymbol{R}^m$，其中样本 $\boldsymbol{x}_i(1,2,\cdots,n)$ 是 m 维的列向量，寻找一组正交基组成的矩阵 $\boldsymbol{P}$，有 $\boldsymbol{Y}=\boldsymbol{PX}$，$\boldsymbol{Y}$ 为变换后的综合指标。构造目标矩阵：

$$\boldsymbol{C}_Y=\frac{1}{n-1}\boldsymbol{X}\boldsymbol{X}^{\mathrm{T}} \tag{5.20}$$

根据优化原则将上式变换成对角阵，则由正交基组成的矩阵 $\boldsymbol{P}$ 的行向量就是数据集 $\boldsymbol{X}$ 的主元向量。对 $\boldsymbol{C}_Y$ 进行推导可得：$\boldsymbol{X}\boldsymbol{X}^{\mathrm{T}}$ 的特征向量即为 $\boldsymbol{X}$ 主元向量；$\boldsymbol{X}\boldsymbol{X}^{\mathrm{T}}$ 的特征值就是数据集 $\boldsymbol{X}$ 在方向 $\boldsymbol{P}_i$ 上的方差。

主成分的贡献率和累计贡献率度量了变换后的 F 从原始数据 $\boldsymbol{X}$ 中提取了多少信息。

贡献率为第 i 个主成分对应的特征值在协方差矩阵的全部特征值之和中所占的比重，这个比值越大，说明第 i 个主成分综合原指标信息的能力越强。第 i 个主成分对应的特征值为 λ_i 的计算公式为

$$\alpha_i=\lambda_i\bigg/\sum_{i=1}^{p}\lambda_i \tag{5.21}$$

累计贡献率为前 k（$k<p$，p 为综合指标的数量）个主成分的特征值之和在全部特征值总和中所占的比重，这个比值越大，说明前 k 个主成分越能全面代表原始数据具有的信息，计算公式为

$$M_k=\sum_{i=1}^{k}\lambda_i\bigg/\sum_{i=1}^{p}\lambda_i \tag{5.22}$$

在实际应用中，一般选取前 $d\left(d<p\right)$ 个主成分，使其累积方差贡献率满足一定的要求（通常 80%以上），用选取的前 d 个主成分代替原来的 p 个变量进行分析，可以实现数据降维的目的，也可看作是一种特征提取。

主成分分析的步骤如下：

（1）计算样本数据集中样本的均值向量 $\boldsymbol{u}$；

（2）对每个样本去均值，即将样本数据中心化，即 $\tilde{\boldsymbol{X}}=\boldsymbol{X}-\boldsymbol{u}$；

（3）构造数据矩阵 $\tilde{\boldsymbol{X}}$ 的协方差矩阵 $\boldsymbol{V}$，即 $\boldsymbol{V}=\frac{1}{n}\tilde{\boldsymbol{X}}\tilde{\boldsymbol{X}}^{\mathrm{T}}$；

（4）对矩阵 $\boldsymbol{V}$ 进行特征分解，求取特征值 λ_i 和对应的特征向量 $\boldsymbol{w}_i$，按降序排列特征值 λ_i；

（5）按贡献率的大小，取前 d 个特征值 $\boldsymbol{\Lambda}=\mathrm{diag}\left[\lambda_1,\lambda_2,\cdots,\lambda_n\right]$ 和相应的特征向量 $\boldsymbol{W}_d=\mathrm{diag}\left[w_1,w_2,\cdots,w_d\right]$ 作为子空间的基，则所要提取的 d 个主成分为 $\boldsymbol{F}=\boldsymbol{W}_d^{\mathrm{T}}\tilde{\boldsymbol{X}}$；

（6）由所提取的主成分重建原数据 $\boldsymbol{X}=\boldsymbol{WF}+\boldsymbol{u}$。

5.2.4 人工神经网络评价法

人工神经网络算法从信息处理角度对人脑神经元网络进行抽象，按不同的连接方式组成不同的网络模型。神经网络是一种运算模型，由大量相互联接的节点（或称神经元）构成。每个节点代表一种特定的输出函数，称为激励函数。每两个节点间的连接都代表一个对于通过该联接信号的加权值，称之为权重，这相当于人工神经网络的记忆。网络的输出则因网络的连接方式、权重值和激励函数的不同而不同。

BP（back propagation）算法是一种能够很好地实现多层神经网络设想的算法。对多层网络进行训练时，首先要提供一组训练样本，其中的每个样本由输入样本和理想输出对组成。样本的实验输出作为期望输出，计算得到的网络输出为模型输出。当网络的所有实际输出与理想输出一致时，训练结束。

在 BP 算法中，节点的作用激励函数通常为 S 型函数。对于 BP 模型的输入层神经元，其输入与输出相同。中间隐含层和输出层的神经元的操作规则如下：

$$Y_{kj} = f\left(\sum_{i=1}^{n} W_{(k-1)i,kj} Y_{(k-1)i}\right) \tag{5.23}$$

其中，$Y_{(k-1)i}$ 是 $k-1$ 层第 i 个神经元的输出，也是第 k 层神经元的输入；$W_{(k-1)i,kj}$ 是 $k-1$ 层第 i 个神经元与 k 层第 j 个神经元的连接权值；Y_{kj} 是 k 层第 j 个神经元的输出，也是第 $k+1$ 层神经元的输出；n 是第 $k-1$ 层的神经元数目；f 是 Sigmoid 函数：

$$F(u) = 1/(1+\mathrm{e}^{-u}) \tag{5.24}$$

其中 $u \in \mathrm{R}$，R 为实数集。

可见，BP 网络的基本处理单元为非线性的输入-输出关系；处理单元的输入、输出值可连续变化。

对第 $p(p=1,2,\cdots,M)$ 个学习样本，节点 j 的输入总和记为 net_{pj}，输出记为 O_{pj}，则

$$net_{pj} = \sum_{i=1}^{N} W_{ji} O_{pj}$$
$$O_{pj} = f(net_{pj}) \tag{5.25}$$

对于任意初始值，对每个输入样本 p，网络输出与期望输出 (d_{pj}) 间的误差为

$$E = \left[\sum_{j}(d_{pj} - O_{pj})\right] \Big/ 2 \tag{5.26}$$

其中，d_{pj} 表示对第 p 个输入样本输出单元 j 的期望输出。

在 BP 网络学习过程中，输出层单元与隐含层单元的误差的计算是不同的。BP 网络的权值修正公式为

$$W_{ji} = W_{ji}(t) + \eta \delta_{pj} O_{pj} \tag{5.27}$$

$$\delta_{pj}=\begin{cases} f'(net_{pj})(d_{pj}-O_{pj}), & (\text{对于输出层节点}) \\ f'(net_{pj})\sum_k \delta_{pk}W_{kj}, & (\text{对于隐含层节点}) \end{cases} \tag{5.28}$$

式中，η 称为学习因子。

通常权值修正公式还需引入惯性系数 a，则有

$$W_{ji}(t+1)=W_{ji}(t)+\eta\delta_{pj}O_{pj}+a\left[W_{ji}(t)-W_{ji}(t-1)\right] \tag{5.29}$$

其中，a 为一常数项，称为势态因子，它决定上一次的权值对本次权值更新的影响程度。

整个神经网络权值更新一次，则经过一个学习周期。为使实际输出达到输出期望模式的要求，往往需要经过多个学习周期的迭代。对于给定的一组训练模式，不断用一个个训练模式训练网络，当网络的所有实际输出与理想输出一致时，训练结束。

一般地，BP 网络的学习步骤如下（杜栋，2005）。

（1）初始化网络及学习参数，如设置网络初始权矩阵、学习因子 η 、势态因子 a 等；

（2）提供训练模式，训练神经网络，直到满足要求；

（3）前向传播过程：对给定训练模式输入，计算网络的输出模式，并与期望模式比较，若有误差，则执行步骤（4），否则，返回步骤（2）；

（4）反向传播过程：计算同一层单元的误差，修正权值和阈值（即 $i=0$ 时的连接权值），返回步骤（2）。

5.2.5　灰度关联度评价法

灰色关联分析是一种用灰色关联度顺序来描述因素间关系的强弱、大小、次序，分析和确定系统因素间的影响程度或因素对系统主行为的贡献测度的一种方法。

基本思想如下：以因素的数据序列为依据，用数学方法研究因素间的几何对应关系，即序列曲线的几何形状越接近，则它们之间的灰关联度越大，反之越小。在数理上将它转化为量化比较，将几何曲线之间的比较转化为数据列与数据列之间的比较（刘思峰等，2004）。

运用灰色关联分析方法进行综合评价的具体过程如图 5.17 所示。

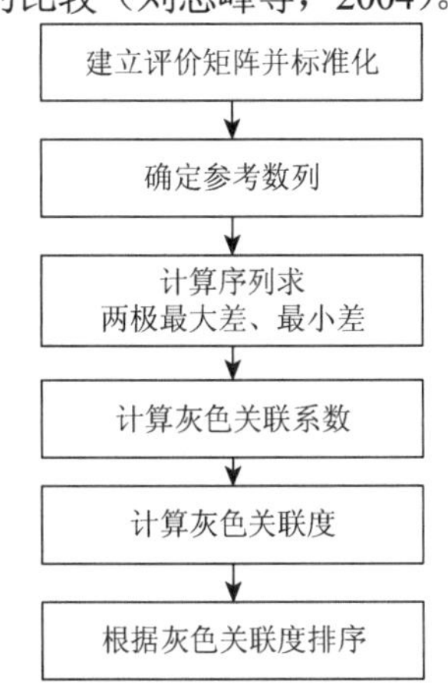

图 5.17　灰色关联综合评价流程图

1）建立评价矩阵并标准化

根据评价目的确定评价指标体系，收集评价数据。设 n 个数据序列形成如下矩阵：

$$(\boldsymbol{X}_1',\boldsymbol{X}_2',\cdots,\boldsymbol{X}_n')=\begin{pmatrix} x_1'(1) & x_2'(1) & \cdots & x_n'(1) \\ x_1'(2) & x_2'(2) & \cdots & x_n'(2) \\ \vdots & \vdots & \ddots & \vdots \\ x_1'(m) & x_2'(m) & \cdots & x_n'(m) \end{pmatrix} \tag{5.30}$$

其中，m 为指标的个数；$\boldsymbol{X}_i'=(x_i'(1),x_i'(2),\cdots,x_i'(m))^{\mathrm{T}}$，$i=1,2,\cdots n$ 。

通过一致化、无量纲化对指标数据进行标准化（详见 5.3.3），则有

$$\left(\boldsymbol{X}_1,\boldsymbol{X}_2,\cdots,\boldsymbol{X}_n\right)=\begin{pmatrix} x_1(1) & x_2(1) & \cdots & x_n(1) \\ x_1(2) & x_2(2) & \cdots & x_n(2) \\ \vdots & \vdots & \ddots & \vdots \\ x_1(m) & x_2(m) & \cdots & x_n(m) \end{pmatrix} \tag{5.31}$$

2）确定参考数列

参考数列是一个理想的比较标准，以各指标的最值构成参考数据列，或根据评价目的选择参照值。将参考数列记作：

$$\boldsymbol{X}_0=\left(x_0(1),x_0(2),\cdots,x_0(m)\right)^{\mathrm{T}} \tag{5.32}$$

3）计算序列，求两极最大、最小差

逐个计算每个被评价对象指标序列与参考序列对应元素的绝对差值 λ_{ki}。即：

$$\lambda_{ki}=\left|x_0(k)-x_i(k)\right|(k=1,2,\cdots,m;i=1,2,\cdots,n) \tag{5.33}$$

其中，n 为被评价对象的个数。

求出差序列之后，求最大、最小差，计算公式如下：

$$\begin{cases} \lambda_{\min}=\min\limits_{i=1}^{n}\min\limits_{k=1}^{m}\left|x_0(k)-x_i(k)\right| \\ \lambda_{\max}=\max\limits_{i=1}^{n}\max\limits_{k=1}^{m}\left|x_0(k)-x_i(k)\right| \end{cases} \tag{5.34}$$

4）计算灰色关联系数

分别计算每个指标序列与参考序列对应元素的关联系数。

$$\varsigma(k)=\frac{\lambda_{\min}+\rho\lambda_{\max}}{\lambda_{ki}+\rho\lambda_{\max}} \tag{5.35}$$

其中，$k=1,2,\cdots,m$；ρ 为分辨系数，取值 $(0,1)$ 之间。ρ 越小，关联系数间的差异越大，区分能力越强；通常 ρ 取 0.5。如果 $\left\{x_0(k)\right\}$ 为最优值数据列，则 $\left\{x_i(k)\right\}$ 越大越好；反之越小越好。

5）计算灰色关联度

计算各指标与参考数列对应元素的关联系数的均值，以反映各评价对象与参考数列的关联关系，并称其为灰色关联度，则有

$$r_{0i}=\frac{1}{m}\sum_{k=1}^{m}\varsigma_i(k) \tag{5.36}$$

若各指标在综合评价中所起的作用不同，则权重大小不同，可对关联系数求加权平均值，即

$$r'_{0i}=\frac{1}{m}\sum_{k=1}^{m}W_k\varsigma_i(k) \tag{5.37}$$

6）依据灰色关联度排序

灰色关联度的大小是衡量序列之间紧密程度的一种尺度，对依据各观察对象计算得出的灰色关联度进行排序，得出最后的综合评价结果。

5.2.6　模糊综合评价法

模糊综合评价又称为模糊多目标决策，是工程模糊系统的基本方法之一。模糊综合评价主要有三个环节，即权重的确定、模糊关系矩阵的确定、算子的选择。模糊综合评判是在模糊环境下，考虑多个因素的影响，为了某个目的，利用模糊变换对一事物做出综合决策的方法（许雪燕，2011）。

模糊综合评价分为一级评价和多级评价（张铁男等，2002）。在此仅介绍一级模糊多目标决策的数学模型。设$U=\{x_1,x_2,\cdots,x_n\}$，$V=\{y_1,y_2,\cdots,y_m\}$为两个有限论域：其中U为因素集，代表多目标决策的多种因素组成的集合；V为评语集或评判集，表示多种决策目标构成的集合。

一般地，因素集中的各因素对被评判事物的影响是不相同的，所以各因素就有各自的重要性分配，被称为权重分配，它是U上的一个模糊向量，记为

$$\boldsymbol{A}=\{a_1,a_2,\cdots,a_n\}\in F(U) \tag{5.38}$$

其中，a_i表示U中第i因素的权重，且满足$\sum_{i=1}^{n}a_i=1$。

另外，在模糊环境下，m个评语也并不是绝对的肯定或否定。所以，综合决策的结果可看成是V上的模糊集，记为

$$\boldsymbol{B}=\{b_1,b_2,\cdots,b_m\}\in F(V) \tag{5.39}$$

其中，b_j表示V中第j个因素的权重，且满足$\sum_{j=1}^{m}b_j=1$。

如果$\boldsymbol{R}=(r_{ij})_{n\times m}$为从$U$到$V$的模糊关系矩阵，那么利用$\boldsymbol{R}$就可以得到一个模糊变换$T_{\boldsymbol{R}}$。故模糊多目标决策的数学模型结构为

（1）因素集$U=\{x_1,x_2,\cdots,x_n\}$；

（2）评语集$V=\{y_1,y_2,\cdots,y_m\}$；

（3）构造模糊变换

$$F(U)\to F(V) \tag{5.40}$$

$$\boldsymbol{A}\to \boldsymbol{A}\cdot\boldsymbol{R} \tag{5.41}$$

其中，$\boldsymbol{R}$是从U到V的模糊关系矩阵，$\boldsymbol{R}=(r_{ij})_{n\times m}$。

这样，$(U,V,\boldsymbol{R})$三元体就构成了一个模糊多目标决策的数学模型。此时，如果输入一个权重分配$\boldsymbol{A}=\{a_1,a_2,\cdots,a_n\}\in F(U)$，通过模糊变换$T_{\boldsymbol{R}}$，就可得到一个综合决策$\boldsymbol{B}=\{b_1,b_2,\cdots,b_m\}\in F(V)$，也就是

$$(b_1,b_2,\cdots,b_m)=(a_1,a_2,\cdots,a_n)\cdot\begin{bmatrix} r_{11} & r_{12} & \cdots & r_{1m} \\ r_{21} & r_{22} & \cdots & r_{2m} \\ \vdots & \vdots & \ddots & \vdots \\ r_{n1} & r_{n2} & \cdots & r_{nm} \end{bmatrix} \tag{5.42}$$

利用 Zadeh 算子（苏为华，2000）有

$$b_j = \bigvee_{i=1}^{n} \left(a_i \wedge r_{ij} \right), j = 1, 2, \cdots, m \tag{5.43}$$

若 $b_k = \max\{b_1, b_2, \cdots, b_m\}$ 按最大隶属原则，对该事物作出的综合决策为 b_k 。以模糊变换 T_R 作为转换器构成的模糊多目标决策系统如图 5.18 所示。

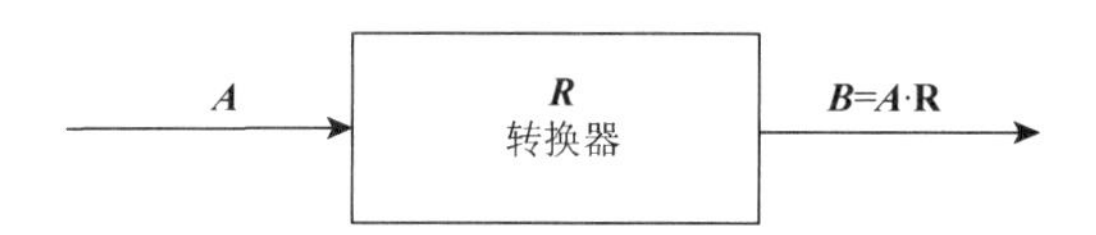

图 5.18 模糊多目标决策系统转换器构成示意图

仅使用一次模糊变换就得到决策结果，被称为一级模糊多目标决策，一般在因素集中元素个数较少的情况下使用。对于复杂系统需要考虑很多的因素，会出现多方面的问题，需要多级模糊目标决策。

5.2.7 小结

模糊综合评价与灰度关联评价方法以数理理论为基础，需要在一定的假设条件下进行。人工神经网络评价法以计算机系统仿真和模拟技术为主，研究如何使系统的运行和行为目标保持一致，需要大量的学习样本数据。层次分析法和主成分分析均采用概率统计的思想，以统计分析为主，其特点是把统计样本数据看作随机数据处理，对指标数据进行转化，所得均值、方差、协方差反映指标潜在的规律，通过统计方法对指标体系进行分析，得出在样本数据下对评价对象的综合认识。层次分析法相对于主成分分析法具有简洁实用、所需定量数据较少等特点，适用于对无结构特性的系统评价以及多目标、多准则、多时期等的系统评价。

5.3 评价指标体系建立方法

指标体系是实现综合评价的基础，合理的指标体系是保证综合评价质量的关键问题之一（任博芳，2010）。本节介绍综合评价指标建立的基本原则、基本方法。

5.3.1 基本原则

城市地下管线监测与城市发展适应性是一个受多种因素综合影响的结果，其评估指标体系的构建应遵循一致性、科学性、全面性、有效性、独立性以及可测性原则（赵丽萍等，2002）。

1. 一致性原则

综合评价首先要确定评价对象及评价目标，评价目标主要由评价指标体系来体现。因

此在建立指标体系时必须保证和评价目标的一致性。

2. 科学性原则

指标体系的建立应遵循事物的发展规律，便于应用现代科学技术，保证指标体系自身的内容、结构等科学合理。

3. 完整性原则

对于一个综合评价问题，指标体系应能反映所有的重点方面，对重要目标信息没有遗漏，以保证综合评价的完整性。

4. 有效性原则

有效性原则也称非冗余性原则。在遵循全面性原则的同时，指标体系的设立也不应盲目求全、求精，而应力求指标简单有效。对评价目标无重要影响，或对各被评对象间无差别的指标，应通过筛选进行删除。

5. 独立性原则

同层次的指标应相互独立，保证对同一指标不会重复计算，同时各指标的相互独立也是各种加权法的前提。但不同层次的指标间可以是从属关系，而不要求独立性。

6. 可测性原则

各指标必须易于理解，无二义性，其所包含的内容必须可直接或间接测定。

5.3.2　指标构建及筛选

在实际的综合评价中，并非评价指标越多越好，但也不是越少越好，关键在于评价指标在评价中所起作用的大小。一般用尽量少的“主要”评价指标进行实际评价。但在初步建立的评价指标集中也可能存在一些“次要”的评价指标，这就需要按某种原则进行筛选，分清主次，合理组成评价指标集。

5.3.2.1　指标体系建立方法

指标体系的建立是一个逐步优化的过程。经过分析、咨询初步确立的指标体系具有一定的结构和各层次指标，但不一定满足所有原则的要求，这就要对指标体系进行优化，优化的主要内容和方法如下（王春枝，2007）。

1. 完整性、可测性和非重复性检验

检查指标体系是否包含了目标的各个方面，是否每个指标都可以直接或间接测定，是否有表达重复内容的指标同时存在。这些问题一般都易于发现和解决。

2. 独立性检验

检验同一层次指标间是否满足独立性要求，若同层指标间具有相关性或表达内容部分重复，则需消除这种相关和重复。一般的解决方法是删除非重要指标以消除相关性或重复性；或者分解指标，重新设置。对于部分重复的指标，可将其分解为更细的指标，将重复部分内容分离出来，再用分解后的指标替换分解前的指标。

3. 有效性检验

除通过直接观察可将内容重复或对目标无重要影响的指标删除外，还有一类对各方案的取值无明显差异的指标，即这类指标对评价结果无影响，则这类指标也是冗余的，可以通过筛选删除。

5.3.2.2 指标体系筛选方法

对于具体的评价问题，如何选择评价指标是一个重点，应该慎重考虑。在实际应用中，通常用以下几种方法进行评价指标的筛选。

1. 专家调研法

一种向专家发函、征求意见的调研方法。评价者可根据评价目标及评价对象的特征，在所设计的调查表中列出一系列的评价指标，分别征询专家对所设计的评价指标的意见，然后进行统计处理，并反馈咨询结果，确定评价指标体系。

2. 最小均方差法

对于n个取定的被评价对象（或系统）s_1、…、s_n，每个被评价对象都可用m个指标的观测值x_{ij}（其中$i=1,2,\cdots,n$; $j=1,2,\cdots,m$）来表示。如果n个被评价对象关于某项评价指标的取值都差不多，那么尽管这个评价指标是非常重要的，但对于这n个被评价对象的评价结果来说，它并不起什么作用。因此，为了减少计算量就可以删除这个评价指标。最小均方差的筛选方法如下。

令s_j为评价指标x_j按n个被评价对象取值构成的样本方差，即有

$$s_j=\left(\frac{1}{n}\sum_{i=t}^{n}\left(x_{ij}-\overline{x}_j\right)^2\right)^{\frac{1}{2}},j=1,2,\cdots,m \tag{5.44}$$

其中$\overline{x}_j$为评价指标x_j按n个被评价对象取值构成的样本均值。

$$\overline{x}_j=\frac{1}{n}\sum_{i=1}^{n}x_{ij},j=1,2,\cdots,m \tag{5.45}$$

若存在$k_0(1\leqslant k_0\leqslant m)$，使得

$$s_{k_0}=\min_{1\leqslant j\leqslant m}\{s_j\} \tag{5.46}$$

且 $s_{k_0} \approx 0$，则可删除与 s_{k_0} 相应的评价指标。

3. 极小极大离差法

先计算出评价指标 x_j 的最大离差值 r_j：

$$r_j = \max_{1 \leqslant i,k \leqslant n} \left\{ \left| x_{ij} - x_{kj} \right| \right\} \tag{5.47}$$

再计算出 r_j 的最小值 r_0：

$$r_0 = \min_{1 \leqslant j \leqslant m} \left\{ r_j \right\} \tag{5.48}$$

当 r_0 趋近于零时，则删除与 r_0 相应的评价指标。

5.3.3　指标标准化处理

指标的标准化处理包括一致化处理和无量纲化处理。

1. 一致化处理

所谓一致化处理就是将不同类型的指标转化为同一类型的指标。按指标类型分为极大型、极小型、居中型和区间型指标。指标取值越大，承载力越好，称为极大型指标；取值越小，承载力越好，称为极小型指标；指标取值越接近于某个居中固定值，承载力越好，称为居中型指标；指标取值越接近某个区间，承载力越好，称为区间型指标。

在对各备选方案进行综合评价之前，必须将评价指标的类型作一致化处理。否则在评价过程中将无法用统一的评价标准来判断各备选方案的优劣。

因此，将指标类型作如下一致化处理。

（1）对于极小型指标 x，令

$$x^* = M - x \text{或} x^* = \frac{1}{x} \tag{5.49}$$

其中，M 为指标 x 的最大允许上界值。

（2）对于居中型指标 x，令

$$x^* = \begin{cases} 2(x-m), & m \leqslant x \leqslant \dfrac{M+m}{2} \\ 2(M-x), & \dfrac{M+m}{2} \leqslant x \leqslant M \end{cases} \tag{5.50}$$

其中，m 为指标 x 的一个允许下界值，M 为指标 x 的一个允许上界值。

（3）对于区间型指标 x，令

$$x^* = \begin{cases} 1.0 - \dfrac{q_1 - x}{\max\{q_1 - m, M - q_1\}}, & x < q_1 \\ 1.0, & x \in [q_1, q_2] \\ 1.0 - \dfrac{q_2 - x}{\max\{q_2 - m, M - q_2\}}, & x > q_2 \end{cases} \tag{5.51}$$

其中，$[q_1,q_2]$为指标 x 的最佳稳定区间，m 为指标 x 的一个允许下界值，M 为指标 x 的一个允许上界值。

2. 无量纲化处理

指标的无量纲化是通过数学变换来消除原始指标量纲影响的方法。在指标 x_1、x_2、…、x_n 之间，由于各自量纲及数量级（即计量指标 x_j 的数量级）的不同而存在不可共度性，给综合评价带来了困难。一方面，具有不同量纲的属性值无法进行各种集结的运算；另一方面，即使量纲相同，如果各指标的取值区间差异很大，也会使某个指标所起作用过大或过小，造成综合评价结果不合理。因此，为了尽可能地反映实际情况，排除由于各项指标的量纲不同以及其数量级间的悬殊差别所带来的影响，避免不合理现象的发生，需要对评价指标作无量纲化处理。

对于极大型指标 $x_j(j=1,2,\cdots,m)$，其观测值为 $\left\{x_{ij} \mid i=1,2,\cdots,n; j=1,2,\cdots,m\right\}$。常用的无量纲化方法有：

（1）标准化处理法

$$x_{ij}^* = \frac{x_{ij} - \overline{x_j}}{s_j} \tag{5.52}$$

其中：$\overline{x_j}$ 为第 j 项指标观测值的样本平均值；$s_j(j=1,2,\cdots,m)$ 为第 j 项指标观测值的样本均方差；x_{ij}^* 称为标准观测值。

（2）极值处理法

$$x_{ij}^* = \frac{x_{ij} - \min\limits_i\{x_{ij}\}}{\max\limits_i\{x_{ij}\} - \min\limits_i\{x_{ij}\}} \tag{5.53}$$

极值处理法的特点在于 $x_{ij}^* \in [0,1]$；不适合指标值为常数的情况。

（3）均值处理法

$$x_{ij}^* = \frac{x_{ij}}{\frac{1}{m}\sum\limits_{j=1}^{m} x_{ij}} \tag{5.54}$$

此外，还有线性比例法、归一处理法、向量规范法、功效系数法或内插法等使各指标数据取值范围（或数量级）相同。

对被评价对象的综合评价或排序结果将取决于所选用的评价模型、评价指标的权重系数、指标类型的一致化方法和指标无量纲化的方法。因此，无量纲化方法的选择直接影响着评价结果的准确性，选择无量纲化方法的原则为：在评价模型、评价指标的权重系数、指标类型的一致化方法都已确定的情况下，应选择能尽量体现被评价对象之间差异的无量纲化方法。

5.3.4　加权系数的确定

综合评价时，各个指标对评价对象的作用并不是同等重要的。为了体现各个指标在评价指标体系中的作用以及重要程度，在指标体系确定后，必须对各指标赋予不同的权重系数。权重是以某种数量形式对比、权衡被评价事物中诸多因素相对重要程度的量值。同一组指标数值，不同的权重系数，会导致截然不同的甚至相反的评价结论。一般而言，指标间的权重差异主要是以下三个方面的原因造成的。

（1）评价者对各指标的重视程度不同，反映评价者的主观差异。

（2）各指标在评价中所起的作用不同，反映各指标间的客观差异。

（3）各指标的可靠程度不同，反映了各指标所提供的信息的可靠性不同。

指标权重的确定主要有主观赋权法、客观赋权法和组合赋权法三种方法。

主观赋权法是由评价人员根据主观上对各指标的重视程度来决定权系数的一类方法，常见的有专家调查法、循环打分法、二项系数法和层次分析法（AHP）等。

客观赋权法是指利用指标值所反映的客观信息确定权系数的一种方法，其原始数据由各指标在被评价对象中的实际数据形成，常见的有熵权法、均方差法、主成分分析法、离差最大化法、代表计数法等。

组合赋权法是利用比较完善的数学理论与方法将主观和客观赋权法综合起来的方法。

第6章　地下管线与城市发展适应性评价模型

综合运用测绘学、地理学、城市规划、地质学、计算机科学等多门学科的理论和方法，结合国内外相关文献研究成果，利用GIS空间分析方法和综合评价方法，本章构建了地下管线空间布局安全性、地下管线承载力和地下空间资源利用状况评价的指标体系，形成地下管线与城市发展适应性评价模型。图6.1为地下管线与城市发展适应性评价总体框架。

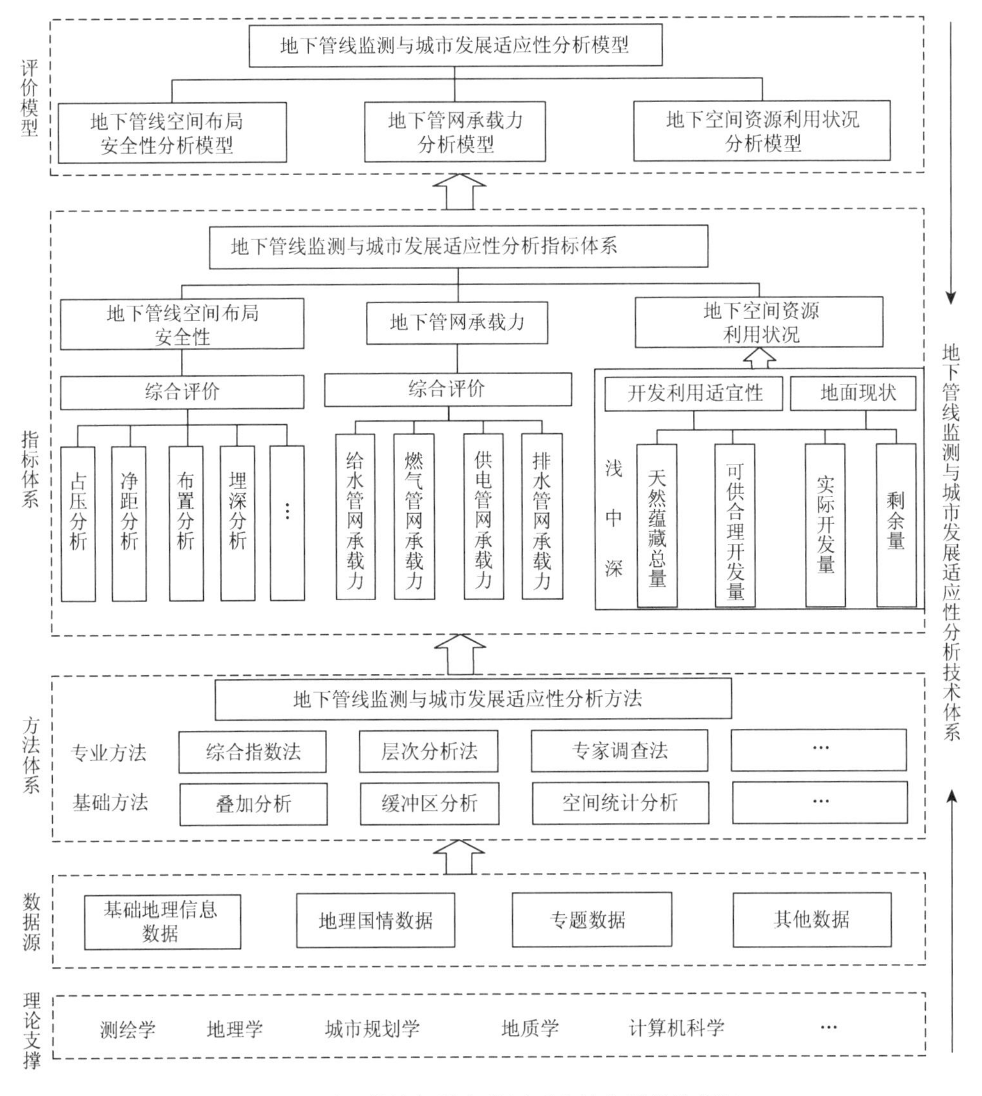

图6.1　地下管线与城市发展适应性分析总体框架

6.1　地下管线空间布局安全性评价

运用 GIS 空间分析方法对地下管线空间布局安全性指标进行分析，得到地下管线总体的隐患的类型、位置、数量以及分布等信息，统计分析区域内管线分布异常情况，生成分析数据报表和空间布局安全性分析专题图。最后，建立综合评价模型，形成评价地下空间布局安全性分析结果。地下管线空间布局安全性分析流程如图 6.2 所示。

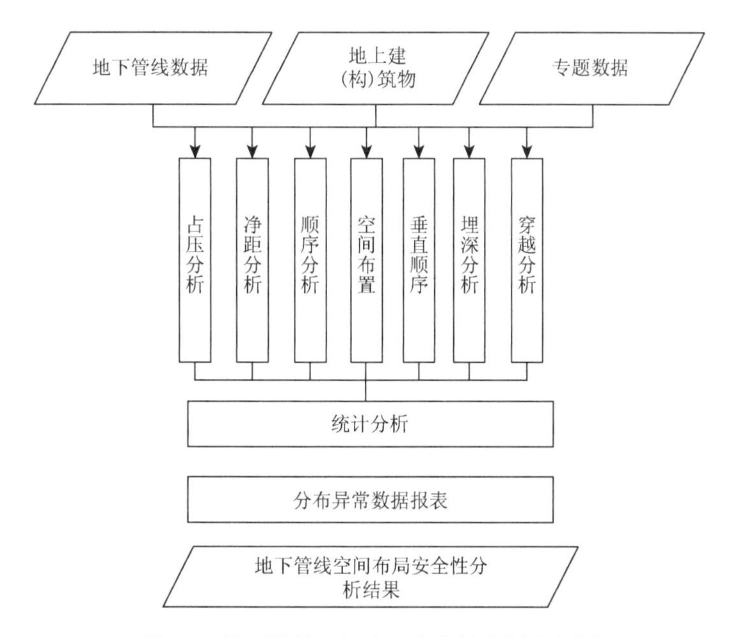

图 6.2　地下管线空间布局安全性分析流程图

6.1.1　占压分析

地下管线占压是指管线保护范围内不应存在的建（构）筑物、设施、物料等实体对管线安全构成威胁的侵占（张晓松等，2010）。根据占压形式的不同，管道占压隐患分为压线占压和近线占压两类。压线占压是指建（构）筑物直接占压在管道上方，占压物边界线的垂直投影在管道上方。近线占压是指建（构）筑物边界的投影在管道一侧，但管道与占压物的净距小于相关规范要求。

占压分析利用地下管线数据、地上建（构）筑物数据、专题数据，通过 GIS 缓冲区分析、叠加分析、空间统计分析等，实现占压管线点的提取、统计分析。

占压分析的算法步骤如下。

（1）数据提取：提取特定地下管线和地表建（构）筑物的分类分级编码、权属、几何数据。

（2）缓冲区计算：根据地下管线管径大小和相关规范确定缓冲区半径，计算管线的缓冲区（多边形）。

（3）叠加分析：把缓冲区（多边形）分别与地上建（构）筑物的多边形进行叠加分析。

（4）按照管线类型、占压情况统计占压级别和数量。

将占压隐患分为 A、B 两个等级，如表 6.1 所示。建（构）筑物直接占压在管线上方，占压隐患等级为 A 级；建（构）筑物没有直接占压在管线上方，但其与管线净距不符合《城市工程管线综合规划规范》（GB50289-1998）要求，占压隐患等级为 B 级。

表 6.1　表占压隐患等级

占压类型	压线占压	近线占压
占压隐患等级	A 级	B 级

6.1.2　净距分析

管线净距是指管线与管线间的距离，包括水平净距和垂直净距。管线间的合理净距有利于保障地上地下空间安全，维持管线的正常运行。以城市燃气管线为例，以燃气管线（线）为中心，《城市燃气设计规范》（GB50028-2006）的净空要求为半径，计算水平和垂直缓冲区范围，与其他管线进行叠加分析。如果缓冲区内与其他管线有重叠，则认为不符合净距要求。

净距分析的算法步骤如下

（1）数据提取：包括各类地下管线与节点的分类分级编码、权属、几何数据。

（2）缓冲区计算：根据地下管线与节点的分类分级编码，确定缓冲区半径，分别计算各类管线的缓冲区（多边形）。

（3）叠加分析：把各类管线的缓冲区（多边形）分别与其他地下管线进行叠加分析。

（4）按照管线分类统计不满足净距要求的点、位置、对象，将分析结果存储数据库中。

某类管线与其他管线的水平净距和垂直净距，若二者均不满足净距要求，只作一次计算，不重复统计。

如《城市燃气设计规范》对管线间净距有明确规定，管段间间距大于最小净距，则管段符合规范要求；管段间间距小于最小净距，则该管段具有安全隐患。根据管段间间距，将净距隐患做等级划分，设 K 为隐患等级划分参数，则有

$$K = \frac{D_{\min} - D_i}{D_{\min}} \tag{6.1}$$

其中，$D_{\min}$ 为规范要求的管段间最小净距，m；D_i 为某段管段间的间距，m。

当 K 为零或负数时，净距满足要求；K 为正数，则表明该段管线属于隐患管线，K 越大，则隐患越大。隐患等级划分为 A、B、C 三个等级，其隐患程度依次降低，如表 6.2。

表 6.2　净距隐患等级

K	$1 \geqslant K > 0.7$	$0.7 \geqslant K > 0.3$	$0.3 \geqslant K > 0$
净距隐患等级	A	B	C

6.1.3　顺序分析

根据《城市工程管线综合规划规范》要求，铺设地下管线时都有相对固定的顺序。管线顺序包括水平顺序和管线交叉时的垂直顺序。地下管线相对于道路中心线平行布置的顺序应根据工程管线的性质、埋设深度等确定。参照规范对地下管线铺设顺序进行排查，管线排列符合规范要求则为铺设顺序合理，不符合规范要求则属于铺设顺序不合理。

1. 水平顺序分析

分别铺设的各种地下工程管线，由道路红线向道路中心线方向平行布置，宜按下列顺序排列。道路一侧为电信、给水、雨水；另一侧为电力、燃气、污水。

水平顺序分析的算法步骤如下。

（1）数据提取：提取道路中心线、红线，以及电力、电信、燃气、给水、雨水、污水等管线数据。

（2）道路方向判断：计算道路中心线端点连线与 X 轴的夹角 a（−90°～90°）。

（3）数据旋转：以道路中心线端点连线中点为中心，以该连线与 X 轴的夹角 a 为旋转角，向顺时针旋转道路中心线、红线，及电力、电信、燃气、给水、雨水、污水等管线几何数据。

（4）交点计算：计算中心点所在位置道路中心线、红线，及电力、电信、燃气、给水、雨水、污水等管线的 Y 坐标值。

（5）交点排序：将道路中心线、红线，及电力、电信、燃气、给水、雨水、污水等管线的 Y 坐标值，按照从小到大的顺序排列。

（6）顺序判断：由道路红线向道路中心线方向平行布置，道路一侧的排列顺序为电信、给水、雨水管线；另一侧的排列顺序为电力、燃气、污水管线。

当缺少某一类或多类管道时，可忽略所缺管线，直接进行比较；若某一类或多类管道存在多条管线时，则同类管线应相邻。

（7）记录水平顺序不合理的位置、对象，并存储于数据库中。

2. 垂直顺序分析

各种工程管线平面交叉时，自地面向下排列的顺序宜为：电力、电信、燃气、给水、雨水、污水等管线。

垂直顺序分析的算法步骤如下。

（1）数据提取：提取电力、电信、燃气、给水、雨水、污水等管线数据。

（2）交点计算：计算电力、电信、燃气、给水、雨水、污水等管线之间水平位置的交点，并记录交点属性（平面位置、相关管线类型、ID、埋深）。

（3）窗口区分析：从第一个交点开始，检索窗口内的交点，窗口内的交点作为已被检索交点标记，不再参与窗口分析；依次检索所有交点。

（4）埋深提取：对于每一个窗口中的交点，搜索所属相关管线，插值计算各自管线上的埋深，作为该管线在该窗口处的埋深。

（5）埋深排序：将同一窗口内的电力管线、电信管线、燃气管线、给水管线、雨水管线、污水管线的埋深按照从小到大的顺序排列。

（6）顺序判断：对于每一个窗口内的所有管线的埋深，检测是否按照电力管线、电信管线、燃气管线、给水管线、雨水管线、污水管线的顺序排列（自地面向下）。当缺少某一类或多类管道时，可直接将上述对应管道删除，保持顺序不变，直接进行比较；如果某一类或多类管道存在多条管线时，则同类管线应相邻。

（7）记录垂直顺序不合理的位置、对象，存储于数据库中。

6.1.4　空间布置分析

根据布置要求的不同，管线空间布置可以分为两类。I 类为管线相对于地面设施的位置布置要求，II 类为同类管线空间布置的要求。I 类空间布置的具体要求如下。

（1）给水管线中管径小于等于 400mm 的配水管一般铺设在人行道下，600mm 及以上的输水管一般铺设在非机动车道、机动车道下。

（2）通信管道宜设在人行道、非机动车道及绿化带下；输油、高压（4.0MPa 以上，含 4.0MPa）输气管线原则上布置于专用通道内。

（3）次高压（1.6MPa 以下，含 1.6MPa）输气管线确需铺设在道路红线范围内时，应采取相应安全防护措施，满足安全防护技术要求。

（4）中压燃气管道宜铺设在人行道下，尽量避免在机动车道下铺设燃气管道。

（5）燃气管道不宜在地下高压电力走廊范围内长距离铺设，不宜与其他管道或电缆同沟铺设。

II 类空间布置的具体要求为如下。

（1）道路下同时铺设一条输水管和一条配水管时，输水管和配水管宜分开双侧布置。

（2）道路红线宽度为 30m 及以上的城市干道一般应布置一条输水管和两条配水管，两条配水管应于道路双侧布置。

（3）道路红线宽度超过 40 米的城镇干道，宜在道路两侧布置排水管道。

对空间布置隐患进行分析，区分各类管线的空间位置，查看各类管线位置是否符合规范要求，符合规范则为安全管线，不符合则属于隐患管线。不同种类的空间布置分析，算法步骤亦有不同，具体算法步骤如下。

I 类空间布置分析算法步骤如下。

（1）数据提取：包括地下管线与节点的分类分级编码、权属、几何数据、相关属性数据，道路红线、中心线、机动车和非机动车、人行道线、绿化带分类分级编码、几何数据，高压电力线走廊分类分级编码、中线几何数据。

（2）多边形生成：将道路控制红线两端连接封闭形成道路红线范围多边形；根据高压电力线的电压级别确定缓冲区半径，以几何数据为中心线计算缓冲区。该缓冲区即为高压电力走廊多边形；在城市快速路、城市干道已形成多绿化带、多幅路面的情况，需要分别划分多条机动车、非机动车、人行道、绿化带的多边形。这些区域如果在数据库中已经有多边形，则直接使用相应多边形；否则需要生成多边形。多边形生成方法是：分别提取机动车道、非机动车道、人行道、绿化带边线，然后在所在端点处，以垂直于道路中心线的直线为准，分别计算机动车道、非机动车道、人行道、绿化带边线的各条线与该直线的交点，并按照 x 或 y 坐标的大小顺序对各交点进行排序，按照从左到右依次排序，交点序号分别为 1、2、3、4、5、…，其中相邻序号端点连接形成封闭区域，生成多边形。

（3）叠加分析：各地下管线要素分别与道路红线范围多边形、机动车、非机动车、人行道、绿化带、高压电力走廊等各多边形分别进行叠加分析。

（4）按照管线分类：统计超过可铺设范围要求的点、位置、对象（任意两类管线的一个不达标位置仅计算一次，不重复计算），存储于数据库中。

Ⅱ类空间布置分析算法步骤如下。

（1）数据提取：包括道路中心线、道路红线、输配水管线。

（2）管线排序：以垂直于道路中心线的直线为准，分别计算道路中心线和输、配水管道与该直线的交点，并按照 x 或 y 坐标的大小顺序对各交点进行排序。

（3）规则判断：在交点序列中，位于道路中心线交点前和交点后的管线分别位于道路两侧，如果道路红线宽度小于等于 30m，且有输、配水管各一条，则一侧为输水管，另一侧为配水管时，该情况为合规；如果同在一侧，则违规。如果道路红线宽度大于 30m，则应有配水管两条或以上，则两条配水管分别在红线两侧时合规，如果同在一侧，则违规。

（4）按照输、配水管线分类：统计空间位置不合理的管段位置、对象，存储于数据库中。

6.1.5　埋深分析

管线的覆土深度是指地下管线管顶至地表面的垂直距离。严寒或寒冷地区给水、排水、燃气等工程管线应根据土壤冻土深度确定管线覆土深度，热力、电信、电力电缆等工程管线以及严寒或寒冷地区以外的工程管线应根据土壤性质和地面承受荷载的大小确定管线的覆土深度。

对覆土埋深隐患采用最小覆土深度分析，相关技术规范对管线覆土深度也有明确规定，大于最小覆土深度则管段符合规范要求，小于最小覆土深度则管段不符合规范要求。将最小覆土深度进行等级划分，计算模型为

$$K=\frac{h_{\min}-h}{h_{\min}} \tag{6.2}$$

其中，$h_{\min}$ 为规范要求最小覆土深度，m；h 为某段管线实际覆土深度，m。

K 为零或负数，管线符合规范要求；K 为正数，管线覆土深度不合理，K 越大，隐患越大。将覆土深度不合理等级划分为 A、B、C 三个等级，其隐患严重程度依次降低，如表 6.3 所示。

表 6.3　覆土隐患等级

K	$1 \geqslant K > 0.7$	$0.7 \geqslant K > 0.3$	$0.3 \geqslant K > 0$
覆土深度不合理等级	A	B	C

埋深分析的算法步骤如下：

（1）数据提取。提取机动车、非机动车、人行道、绿化带，电力排管、电力沟（不可开启）、电力隧道、燃气管线数据。

（2）在城市快速路、城市干道已形成多绿化带、多幅路面的情况下，需要分别划分多条机动车、非机动车、人行道、绿化带的多边形。这些区域如果在数据库中已经有多边形，则直接使用相应多边形，否则需要生成多边形。多边形生成方法是：分别提取机动车道、非机动车道、人行道、绿化带边线；在所在端点处，以垂直于道路中心线的直线为准，分别计算机动车道、非机动车道、人行道、绿化带边线与该直线的交点，并按照 X 或 Y 坐标的大小顺序对各交点进行排序，按照从左到右依次排序，交点序号分别为 1、2、3、4、5、…，其中，相邻序号端点连接形成封闭区域，生成多边形。

（3）叠加分析：各地下管线要素分别与道路红线、机动车、非机动车、人行道、绿化带等多边形进行叠加分析。

（4）埋深判断：以电力和燃气管线为例，如果电力排管、电力沟（不可开启）覆土深度小于 0.7m，则违规；燃气管线埋设在机动车道下时，埋深小于 0.9m，则违规；燃气管线埋设在非机动车车道（含人行道）下时，埋深小于 0.6m，则违规；燃气管线埋设在机动车不可能到达的地方时，埋深小于 0.3m，则覆土深度不合理；燃气管线埋设在水田下时，埋深小于 0.8m，则覆土深度不合理。其他依据规范的具体要求执行。

（5）记录覆土深度不合理位置、对象，存储于数据库中。

6.1.6 穿越分析

依据规范，对穿越河道、铁路等管线需进行穿越分析。

根据相关规范要求，管线穿越河道、铁路、公路等设施时，应采取必要措施以保证管线的安全与正常运行，具体要求如下。

（1）通过蓝线宽度 30m 及以上河道的倒虹管应不少于两条，通过谷地、旱地和蓝线宽度小于 30m 河道的倒虹管可采用一条。

（2）燃气管线穿越铁路或高速公路，应加套管。

（3）穿越铁路的燃气管道的套管，应符合下列要求：①套管埋设深度应不小于 1.20m；②套管内径应比燃气管道外径大 100mm 以上；③套管端部距路堤坡脚外的距离不应小于 2.0m。

穿越分析的算法步骤如下。

（1）数据提取：提取穿越管线数据，铁路、公路、河流等要素的分类几何数据，蓝线数据。

（2）位置判断：确定穿越位置，根据管线和要素类型判断穿越类型。

（3）如果是倒虹管，根据蓝线宽度判断倒虹管数量是符合要求。

（4）如果是穿越道路，判断是否加了套管，如果未加违规；如果已加，进一步判断埋深，套管管径及长度是否违规。通过叠加分析，判定缓冲区内的管线是否违规。

（5）将穿越不合理的对象、位置，存储于数据库中。

6.1.7　地下空间布局安全性综合评价

地下管线空间布局安全性受占压、净距、顺序、空间布置、覆土、穿越等多因素综合影响，分析某个区域的地下管线空间布局安全性除对单因子进行评价外还要对多因子进行综合评价。使用专家问卷调查法得到每个因子对地下管线空间布局安全性影响的权重，对区域的地下空间按一定的标准划分最小单元，统计每个单元中各隐患管线的点数，利用安全性值 D 进行评价，得到多因子综合评价模型为

$$D=\frac{\sum_{i=1}^{6}k_i n_i}{N} \tag{6.3}$$

式中，k_i 为第 i 类隐患类型的权重；n_i 为第 i 类隐患类型的管段数量；N 为管段总数量。

各单元的地下管线空间布局安全性与 D 的值成反比，D 的值越小，该单元的安全性越高；D 的值越大，该单元的安全性越低。

6.2　地下管线承载力评价

地下管线承载力评价是地下管线与城市发展适应性分析的一部分。地下管线承载力是指在一定时期、特定的历史发展阶段，以可持续发展为原则，以维护生态良性发展为条件，以可预见的技术、经济和社会发展水平为依据，在地下管线系统结构完善与功能正常发挥的前提下，区域地下管线系统对当地人口和社会经济发展的最大支持能力（张哲，2008）。通过对地下管线承载力进行综合分析，客观反映地下管线系统的资源获取、输送能力和安全可靠程度，评估现有城市地下管线开发利用强度和进一步满足经济社会发展需求、提供基础服务的潜力，同时寻求提升管网承载力的措施，使之与现状或规划的社会、经济、人口发展相适应。

6.2.1　给水管网承载力评价

给水管网承载力是指在一定时期、生活水平和环境条件下，在城市给水管网系统结构特征与功能可持续正常发挥作用的前提下，给水管网对城市经济发展和生活需求的支持能力（张哲，2008）。

1. 建立承载力评价指标体系

影响给水管网承载力的因素很多，涉及给水管网的各个方面，确定综合评价指标体系要求能从不同方面、不同角度、不同层面客观地反映社会经济状况、居民用水供需关系、管网服务功能及水质状况等方面，按照层次分析法建立多层次指标体系，包括目标层、准则层、指标层等三个层次。

目标层反映城市给水管网承载力的水平，综合体现管网对城市经济发展和人们生活需

求的支持能力，同时也反映随着社会经济的发展，人们对城市基础设施需求的变化。

准则层反映与城市给水管网承载力的主要影响因素，包括基础性影响因素、服务性影响因素和技术性影响因素。每类影响因素又包含若干评价指标，分别从不同侧面反映管网系统的状态和特征。

指标层体现准则层的具体内容。通过查询相关资料初步选取 22 个单项指标，如表 6.4 所示。

表 6.4　城市给水管网承载力评价初选指标

目标层	准则层	指标层
城市给水管网承载力	基础性影响因素	人均综合用水量
		城市规模（以人口计）
		城市人口增长率
		新建管网年均投资
		管网维护年均投资
		管网年均更新率
		人均 GDP
		用水普及率
	服务性影响因素	管网平均工作压力
		低压区占给水区面积比重
		管网平均服役年限（管龄）
		管网水质综合合格率
		用水量标准比
		管网密度
		管网压力合格率
	技术性影响因素	管网漏损率
		产销差率
		单位管长维修次数
		管道内外防腐技术构成
		管网爆管频率
		管道直径范围
		管道管材构成比

2. 确立承载力指标体系

根据城市给水管网系统的特点和数据特征，采用专家调研法对初步选定的指标体系进行优化，综合考虑各指标的可量化性和相互涵盖性，最终确定了城市给水管网承载力的指标体系，如表 6.5 所示。

表 6.5　城市给水管网承载力指标体系

目标层	准则层	指标层
城市给水管网承载力	基础性指标	人均综合用水量
	服务性指标	管网水质综合合格率
		管网密度
		管网压力合格率
		用水量标准比
	技术性指标	产销差率
		单位管长维修次数
		管道管材构成

3. 指标计算模型

1）人均综合用水量

城市用水包括居民生活用水、公共建筑用水、工业用水、道路绿地用水和未预见用水五类（柯礼丹，2004），统一用人均综合用水量来反映城市用水能力的指标。计算公式如下：

$$\tilde{Q}_{人均}=\frac{Q_{综合}}{S_{人口}} \tag{6.4}$$

式中，$\tilde{Q}_{人均}$ 为人均综合用水量，m^3；$Q_{综合}$ 为城市综合用水总量，m^3；$S_{人口}$ 为该城市人口总数。

2）管网水质综合合格率

管网水质综合合格率是反映城市给水行业业绩的重要指标，是指管网水达到国家《生活饮用水卫生标准》（GB5749-2006）的合格程度，一般以给水菌落总数合格率、管网水总大肠菌群合格率、管网水耗氧量合格率、管网水游离余氯合格率、管网水浑浊度合格率、管网水色度合格率、管网水臭和味合格率等指标综合合格程度来表达（张哲，2008）。计算公式如下：

$$WQ_{综合}=\frac{\sum_{i}^{7}WQ_i}{7} \tag{6.5}$$

式中，$WQ_{综合}$ 为管网水质综合合格率；WQ_i 为管网分项合格率。

3）管网密度

管网密度指一定区域内给水管道分布的稀疏程度，是衡量城市给水能力的基本指标之一。管网密度公式表达如下：

$$\rho=\frac{L_{总}}{A_{总}} \tag{6.6}$$

式中，ρ 为管网密度，km^{-1}；$L_{总}$ 为区域内给水管道总长度，km；$A_{总}$ 为给水区域总面积，km^2。

4）管网压力合格率

管网压力合格率指管网服务压力的合格程度，合格标准及测压要求按《城市给水企业资质标准》规定执行。计算公式如下：

$$P_{合格率}=\frac{N_{检验合格次数}}{N_{检验总次数}}\times 100\% \tag{6.7}$$

式中，$P_{合格率}$ 为管网压力合格率；$N_{检验合格次数}$ 为给水管网压力检验合格次数；$N_{检验总次数}$ 为给水管网压力检验总次数。

5）用水标准比

用水标准比用以说明现状管网系统在一年中的给水能力与规划年给水能力的关系，比值越大，说明实际给水能力不足。计算公式如下：

$$Per_{用水量}=\frac{V_{年规划}}{V_{年实际}}\times 100\% \tag{6.8}$$

式中，$Per_{用水量}$ 为年用水量标准比；$V_{年规划}$ 为规划年用水量，m^3；$V_{年实际}$ 为实际年用水量，m^3。

6）产销差率

给水产销差是给水企业提供给城市输水配水系统的自来水总量与所有用户的用水量总量中收费部分的差值。产销差率是反映城市给水行业技术的重要指标。计算公式如下：

$$Per_{产销差率}=\frac{V_{供水销售总量}}{V_{供水总量}}\times 100\% \tag{6.9}$$

式中，$Per_{产销差率}$ 为产销差率；$V_{供水销售总量}$ 为年给水销售总量，m^3；$V_{供水总量}$ 为年给水总量，m^3。

7）单位管长维修次数

由于管道自身或外力造成管道破损，必须立即维修。因此，单位管长维修次数反映了管线的损坏情况。计算公式如下：

$$\tilde{N}_{单位}=\frac{N_{总}}{L_{总}} \tag{6.10}$$

式中，$\tilde{N}_{单位}$ 为单位管长维修次数；$N_{总}$ 为年管线维修次数；$L_{总}$ 为给水管道总长，km。

8）管网材质构成

管网材质构成指不同管材的给水管线长度占管网管线总长度的比例，该值反映城市给水管网管材的优劣，其计算公式如下：

$$Per_{i}=\frac{L_{i}}{L_{总}}\times 100\% \tag{6.11}$$

式中，Per_i 为给水管道覆盖率；L_i 为 i 类管材给水管道总长，km；$L_{总}$ 为给水管道总长，km。

6.2.2　燃气管网承载力评价

1. 建立承载力评价指标体系

影响城市燃气管网承载力的因素很多，涉及管网规划、设计、运营管理的方方面面。建立燃气管网综合评价指标体系，从多角度、多层面考虑问题，使之能够准确地反映用户用气量、燃气管网服务水平及管网运行情况等（肖颖等，2014）。按照层次分析法建立了多层次指标体系，包括目标层、准则层、指标层等三个层次。

目标层反映燃气输配管网承载力水平，综合体现对社会、经济、燃气资源和管网协调发展水平的满意程度，也体现在未来一段时间内，燃气供给量及管网输配能力对城市发展的保障能力。

准则层反映燃气管网承载力的主要影响因素，包括管网及设施能力性、技术经济性、安全性和运行管理等指标。

指标层体现准则层的具体内容。通过查询相关资料，初步选取 19 个单项指标，如表 6.6 所示。

表 6.6　城市燃气管网承载力初选指标

目标层	准则层	指标层
燃气管网承载力	管网及设施能力性指标	燃气场站的储备能力
		燃气输配管网的水力工况
		管网密度
		管道燃气覆盖率
	技术经济性指标	管网利用率
		管网设计压力
		场站作用半径
		管道管材构成
		钢管防腐水平
	安全性指标	发生事故时对周围建筑物的危害程度
		燃气管线风险等级
		燃气管网事故率
		燃气管网的泄漏率
		燃气管网老旧指数
		燃气管网第三方破坏率
	运行管理指标	燃气管网泄漏自查率
		沿路铺设时与其他管网协调度
		运行管理水平
		信息化水平

2. 确立承载力指标体系

根据城市燃气管网的特点和数据特征，采用专家调研法对初步选定的指标体系进行优化，综合考虑各指标的可量化性和相互涵盖性，最终确定了城市燃气管网承载力的指标体系，如表 6.7 所示。

表 6.7　城市燃气管网承载力指标体系

目标层	准则层	指标层
燃气管网承载力	管网及设施能力性指标	管网密度
		管道燃气覆盖率
	技术经济性指标	管网利用率
		管道管材构成
	安全性指标	燃气管线风险等级
		燃气管网事故率
		燃气管网的泄漏率
		管网老旧指数
		燃气管网第三方破坏率
	运行管理指标	燃气管网泄漏自查率

3. 指标计算模型

1）管网密度

与给水管网密度定义一致，设 $\rho_{燃气}$ 为燃气管网密度，则有

$$\rho_{燃气}=\frac{L_{总}}{A_{总}} \tag{6.12}$$

式中，$L_{总}$ 为区域内燃气管线总长度，km；$A_{总}$ 为燃气管网供气区域总面积，km^2。

2）管道燃气覆盖率

管道燃气覆盖率为该城市安装燃气管道用户数与供气区域总用户数之比。城市管道燃气覆盖率在一定程度上可体现出燃气管网对城市发展的承载力大小。设管道燃气覆盖率为 $Per_{覆盖}$，则

$$Per_{覆盖}=\frac{N_{安装}}{N_{总}}\times 100\% \tag{6.13}$$

式中，$N_{安装}$ 为安装管道用户数；$N_{总}$ 为供气区域总用户数。

3）管网利用率

指用户可有效利用的管长占建设总管长的百分比。管网利用率高，则在一定程度上说明管线布置更加合理，城市燃气管网的承载能力强。设管网利用率为 $Per_{利用}$，则

$$Per_{利用}=\frac{L_{有效}}{L_{总}}\times 100\% \tag{6.14}$$

式中，$L_{有效}$ 为可有效利用的管道长度，km；$L_{总}$ 为燃气管道建设总长度，km。

4）管道管材构成比

燃气施工中的管材很多，管材是否得当直接影响工程投资、建设质量、维护需求等。燃气管网中最重要的因素即为承压能力、抗腐蚀性及投资大小，管材是否恰当对燃气管网承载力影响较大。设管道管材构成比为 PM，则有

$$PM = \frac{L_{ij}}{L_i} \times 100\% \tag{6.15}$$

式中，i 为管道设计压力级别，包括次高压、中压、低压；j 为管材类型，包括铸铁、钢管、PE 管；L_{ij} 为 i 压力管道中 j 管材管道长度，km；L_i 为 i 压力管道总长度，km。

5）燃气管线风险等级

管线的风险对管网的承载力影响也较大，它可以是一个定性或定量指标。根据对城市燃气公司的调研，燃气管线的定性风险可以划分为低、较低、中等、较高、高五个等级。

6）燃气管网事故率

管网事故率反映整个燃气管网系统因为各种因素引起的安全事故情况，客观反映了管网系统的运行管理能力。设每 1000km 管网事故率为 $Per_{事故}$，则有

$$Per_{事故} = \frac{N_{事故}}{L_{总}} \times 1000 \times 100\% \tag{6.16}$$

式中，$N_{事故}$ 表示某时段某城市发生管网事故的总次数；$L_{总}$ 该城市供气管道的总长度，km。

7）燃气管网的泄漏率

燃气管网的泄漏率指城市管道供气系统泄漏气量占供气总量的百分比，漏损率越低，燃气管网的承载能力越强。设燃气管网泄漏率为 $Per_{泄漏}$，则

$$Per_{泄漏} = \frac{V_{泄漏}}{V_{供气}} \times 100\% \tag{6.17}$$

式中，$V_{泄漏}$ 为某时段泄漏燃气总量，m^3；$V_{供气}$ 为相应时段供气燃气总量，m^3。

8）管网泄漏自查率

燃气泄漏对城市影响严重，管网运营部门应能够及时发现燃气泄漏，防止事故发生。对城市燃气管网而言，燃气管网的泄漏自查率越高越好。设管网泄漏自查率为 $Per_{自查}$，则有

$$Per_{自查} = \frac{N_{自查}}{N_{泄漏}} \times 100\% \tag{6.18}$$

式中，$N_{自查}$ 为某时段自查泄漏总次数；$N_{泄漏}$ 为相应时段燃气泄露的总次数。

9）管网第三方破坏率

管网第三方破坏率指每个周期（年、季等）因第三方破坏引起燃气管道事故的比例。设管网第三方破坏率为 $Per_{第三方}$，则

$$Per_{第三方} = \frac{N_{第三方}}{\left(L_{总}/1000\right)} \times 100\% \tag{6.19}$$

式中，$N_{第三方}$ 为某周期内燃气管网被第三方破坏的总次数；$L_{总}$ 为该城市供气管道的总长度，km。

10）管网老旧指数

管网老旧指数是衡量燃气管道使用年限的重要指标。设燃气管网老旧指数为 v，则

$$v = \frac{\sum C_i \times L_i}{\sum L_i} \tag{6.20}$$

式中，C_i 为管段 i 的老旧指数（其计算公式为使用年限/设计年限）；L_i 为管段 i 的长度，km。

钢管设计寿命一般按 25～30 年算，PE 管为 50 年。值大于 1 时，表明管线已经超过使用年限；v 值小于 1 且接近 1，说明管线已接近使用年限，应该更换；值接近于 0，说明管线较新，不用更换。

6.2.3　排水管网承载力评价

1. 建立承载力指标体系

在城市内涝频发、城市水环境恶化的背景下，进行排水管网承载力综合评价对于改变铺设秩序混乱、安全事故频发、管网老化泄漏、管网设防标准低、汛期内涝灾害频现、应急防灾能力脆弱和暴雨预警机制不健全等局面的研究和工程规划、改造具有重要意义。影响供排水管网承载力的因素很多，主要因素有：排水管网的规划体制；排水管网的现状情况；影响排水量的水文气候、地表径流变化和雨污排量等环境情况（陈明辉等，2014）。按照层次分析法建立多层次结构的指标体系，包括目标层、准则层、指标层三个层次。

目标层反映城市排水管网承载力水平，反映排水管网对人居生活环境、经济的协调发展水平的适应性程度，即表征排水管网对城市经济发展和生活需求的支持能力。

准则层反映城市排水管网承载力的主要影响因素，包括规划体制、现状和排水环境因素。每个影响因素又包含若干个评价指标，分别从不同侧面反映排水管网的状态和特征。

指标层是准则层的具体内容，根据相关资料选取了 11 个单项指标，如表 6.8 所示。

表 6.8　排水管网承载力初选指标

目标层	准则层	指标层
排水管网承载力	规划体制指标	雨污分流比
		密度指标
		人均指标
	管网现状指标	雨污混节点比
		管线断头点比
		管道逆坡点比
		管径衔接不当比
	排水环境指标	不透水面面积比
		雨水内涝区面积比例
		污水集中处理率
		单位面积降雨量

2. 确立承载力指标体系

根据城市排水管网的特点和数据特征，采用专家调研法对初步选定的指标体系进行优化，综合考虑各指标的可量化性和相互涵盖性，最终确定了城市排水管网承载力的指标体系，如表 6.9 所示。

表 6.9　城市排水管网承载力指标体系

目标层	准则层	指标层
排水管网承载力	规划体制指标	雨污分流比
		密度指标
	管网现状指标	雨污混节点比
		管线断头点比
		管道逆坡点比
		管径衔接不当比
	排水环境指标	不透水面面积比
		雨水内涝区面积比
		污水集中处理率
		单位面积降雨量

3. 指标计算模型

1）雨污分流比

雨污分流比指采用雨污分流管道总长占排水管道比例，设雨污分流比为 $per_{分流}$，则

$$per_{分流}=\frac{L_{雨污分流管道总长}}{L_{排水管道总长}} \tag{6.21}$$

式中，$L_{雨污分流管道总长}$ 为雨污分流管道总长，km；$L_{排水管道总长}$ 为排水管道总长，km。

2）密度指标

排水管网的密度表示一定区域内排水管道分布的疏密程度，指标越高，反映一个城市的排水管网密度越高、普及率越高、服务面积越大。计算公式如下：

$$\rho_{排}=\frac{l_{排}}{s_{总}} \tag{6.22}$$

式中，$l_{排}$ 为区域排水管道总长，km；$s_{总}$ 为区域总面积，km^2。

3）雨污混节点比

雨污混接是指将雨水管道和污水管道连接在一起，这样会造成城市雨天排水管网过水不及、污水外溢等问题，所以要尽量杜绝雨污管线混接。雨污混节点是指雨污混接的管道中，水流量和流向发生改变的点。雨污混节点比（h_p）是指管道雨污混接的管线节点占总管线节点数量的比例。计算公式如下：

$$h_p=\frac{g_h}{g_{总}} \tag{6.23}$$

式中，g_h 为雨污混接管线节点数量；$g_总$ 为管线节点总数。

4）管线断头点比

管线断头点比是指断头管线的数量占总管线数量的比例。设管线断头点为 d_p，则有

$$d_p = \frac{g_d}{g_{总}} \tag{6.24}$$

式中，g_d 为断头管段的数量；$g_总$ 为管线节点总数。

5）管道逆坡点比

管道逆坡点比是指逆坡管线占总管线数量的比例，设为管道逆坡点比为 n_p，则有

$$n_p = \frac{g_n}{g_{总}} \tag{6.25}$$

式中，g_n 为逆坡管段的数量；$g_总$ 为管线节点总数。

6）管径衔接不当比

管道衔接不当就是指大管径管道与小管径管道连接在一起，管径衔接不当容易造成管道堵塞。管径衔接不当比指管径衔接不当管段占总管线节点数量的比例。设管径衔接不当比为 xj_p，则有

$$xj_p = \frac{g_{xj}}{g_{总}} \tag{6.26}$$

式中，g_{xj} 为管径衔接不当管段的数量；$g_总$ 为管线节点总数。

7）不透水面面积比

不透水面是指水不能通过其下渗到地表以下的人工地貌物质（徐涵秋，2009）。不透水面面积比的上升，会加剧城市环境的负面效应。设不透水面面积比为 t_p，则有

$$t_p = \frac{s_t}{s_{总}} \tag{6.27}$$

式中，s_t 为不透水面面积，km^2；$s_总$ 为区域的总面积，km^2。

8）雨水内涝区面积比

雨水内涝区面积比指由于雨水形成内涝的区域与区域总面积的比例。设雨水内涝区面积比为 la_p，则有

$$la_p = \frac{s_{la}}{s_{总}} \tag{6.28}$$

式中，s_{la} 为雨水形成内涝的区域，km^2；$s_总$ 为区域的总面积，km^2。

9）污水集中处理率

污水集中处理率是指城市市区经过城市集中污水处理厂二级或二级以上处理且达到排放标准的城市生活污水量与城市生活污水排放总量的百分比（张中秀等，2012）。设污水集中处理率为 w_p，则有

$$w_p = \frac{w_{处}}{w_{总}} \times 100\% \tag{6.29}$$

式中，$w_{处}$ 为城市集中污水处理厂处理且达到排放标准的城市生活污水量，t；$w_{总}$ 为城市生活污水排放总量，t。

10）单位面积降水量

单位面积降水量反映的是一个区域降水的多少。设单位面积降水量为 s_p，则

$$s_p = \frac{t_p}{s_{总}} \tag{6.30}$$

式中，t_p 为区域的总降水量，t；$s_{总}$ 为区域的总面积，km^2。

6.2.4 供电管网承载力评价

1. 建立承载力评价指标体系

供电管网承载能力是衡量电力管网功能的重要指标，反映供电管网满足城市经济社会发展和生活需求的支持能力。影响供电管网承载力的因素很多，确定供电管网承载力要求从各方面、不同角度客观地反映供电管网与城市经济、生活、生态环境方面的关系。利用层次分析法，建立多层次结构的指标体系，包括为目标层、准则层、指标层。

目标层反映城市供电管网承载力水平，表征供电管网满足城市经济社会发展和生活需求的支持能力。

准则层反映城市供电管网承载力的主要影响因素，包括环境因素、经济因素、技术因素。每个影响因素又包含若干个评价指标，分别从不同侧面反映供电管网的状态和特征。

指标层是准则层的评价指标，根据相关资料选取了 15 个单项指标，如表 6.10 所示。

表 6.10　供电管网承载力初选表

<table>
<tr><th>目标层</th><th>准则层</th><th>指标层</th></tr>
<tr><td rowspan="15">供电管网承载力</td><td rowspan="6">环境指标</td><td>电网建设用地平均值</td></tr>
<tr><td>新能源发电比重</td></tr>
<tr><td>单位电量煤炭消耗</td></tr>
<tr><td>单位电量二氧化硫排放量</td></tr>
<tr><td>单位电量废水排放量</td></tr>
<tr><td>单位电量固体废物排放量</td></tr>
<tr><td rowspan="3">经济指标</td><td>工业生产总值</td></tr>
<tr><td>单位 GDP 耗电量</td></tr>
<tr><td>第三产业比重</td></tr>
<tr><td rowspan="6">技术指标</td><td>容载比</td></tr>
<tr><td>最大容量</td></tr>
<tr><td>供电可靠率</td></tr>
<tr><td>年最大负荷利用时数</td></tr>
<tr><td>综合线损率</td></tr>
<tr><td>运营管理水平</td></tr>
</table>

2. 确立承载力指标体系

根据城市供电管网的特点和数据特征，采用专家调研法对初步选定的指标体系进行优化，综合考虑各指标的可量化性和相互涵盖性，最终确定了城市供电管网承载力的指标体系，如表 6.11 所示。

表 6.11　城市供电管网承载力指标体系

目标层	准则层	指标层
供电管网承载力	环境指标	新能源发电比重
	经济指标	单位 GDP 耗电量
	技术指标	容载比
		供电可靠率
		年最大负荷利用时数
		综合线损率
		运营管理水平

3. 指标计算模型

1）新能源发电比重

新能源发电比重指利用新能源发电量占发电总量的比重。新能源比重的大小从一个侧面反映了供电管网对自然环境的影响，将其作为供电管网承载力评价指标有重要意义。设新能源比重为 $per_{新能源}$，则

$$per_{新能源} = \frac{Q_{新能源}}{Q_{总发电量}} \times 100\% \tag{6.31}$$

式中，$Q_{新能源}$ 为该地区利用新能源年发电量，kW·h；$Q_{总发电量}$ 为该地区年发电总量，kW·h。

2）单位 GDP 耗电量

单位 GDP 耗电量指万元国内生产总值的耗电量，计算公式为

$$Q_{单位GDP} = \frac{Q_{总消耗}}{G_{总}} \tag{6.32}$$

式中，$Q_{单位GDP}$ 为单位 GDP 耗电量，kW·h；$Q_{总消耗}$ 为电力消耗总量，kW·h；$G_{总}$ 为该地区的 GDP 总量，万元。

3）容载比

容载比是反映电力设施供电能力的重要技术指标之一。各地在电网规划建设时，应根据现状统计资料和用电结构形式，确定合理的容载比。容载比过大，表示供电基建投资过大。电能成本增加；容载比过小将使电网适应性差，调度不灵（蔡南等，2009）。

容载比是城网内同一电压等级的主变压器容量（KVA）与对应的供电总负荷（KW）

之比，用 R_s 表示。其公式为

$$R_s = \frac{k_1 k_4}{k_2 k_3} \tag{6.33}$$

式中，R_s 为容载比，KVA/KW；k_1 为负荷分散系数，为同时率的倒数，其值>1；k_2 为平均功率因数，一般取 0.7；k_3 为变压器的经济负荷率，即最大负荷与其额定容量之比；k_4 为备用系数，包括事故备用系数和负荷发展备用系数，当 k_3 取 0.7 时，该值取 1.1～1.2。

4）供电可靠率

供电可靠率是供电质量的重要指标，也是提高电能质量的重要内容。供电可靠率以用户年平均停电时间和全年累计时数之比来表示，即

$$per_{供电可靠率} = \left(1 - \frac{t_{停电}}{t_{年}}\right) \times 100\% \tag{6.34}$$

式中，$per_{供电可靠率}$ 为供电可靠率；$t_{停电}$ 为当年用户年平均停电时间数，h；$t_{年}$ 为全年累计小时数（其值为 365×24），h。

5）年最大负荷利用系数

年最大负荷利用时数是一个假想的时间，在此时间内，电力负荷按年最大负荷持续运行所消耗的电能，恰好等于该电力负荷全年消耗的电能。计算公式如下：

$$T_{年最大负荷利用系数} = \frac{Q_{年需用电量}}{Q_{年最大负荷}} \tag{6.35}$$

式中，$T_{年最大负荷利用时系数}$ 为年最大负荷利用系数，h；$Q_{年需用电量}$ 为该地区年需用电量，kW·h；$Q_{年最大负荷}$ 为该地区年供电最大负荷，kW·h。

6）综合线损率

综合线损率，是指一个区域内总的线损百分比。综合线损率计算公式如下：

$$Per_{综合线损率} = 1 \Big/ \left[\frac{per_{低压售电量}}{\left(1 - per_{低压线损}\right) \times \left(1 - per_{高压线损}\right)} + \frac{per_{专变售电量}}{1 - per_{专变线损}} + \frac{per_{专柜售电量}}{1 - per_{专柜线损}} \right] \times \left(1 - per_{变电站输变电目标线损率}\right) \times 100\% \tag{6.36}$$

式中，$Per_{综合线损率}$ 为目标综合线损率；$per_{低压售电量}$ 为目标低压售电比例；$per_{专变售电量}$ 为目标专变售电比例；$per_{专柜售电量}$ 为目标专柜售电比例；$per_{低压线损}$ 为目标低压线损率；$per_{高压线损}$ 为目标高压线损率；$1-per_{专变线损}$ 为目标专变线损率；$1-per_{专柜线损}$ 为目标专柜线损率；$per_{变电站输变电目标线损率}$ 为变电站输出变电目标线损率。

7）运营管理水平

运营管理水平无定量描述值，采用定性描述，其值在[0,1]之间，0 为最差，1 为最好。

6.3　地下空间资源利用状况评价

地下空间的开发利用受到诸多因素的影响，排除建筑物基础、管线、既有地下空间、

开敞空间、特殊用地等的制约后，剩余的空间范围即为可供合理开发的资源（童林旭等，2009）。根据城市所在地区地貌、工程地质、水文地质相关数据，对城市地下空间资源开发利用适宜性进行分级。按照区域控制性详细规划数据和地理国情普查成果数据，将监测区按地面现状分为建（构）筑物、道路、广场、草地、林地、城市发展备用地、保护区、控制区和其他用地。同时，按照地下空间深浅，将地下空间分为浅层、中层和深层。综合利用地下空间资源开发利用适宜性分级、地面现状划分结果，估算不同分区在不同地下空间层中的可开发地下空间资源容量。结合地下管线和地下建（构）筑物等已开发地下空间资源数据，分别计算出浅、中、深层的地下空间资源可开发容量，进行地下空间资源利用状况统计分析，得到地下空间资源开发利用状况分析结果。工艺流程如图 6.3 所示。

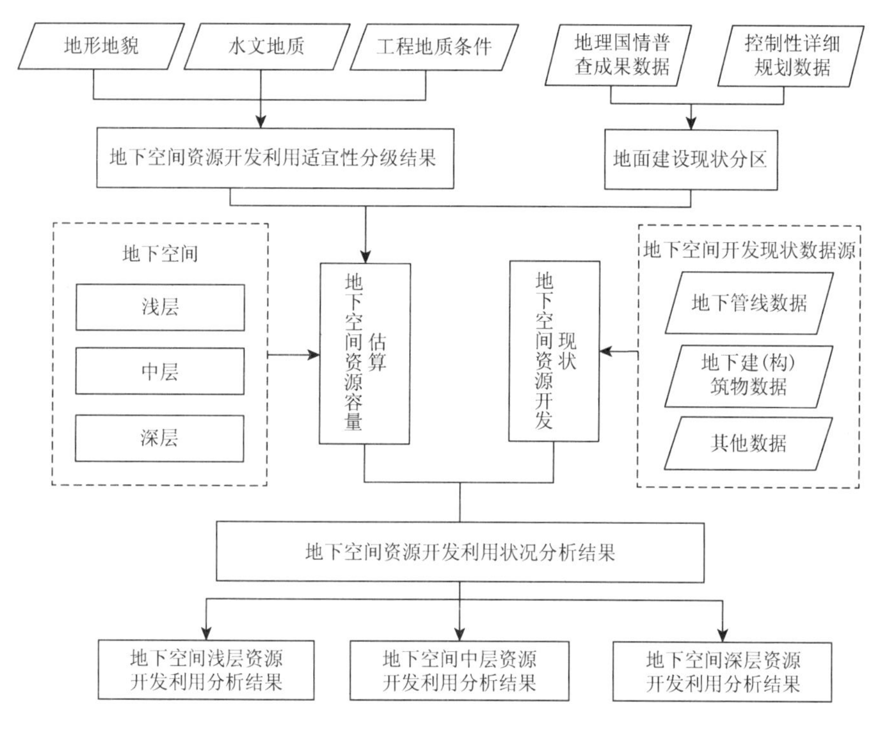

图 6.3　地下空间资源利用状况分析流程图

6.3.1　地下空间资源开发利用适宜性分级

地下空间在未开发前，是由地表下的岩土体、岩土地质体的空间构造与形态、地质活动及地下水、地热、地下矿物等要素构成的实体，这些要素是地下空间赖以存在的环境物质和环境载体，是地下空间开发利用的基本自然条件。

地面及地下空间利用的类型及形态与潜在地下空间资源开发，构成相互作用、相互影响、相互制约的岩土力学关系。地上建筑空间与地下空间资源开发必须保持合理、有限度的岩土体应力和变形关系。地表的绿地和水面等生态系统要素构成了地下空间在开发过程、开发容量和密度、开发深度等方面的生态敏感性制约条件。

城市的社会经济条件，如地理条件、交通条件、经济社会发展程度与城市区位、地价、城市规划条件等，构成地下空间资源需求与潜在价值的驱动要素。

地层地质构造、水文条件、地形地貌、生态系统、地下地上空间利用状态、城市空间规划条件等因素约束和影响资源的可用程度，城市区位、交通、地价等社会经济条件作用使地下空间资源的潜在价值和需求具有较强的空间分异。这些要素决定了地下空间资源的利用类型、开发条件、地质稳定性和生态环境敏感度，从而影响地下空间资源开发利用潜力和适宜性。

综上，与地下空间资源相关的要素包括工程地质条件、自然生态系统、建设条件现状、社会经济条件、规划利用条件等。对地下空间资源开发利用适宜性分级，应根据以上要素组成结构，采用层次分析法，构造基于这些条件的地下空间资源开发利用适宜性评估指标体系。在理论分析的基础上，采用专家调研法对地下空间资源开发利用适宜性评估指标体系进行咨询调查。经过专家的提取总结，及对影响因素的综合分析，最终确定的地下空间资源评估指标体系，如表 6.12 所示。

表 6.12　地下空间资源开发利用适宜性评价指标

<table>
<tr><th>目标层</th><th>准则层</th><th>指标层</th></tr>
<tr><td rowspan="16">地下空间资源开发利用
适宜性评估</td><td rowspan="2">地形地貌</td><td>地面标高</td></tr>
<tr><td>地面坡度</td></tr>
<tr><td rowspan="4">工程地质条件</td><td>岩土体质量</td></tr>
<tr><td>岩土体可挖性</td></tr>
<tr><td>土质均匀性</td></tr>
<tr><td>软土厚度</td></tr>
<tr><td rowspan="4">水文地质条件</td><td>潜水埋深</td></tr>
<tr><td>承压水水头绝对标高</td></tr>
<tr><td>承压水层顶板
埋埋深</td></tr>
<tr><td>地下水腐蚀性</td></tr>
<tr><td rowspan="6">场地稳定性、
区域稳定性</td><td>地面沉降危险性</td></tr>
<tr><td>岩溶塌陷等级</td></tr>
<tr><td>震陷液化危险性</td></tr>
<tr><td>崩塌滑坡危险性</td></tr>
<tr><td>地震危险性</td></tr>
<tr><td>断层地裂缝危险性</td></tr>
</table>

通过专家调查评价，确定各准则层的判断矩阵，然后再确定各准则层内的指标相应的判断矩阵。根据判断矩阵，可以求出准则层及指标层的权重。根据评估结果的大小对地下空间开发利用的适宜性进行等级划分，采用分值区间平均分配的原则，如表 6.13 所示。

表 6.13 评价等级划分表

评估得分	0～0.25	0.25～0.5	0.5～0.75	0.75～1
评估等级	Ⅳ	III	II	I

6.3.2 地层深度对地下空间利用的影响

随着地层深度的增加，土压力和水压力的增大，工程地质和水文地质条件更为复杂，勘测难度增大，土石方、机械设备的运输难度加大，使得地下空间资源开发成本大幅度提高，经济效益降低。与更深层次地下空间的开发利用相比，浅层空间开发的优势如下。

（1）距离地面较近，采用明挖施工，比暗挖施工成本低，进度快；

（2）工程地质和水文地质勘察方便，数据准确；

（3）土石方、机械等运输方便；

（4）有利于引入地面的自然光和自然景观，使内部环境更接近自然；

（5）地面人流进入方便，地下空间的经济效益较高。

一般情况下，不同的深度层次，除了对施工难度和使用方便程度影响不同外，适宜功能也不同。浅层空间一般适合于商业、餐饮、文化娱乐、停车等功能；中层一般适合地铁隧道、物流隧道、防空防灾专业设施和仓储设施；深层适合大深度的地铁隧道、大城市基础设施等。

总体上看，地下空间资源的竖向深度增加，必然会提高地下空间资源开发利用的复杂性和难度。因此，根据地下空间规划管理条例相关规定，将地下空间分为浅层、中层、深层。其中，浅层取地下 0～30m，中层取地下 30～60m，深层取地下 100m 以下（童林旭等，2009）。考虑到国内地下空间现状，应用案例中采用 0～10m、10～30m、30m 以下分别作为浅层、中层、深层空间范围。

6.3.3 地面现状划分

根据城市规划相关概念，依据地面建筑情况可以将地面现状划分为可充分开发区、可有限开发区和限制开发区。可充分开发区为地下空间的开发利用几乎不受地面设施影响，可充分开发和利用的区域；可有限开发区为地面设施对地下空间的开发有一定程度的影响，有部分地下空间可以开发的区域；限制开发区为受地面、地下设施及其他因素影响，不可开发利用的地下空间资源的区域，如自然资源保护禁区、文物与建筑保护范围和规划特殊用途地。

依据试点区内控制性详细规划数据和地理国情普查成果数据，按照建（构）筑物、道路、广场、草地、林地、城市发展备用地、保护区、控制区和其他用地等类型对试点区地面现状进行划分。具体划分如表 6.14 所示（柳昆等，2011）。

1. 建（构）筑物

建（构）筑空间是指由建筑物和构筑物占主要成分的城市空间，为了保证现有建（构）

筑物的空间领域不被侵犯，以及建（构）筑物地基基础及场地的安全，在建（构）筑物现有空间的一定距离内，地下空间开发受到制约，如地铁或其他地下交通设施设计施工时应该通过调线、调坡尽量避开建（构）筑物。根据地下建（构）筑物的具体情况，分析其地下空间资源开发利用限制区的合理范围。

2. 道路

考虑道路路基的保护厚度以及道路下铺设的市政管线，设道路保护厚度为 1m，市政管线埋深为 4m，则道路 5m 深度以上的地下空间为限制开发区，若道路下存在地下建（构）筑物空间，则取该道路下建（构）筑物的深度以上地下空间为限制开发区。如某道路地下人行通道深度为 7m，则该地块地下 7m 深度以上的地下空间为限制开发区。

3. 广场

考虑广场上部的作用力等因素，广场下 0～3m 不宜开发地下空间，故设广场下 3m 深度内的地下空间为限制开发区。若广场下存在地下建（构）筑物空间，则取该广场下建（构）筑物的深度以上地下空间为限制开发区，如某地下商场深度为 8m，则该地块地下 8m 深度以上的地下空间为限制开发区。

4. 草地

草地的保护厚度取 1m，故设草地下 1m 深度内的地下空间为限制开发区。若草地下存在地下建（构）筑物空间，则取地下建（构）筑物的深度以上地下空间为限制开发区。如某地下油气管道井深度为 5m，则该地块地下 5 深度以上的地下空间为限制开发区。

5. 林地

林地的保护厚度取 3m，故设林地地下 3m 深度内的地下空间为限制开发区。若林地下存在地下建（构）筑物空间，则取该林地下建（构）筑物空间为限制开发区。如某地下人防深度为 8m，则该地块地下 8m 深度以上的地下空间为限制开发区。

6. 城市发展备用地

城市发展备用地属于未开发性质用地类型，故其地下空间资源均为可充分开发区。

7. 保护区

保护区指在城市规划建设中应采取保护性开发的区域，包括自然保护区、基本农田保护区以及水工程保护区等；保护区地下 10m 深度以内的地下空间为限制开发区。

8. 控制区

控制区指风景名胜区、军事区、区域高压电力隧道走廊、铁路和高速公路等交通廊道、微波通道以及飞机场净空区等受控制性保护的区域；控制区地下 10m 深度以内的地下空间为限制开发区；其他为可充分开发区。

9. 其他用地

除去以上用地性质的区域，主要包括耕地、园地、水域等。其他用地地下 10m 深度以内的地下空间为限制开发区。

表 6.14　地面现状分区

主题层	指标层	次指标层影响深度	浅层	中层	深层
地面现状	建（构）筑物	依具体情况而定	待定[4]	待定	待定
	道路	5m	B[2]	A[1]	A
	广场	3m	B	A	A
	草地	1m	B	A	A
	林地	3m	B	A	A
	城市发展备用地	0	A	A	A
	保护区	10m	C[3]	A	A
	控制区	10m	C	A	A
	其他用地	10m	C	A	A

注：①A 为可充分开发区。②B 为可有限开发区。③C 为限制开发区。④建（构）筑对地下空间资源开发的影响程度视各建（构）筑的层数、高度以及地下部分等情况而定。

6.3.4　地下空间开发利用状况评价指标

地下空间开发利用状况评价指标，按资源量内涵可分为：地下空间资源天然蕴藏量、可供合理开发地下空间资源量、地下空间的实际开发量、剩余开发量等。

1. 地下空间资源天然蕴藏量

城市地下空间资源的天然蕴藏量就是城市规划区地表以下一定深度范围内的全部自然空间总体积，其中包含已经开发利用和尚未开发利用的资源，又可分为可开发利用和不可开发利用两部分。设地下空间资源的天然蕴藏量为$V_{总}$，则

$$V_{总}=S\times\Delta h \tag{6.37}$$

式中，S为区域的面积；Δh为该层地下空间的深度。

2. 可供合理开发的地下空间资源量

在地下空间资源的天然蕴藏区域内，排除不良地质条件分布范围和地质灾害危险区、生态及自然资源保护禁区、文物与建筑保护范围和规划特殊用途地后，剩余的即为潜在可开发利用地下空间的体积。则

$$V_{可供}=(V_{总}-V_{限制})\times P \tag{6.38}$$

式中，$V_{限制}$为根据地面现状情况，分析得到的限制开发地下空间资源总量；P是根据地下空间资源开发利用适宜性评估结果确定的可供地下空间资源开发利用比例。

3. 地下空间的实际开发量

根据城市发展需求、生态与环境保护要求以及城市总体规划，实际确定或已开发利用的地下空间资源容量为地下空间的实际开发量。设地下空间的实际开发量为$V_{实际}$，则

$$V_{实际}=\sum_{i=0}^{n}v_i \tag{6.39}$$

式中，v_i为实际第i类地下空间开发的总体积。

4. 实际开发量占比

实际开发量占比反映了地下空间实际开发量占天然蕴藏量的比例，该值越大，说明实际开发的体量越大。

$$\rho=\frac{V_{实际}}{V_{总}} \tag{6.40}$$

5. 可供有效利用的地下空间资源剩余量

在可供合理开发的地下空间资源范围内，一定技术条件下，满足地质稳定性和生态系统保护要求，排除实际已开发的地下空间资源，保持地下空间的合理距离、形态和密度，剩余能够实际开发的资源，简称剩余量。设可供有效利用的地下空间资源剩余量为$V_{剩余量}$，则

$$V_{剩余量}=V_{可供}-V_{实际} \tag{6.41}$$

第 7 章　地下管线监测与城市发展适应性分析辅助系统

地下管线监测与城市发展适应性分析辅助系统是在地下管线监测与城市发展适应性分析体系的基础上，遵循现有国家标准和行业标准，基于基础 GIS 平台、数据库等，设计开发的用于地下管线监测与城市发展适应性分析的应用型 GIS 系统。

7.1　设 计 目 标

地下管线监测与城市发展适应性分析辅助系统在建设的过程中应体现地下管线、地下建（构）筑物等专题数据与城市发展之间的密切联系，通过给相关部门提供城市地下管线的空间布局安全性、地下管线承载力、地下空间资源开发利用状况分析成果，辅助城市规划、建设、管理及地下管网安全运营。因此，地下管线监测与城市发展适应性分析辅助系统的建设目标可以归结为以下几个方面。

（1）应以基础地理信息数据、专题数据、地理国情数据及其他数据为基础数据源，提取 DLG、DEM、DOM 数据、管线点及线数据、管线附属物数据、管线专业数据、地下建（构）筑物数据、地表属性数据、三维模型数据等，结合地下管线空间布局安全性分析模型及方法，输出地下管线布局安全性分析成果，为地下管线的规划、设计、维护、改造、审批提供决策依据。

（2）应结合地下管线承载力分析模型及方法，统计分析得到典型管线的用户覆盖度、需求满足度、规划覆盖度等管线发展适宜性监测指标，形成地下管线与城市发展适宜性分析成果，对城市地下管线规划、建设、维护、改造提出合理建议。

（3）应结合地下空间资源开发利用合理性分析模型，统计分析可开发地下空间的地表开发程度、可开发地下空间的地下开发程度、地下管线的规划符合度等地下空间资源开发利用合理性监测指标，形成地下管线的地下空间资源开发利用合理性分析成果，为城市规划提供基础信息支持和决策依据。

7.2　系统设计原则

为了保证地下管线监测与城市发展适应性辅助分析系统的使用稳定、可靠、高效运行，在系统整体设计过程中应当遵循以下基本原则（郭荣，2015）。

1）先进性和扩展性原则

采用软件工程先进且成熟的技术，使系统设计合理、先进。同时，系统应预留接口，便于以后增加功能模块及扩充数据库（Sharma et al.，2015）。

2）标准化和规范化原则

参照国家、行业相关标准，建立一套适用于地下管线监测与城市发展适应性辅助分析系统的数据标准体系，同时对系统所用的数据建立统一的模式。

3）安全性和稳定性原则

应具备一套安全保障体系，如建立严格的授权访问机制、合理的网络物理隔离措施，有效地防止数据被非法访问和破坏，确保信息的共享与服务符合国家的相关保密法律、法规及相关政策。

4）可靠性和实用性原则

系统所涉及的数据应准确可靠，如图形信息和属性数据，并且可以及时补充、更新和备份。同时，系统应方便用户使用和便于开发人员维护。

7.3　系统总体架构

系统总体架构分为硬件基础层、数据层、软件平台层、分析模型层和应用层五个的层次。在系统体系结构方面，采用 C/S 架构支撑系统的运行、维护、升级以及日常的更新操作，同时确保系统的安全性（秦方钰等，2015）。

系统的总体架构如图 7.1 所示。

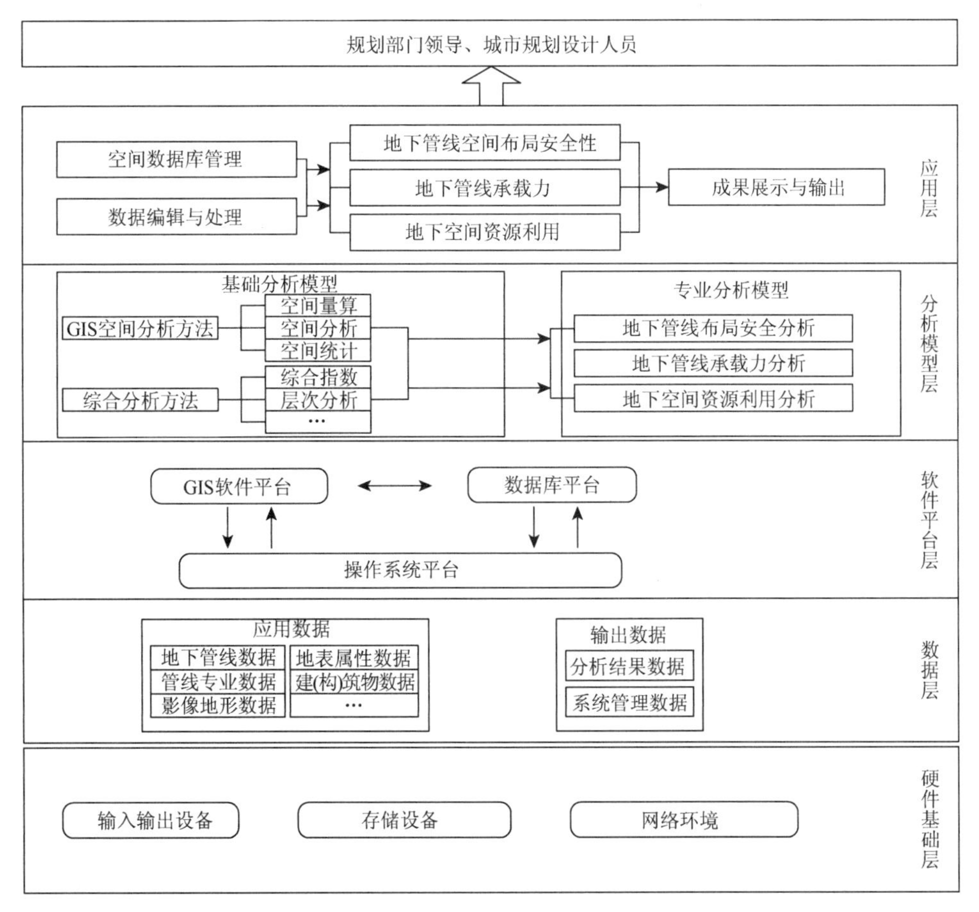

图 7.1　系统总体架构图

1. 硬件基础层

硬件基础层是系统运行的硬件条件，包含输入输出设备、存储设备和网络环境，共同保证系统高效地运行（印志鸿，2015）。

输入输出设备主要用于数据的输入和处理，包括计算机、工作站、服务器、鼠标、键盘、显示器等。存储设备主要用于系统数据的存储，包括物理磁盘、虚拟磁盘等；网络环境是系统能够与数据库及其他系统（数字城市、政务办公系统）连接的基础，包括计算机、工作站、局域网交换机、数据库服务器、文件服务器等（王东华等，2015）。系统的网络结构如图 7.2 所示。

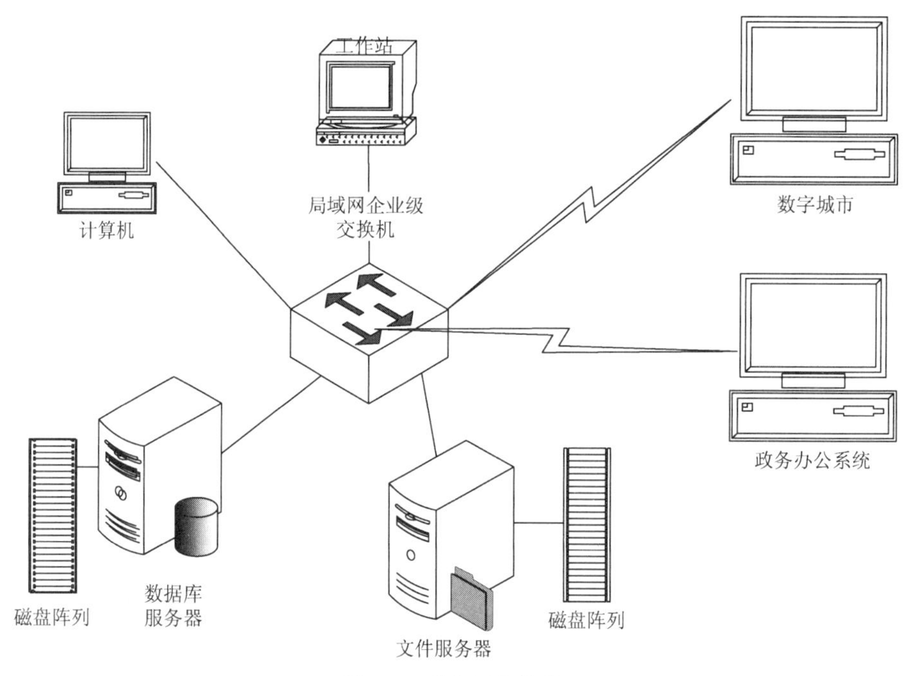

图 7.2　系统网络结构

2. 数据层

数据层为系统提供基本数据服务，采用数据库的形式实现，包括应用数据和输出数据。其中，应用数据从各类数据源中经提取、转换、集成、融合等处理而来，分为地下管线数据、影像数据、地形数据、地表分类数据、建（构）筑物数据及其他数据；输出数据是从系统中输出的分析结果数据及系统管理数据。

3. 软件平台层

软件平台层提供系统所需的基本功能服务，包括 GIS 软件平台、数据库平台及操作系统。GIS 软件平台包括二维和三维软件平台，二维软件提供矢量数据、影像等二维数据的分析、展示服务，三维软件提供三维场景展示、空间分析服务；数据库平台为系统提供数据发布服务；操作系统平台为系统提供资源管理、程序控制和人机交互等服务（陆钢等，2014）。

4. 分析模型层

分析模型层为系统功能的实现提供支撑，包括基础分析模型及专业分析模型。基础分析模型包括空间量算、空间分析及空间统计等模型。专业分析模型包括三大类：地下空间布局安全性分析、管线承载力分析、地下空间资源利用状况分析模型。其中，地下空间布局安全性分析模型又可以细分为净距分析、占压分析、覆土埋深分析、顺序分析、空间布置分析、穿越分析模型；管线承载力分析模型又可以细分为给水管线承载力、排水管线承载力、燃气管线承载力、电力管线承载力分析；地下空间资源利用状况分析模型又可以细分为浅层、中层、深层用地状况分析。

5. 应用层

应用层是系统功能服务最直观的表现形式，分为五大子系统，包括数据编辑与处理子系统、地下空间布局安全子系统、地下管线承载力子系统、地下空间资源利用状况子系统及成果展示与输出子系统。

7.4　基础平台选择

系统设计、开发与应用涉及操作系统平台、GIS 软件平台以及数据库平台，选择合适的平台有助于提高系统的稳定性、安全性、先进性和可扩展性等。

1. 操作系统

操作系统的选择主要依据用户的硬件平台，从目前的市场占有率、可推广性等方面因素考虑，选择 Windows 系统（徐明迪等，2014）。

2. GIS

选择 GIS 平台需要考虑以下因素：GIS 软件公司的实力及其在全球 GIS 市场的份额、合理的性价比、与数据库结合的能力、空间分析能力、二次开发环境等（张康聪，2014）。ArcGIS 软件中的二次开发模块 Arc Engine 能够将二维 GIS 功能集成到系统中，包括矢量数据的浏览、专题图制作等（汤国安，2012）；Skyline 二次开发平台为系统提供创建和发布 3D 地形及模型可视化工具，能够支持交互式绘图，同时可以在 3D 场景中创建几何图形、用户自定义对象、建筑物、文本、位图等（Maclean et al.，2010）。基于上述因素，系统选择 ArcGIS 及 Skyline 作为 GIS 软件平台。

3. 数据库

数据库的选择需要考虑以下因素：功能性能（数据容量、数据类型、并发用户数等）、价格、成熟度、用户习惯等（王珊等，2014）。基于上述因素，系统选择 Microsoft SQL Server 数据库对系统数据进行管理。

7.5　数据库设计

系统数据库的组织、设计、建库、运行和维护各个阶段都需要按照相关数据库的建设要求、标准和规范执行。数据库建设的目标是建立一个合适的模型，实现数据库安全管理、数据库管理与维护、数据的输入与输出、数据处理、数据表达、查询、分析与统计等功能。

7.5.1　数据库总体结构

地下管线监测与城市发展适应性分析数据库中包括基础地理信息数据集、地理国情数据集、专题数据集、分析结果数据集、系统管理数据集及其他数据集。数据库在设计过程中严格按照系统设计原则和数据库设计标准进行，设计表时应避免重复的值或者列，有一个唯一的标识符作为主键，同时一张数据表只存储单一实体类型的数据。数据库的总体结构如图 7.3 所示。

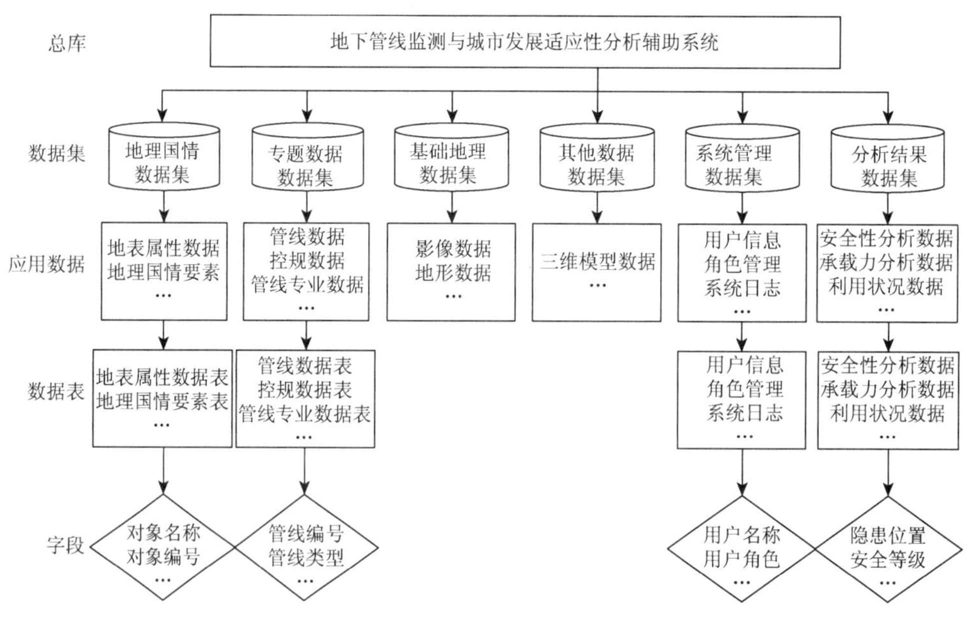

图 7.3　数据库总体结构

其中，管线专业数据及三维模型数据均以文件数据库的形式存储，管线专业数据的存储格式为.xlsx；三维模型数据的存储格式为.xlp2。图中涉及的相关数据表均指数据文件，字段是指文件中的数据属性字段。

7.5.2　数据库概念设计

地下管线监测与城市发展适应性分析的数据来源包含基础地理信息数据、地理国情数据、专题数据、分析结果数据、系统管理数据等。其中，基础地理信息数据包括 DLG、DEM、DOM 数据；地理国情数据包括地表属性数据；专题数据包括地下管线数据、地下建（构）筑物数据和控制性详细规划数据等。

图 7.4 为管线数据的概念设计 E-R 图。

其他各类数据与专题数据都是通过空间坐标及空间拓扑关系进行关联的。除模型数据、DEM、DOM 及管线承载力各指标数据是以文件数据库的形式存在之外，其他数据在数据库中均以数据表的形式存在，各类数据的数据集如表 7.1 所示。

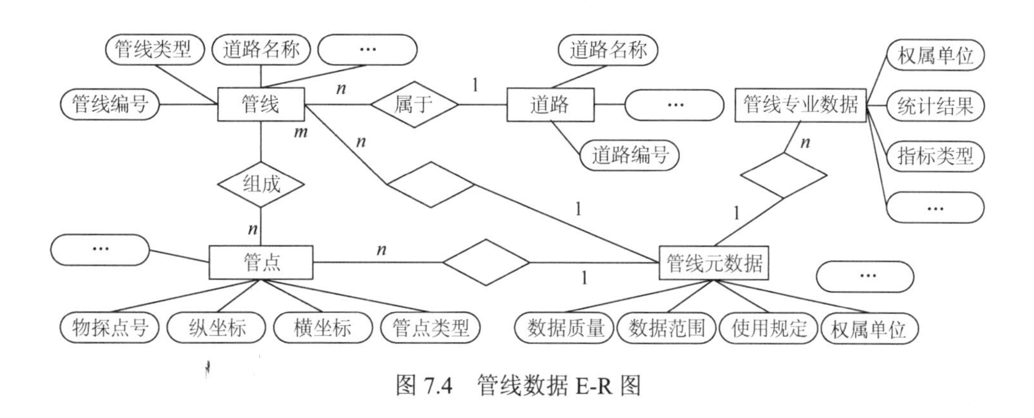

图 7.4　管线数据 E-R 图

表 7.1　数据库中所有数据集合

数据库	数据源	应用数据集	数据内容
地下管线监测与城市发展适应性分析辅助系统数据库	地理国情数据	地表属性数据	存储地表各分类用地属性信息
	专题数据	管线点数据	存储管线的点状要素信息
		管线线数据	存储管线的线状要素信息
		管线面数据	存储管线的面状要素信息
		道路中心线数据	存储道路中心线数据
		地下建（构）筑物数据	存储地下建（构）筑物信息
		地上建（构）筑物数据	存储地上建（构）筑物信息
	基础地理信息数据	道路面数据	存储道路面信息
		…	其他基础地理数据
	其他数据	三维模型数据	存储三维模型相关信息

续表

数据库	数据源	应用数据集	数据内容
地下管线监测与城市发展适应性分析辅助系统数据库	系统管理数据	角色信息	存储系统用户权限信息
		用户信息	存储系统用户信息
	分析结果数据	净距分析结果数据	存储净距分析结果
		穿越分析结果数据	存储穿越分析结果
		占压分析结果数据	存储占压分析结果
		空间布置分析结果数据	存储空间布置分析结果
		顺序分析结果数据	存储顺序分析结果
		埋深分析结果数据	存储覆土埋深分析结果
		安全性总体分析结果数据	存储安全性总体分析结果
		给水承载力分析结果数据	存储给水管网承载力分析结果
		燃气承载力分析结果数据	存储燃气管网承载力分析结果
		排水承载力分析结果数据	存储排水管网承载力分析结果
		电力承载力分析结果数据	存储电力管网承载力分析结果
		地下空间资源利用状况分层分析结果数据	存储地下空间资源利用状况分层分析结果

7.5.3　数据库表结构设计

各类数据的数据表设计成表 7.2～表 7.21 的形式。

系统管理数据表见表 7.2、表 7.3。

表 7.2　用户信息表

字段描述	字段名	类型
用户编号	UserID	int
用户姓名	UserName	nvarchar（50）
用户密码	UserPassword	nvarchar（100）
用户身份	UserNickName	nvarchar（50）
所属部门	Department	nvarchar（50）
职位	Post	nvarchar（50）
创建者姓名	CreatorName	nvarchar（50）

表 7.3　角色信息表

字段描述	字段名	类型
角色编号	RoleID	Int
角色名称	RoleName	nvarchar（50）
登录权限	LoginRights	nvarchar（50）
操作权限	FunctionRights	nvarchar（50）

专题数据数据表见表 7.4～表 7.9。

表 7.4　管线点表

字段描述	字段名	类型
标识码	ObjectID	int
空间属性	Shape	geometry
工程编号	工程编号	nvarchar（254）
管线类型	管线类型	nvarchar（254）
权属单位	权属单位	nvarchar（254）
特征点	点性	nvarchar（254）
附属物	附属物	nvarchar（254）
横坐标	横坐标	nvarchar（254）
纵坐标	纵坐标	nvarchar（254）
地面高程	地面高程	nvarchar（254）
道路名称	道路名称	nvarchar（254）
图幅编号	图幅编号	nvarchar（254）
偏心井位	偏心井位	nvarchar（254）
物探点号	物探点号	nvarchar（254）
图上点号	图上点号	nvarchar（254）
点符号代码	点标准代码	nvarchar（254）
管点旋转角	管点旋转角	nvarchar（254）
建设年代	建设年代	nvarchar（254）
勘测日期	勘测日期	nvarchar（254）
管偏横坐标	管偏横坐标	nvarchar（254）
管偏纵坐标	管偏纵坐标	nvarchar（254）
附属物长	附属物长	nvarchar（254）
附属物宽	附属物宽	nvarchar（254）
附属物高	附属物高	nvarchar（254）

表 7.5　管线线表

字段描述	字段名	类型
标识码	ObjectID	int
空间属性	Shape	geometry
权属单位	权属单位	nvarchar（254）
管线类型	管线类型	nvarchar（254）
管线亚级类别	亚级类别	nvarchar（254）
管线编号	管线编号	nvarchar（254）
管线起点编号	起点号	nvarchar（254）
管线终点编号	终点号	nvarchar（254）
线标准代码	线标准代码	nvarchar（254）
起点管线高	起点管线高	nvarchar（254）
终点管线高	终点管线高	nvarchar（254）
起点埋深	起点埋深	nvarchar（254）
终点埋深	终点埋深	nvarchar（254）
埋深位置	埋深位置	nvarchar（254）
道路名称	道路名称	nvarchar（254）
断面尺寸	断面尺寸	nvarchar（254）
管径	管径	nvarchar（254）
方管宽	方管宽	nvarchar（254）
长度	长度	nvarchar（254）
管材	管材	nvarchar（254）
埋设方式	埋设方式	nvarchar（254）
保护材料	保护材料	nvarchar（254）
电压	电压	nvarchar（254）
压力	压力	nvarchar（254）
管孔总数	管孔总数	nvarchar（254）
已用孔数	已用孔数	nvarchar（254）
建设年代	建设年代	nvarchar（254）
勘测日期	勘测日期	nvarchar（254）
录入时间	录入时间	nvarchar（254）
修改日期	修改日期	nvarchar（254）
起点偏航角	YAW	numeric（38，8）
起点翻滚角	ROLL	numeric（38，8）
起点俯仰角	PITCH	numeric（38，8）
终点偏航角	YAW_re	numeric（38，8）
终点翻滚角	ROLL_re	numeric（38，8）
终点俯仰角	PITCH_re	numeric（38，8）
管线长度	Length	numeric（38，8）

表 7.6　管线面表

字段描述	字段名	类型
标识码	ObjectID	int
空间属性	Shape	geometry
工程编号	工程编号	nvarchar（254）
管线类型	管线类型	nvarchar（254）
权属单位	权属单位	nvarchar（254）
特征点	点性	nvarchar（254）
附属物	附属物	nvarchar（254）
地面高程	地面高程	nvarchar（254）
道路名称	道路名称	nvarchar（254）
图幅编号	图幅编号	nvarchar（254）
建设年代	建设年代	nvarchar（254）
勘测日期	勘测日期	nvarchar（254）

表 7.7　道路中心线表

字段描述	字段名	类型
序号	ObjectID	int
空间属性	Shape	geometry
编码	Code	nvarchar（10）
要素名称	EleName	nvarchar（60）
道路名称	RoadName	nvarchar（40）
道路等级	Grade	nvarchar（254）
勘测时间	勘测时间	nvarchar（50）
道路长度	Shape_Leng	numeric（38，8）
道路类型	道路类型	nvarchar（50）

表 7.8　地下建（构）筑物数据表

字段描述	字段名	类型
标识码	ObjectID	int
空间属性	Shape	geometry
编码	Code	nvarchar（10）
建筑类型	EleName	nvarchar（60）
建筑结构	Structure	nvarchar（4）
建筑底高	GroundHeig	numeric（38，8）
建筑顶高	PeakHeight	numeric（38，8）

表 7.9　地上建（构）筑物数据表

字段描述	字段名	类型
标识码	ObjectID	int
空间属性	Shape	geometry
北坐标	x	numeric（38，8）
东坐标	y	numeric（38，8）
建筑类型	建筑类型	nvarchar（50）
建筑面积	建筑面积	numeric（38，8）
地面海拔	地面海拔	numeric（38，8）
建筑高程	建筑高程	numeric（38，8）
建筑层数	建筑层数	smallint

另外，管线专业数据以文件数据库的形式存储。

基础地理信息数据表见表 7.10。

表 7.10　道路面表

字段描述	字段名	类型
标识码	ObjectID	int
空间属性	Shape	geometry
编码	Code	nvarchar（10）
要素名称	EleName	nvarchar（60）
道路名称	RoadName	nvarchar（40）
道路等级	Grade	nvarchar（254）
道路宽度	RoadWidth	numeric（38，8）
道路长度	SHAPE_Leng	numeric（38，8）
道路类型	道路类型	nvarchar（50）

另外，影像数据和地形数据以文件数据库的形式存储。

地理国情数据表见表 7.11。

表 7.11　地表属性数据表

字段描述	字段名	类型
序号	ObjectID	int
空间位置	Shape	geometry
地物类型	CC	nvarchar（8）
生产标记信息	Tag	smallint

分析结果数据表见表 7.12～表 7.19。

表 7.12　净距分析结果表

字段描述	字段名	类型
编号	编号	int
隐患位置	Shape	geometry
A 管线类型	对象 A 类型	varchar（255）
A 管线编号	对象 A 编号	varchar（255）
A 管线位置	对象 A 位置	varchar（255）
B 管线类型	对象 B 类型	varchar（255）
B 管线编号	对象 B 编号	varchar（255）
B 管线位置	对象 B 位置	varchar（255）
对象净距	对象净距	varchar（255）
净距标准	净距标准	varchar（255）
评价结果	评价结果	varchar（255）
安全等级	安全等级	varchar（255）

表 7.13　空间布置分析结果表

字段描述	字段名	类型
序号	ObjectID	int
管线位置	Shape	geometry
管线编号	管线编号	varchar（255）
管线类型	管线类型	varchar（255）
管线管径	管径	varchar（255）
埋设方式	埋设方式	varchar（255）
管线压力	压力	varchar（255）
标准道路类型	标准道路类型	varchar（255）
违规道路类型	违规道路类型	varchar（255）

表 7.14　占压分析结果表

字段描述	字段名	类型
序号	ObjectID	int
隐患位置	Shape	geometry
管线编号	管线编号	varchar（255）
管线类型	管线类型	varchar（255）
起点号	起点号	varchar（255）
终点号	终点号	varchar（255）
建筑物编号	建筑物编号	varchar（255）
安全等级	安全等级	varchar（255）

表 7.15　水平顺序分析结果表

字段描述	字段名	类型
序号	ObjectID	int
隐患位置	Shape	geometry
管线类型	管线类型	varchar（255）
管线编号	管线编号	varchar（255）
道路编号	道路编号	varchar（255）
道路名称	道路名称	varchar（255）
道路走向	道路走向	varchar（255）

表 7.16　垂直顺序分析结果表

字段描述	字段名	类型
序号	ObjectID	int
隐患位置	Shape	geometry
管线编号	管线编号	varchar（255）
管线类型	管线类型	varchar（255）
道路编号	道路编号	varchar（255）
道路名称	道路名称	varchar（255）

表 7.17　穿越分析结果表

字段描述	字段名	类型
序号	ObjectID	int
河流编号	河流编号	varchar（255）
蓝线宽度	蓝线宽度	varchar（255）
管线编号	管线编号	varchar（255）
管线类型	管线类型	varchar（255）
空间位置	管线位置	Geometry

表 7.18　埋深分析结果表

字段描述	字段名	类型
序号	ObjectID	int
隐患位置	Shape	geometry
管线编号	管线编号	varchar（255）
管线类型	管线类型	varchar（255）
道路类型	道路类型	varchar（255）
管线起点号	管线起点号	varchar（255）
起点埋深	起点埋深	varchar（255）

续表

字段描述	字段名	类型
管线终点号	管线终点号	varchar（255）
终点埋深	终点埋深	varchar（255）
埋深标准	埋深标准	varchar（255）
安全等级	安全等级	varchar（255）

表 7.19　安全性总体分析结果表

字段描述	字段名	数据类型
序号	ObjectID	int
空间位置	Shape	geometry
试验区域某个片区的名称	片区名称	navrchar（50）
试验区域某个片区的面积	片区面积	double
净距隐患在分区域内总个数	净距隐患数	int
占压隐患在分区域内的总个数	占压隐患数	int
顺序隐患在分区域内的总个数	顺序隐患数	int
空间布置隐患在分区域内的总个数	空间布置隐患数	int
埋深隐患在分区域内的总个数	埋深隐患数	int
穿越隐患在分区域内的总个数	穿越隐患数	int

给水、燃气、排水及电力管线承载力分析结果表的表结构是相同的，以给水管线承载力分析结果表为例（表 7.20），地下空间资源利用状况如表 7.21 所示。

表 7.20　承载力分析结果数据

字段描述	字段名	数据类型
序号	序号	int
指标名称	指标名称	navrchar
指标值	指标值	float
指标量化值	指标量化值	float
数据采集时间	数据时间	date

表 7.21　地下空间资源利用状况表

字段描述	字段名	数据类型
序号	序号	int
空间位置	Shape	geometry
地块所属用地	所属用地	navrchar
地块开发情况	开发现状	navrchar
地块所属分层	地块分层	navrchar

其他数据主要包括三维模型数据，分为建筑模型和管线模型，均以文件的形式存储。

7.6 地下管线监测与城市发展适应性分析辅助系统功能设计

地下管线监测与城市发展适应性分析辅助系统分为五大子系统，包括数据编辑与处理子系统、地下管线空间布局安全性子系统、地下管网承载力子系统、地下空间资源利用状况子系统及成果展示与输出子系统。地下管线监测与城市发展适应性分析辅助系统的功能结构如图 7.5 所示。

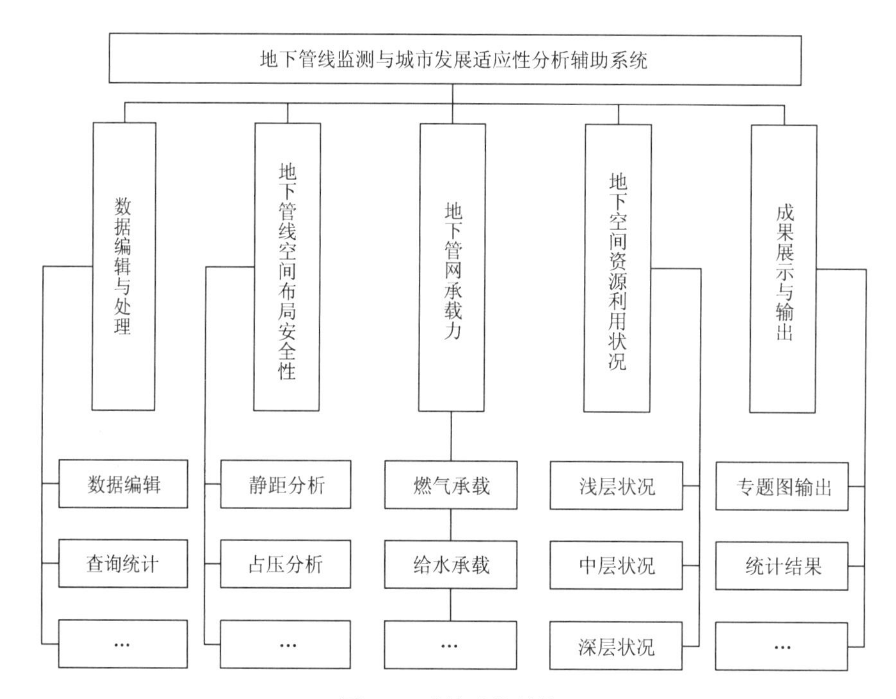

图 7.5　系统功能结构

7.6.1 数据编辑与处理子系统

数据编辑与处理子系统实现数据的浏览、编辑及查询统计功能，分为三大模块：视图导航、查询统计及数据编辑模块。

1. 视图导航

视图导航模块主要包括浏览控制、图层管理、场景叠加、场景快照等（表 7.22）。

表 7.22　视图导航功能说明表

一级功能	二级功能	功能说明
浏览控制	缩放	鼠标滚轮上、下滑动分别放大、缩小当前场景比例尺
	指北	点击功能按钮调整当前场景正上方为正北
	环绕	点击功能按钮，场景绕当前屏幕中心点自动旋转
图层管理	地下模式	点击功能按钮，场景地表变成半透明状态
	光照	点击功能按钮，场景增强或减弱阳光照射效果
	兴趣点查询	点击功能按钮，查询用户感兴趣的点
	打印场景	点击功能按钮，将当前三维场景打印输出
场景叠加	—	点击功能按钮，添加场景图标
场景快照	—	点击功能按钮，将当前场景截图并输出

视图导航模块的处理流程如图 7.6 所示。

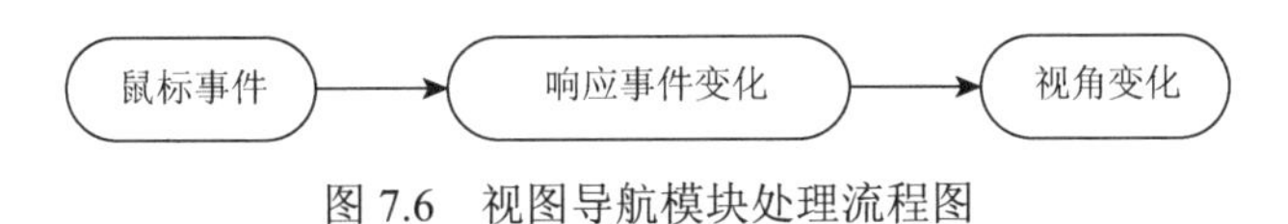

图 7.6　视图导航模块处理流程图

2. 查询统计

查询统计模块包含管线专题统计和信息检索，统计方式包括自定义多边形区域统计和城市全区域统计（表 7.23）。

表 7.23　查询统计模块功能说明表

一级功能	二级功能	功能说明
专题统计	管线类型	点击功能按钮并选择管线类型，系统根据选择查询管线
	权属单位	点击功能按钮并选择权属单位，系统根据选择查询管线
	管线材质	点击功能按钮并选择管线材质，系统根据选择查询管线
	道路	点击功能按钮并选择所属道路，系统根据选择查询管线
	附属物类型	点击功能按钮并选择附属物类型，系统根据选择查询管线
信息检索	信息检索	点击功能按钮并输入关键字，系统根据关键字查询管线
	管线查询	点击场景内的管线查询对应信息

模块的处理流程如图 7.7 所示。

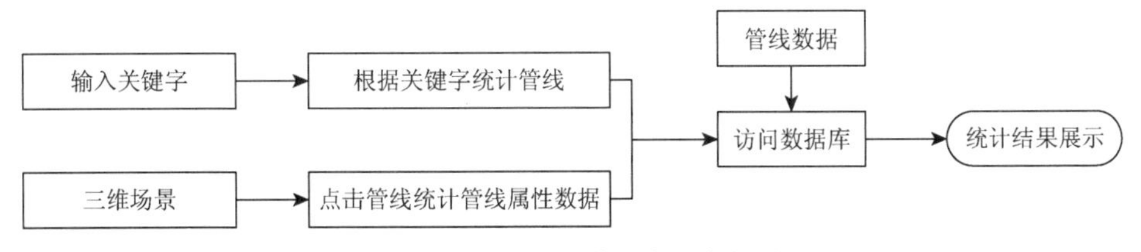

图 7.7　查询统计模块功能流程图

3. 数据编辑

数据编辑模块负责在场景中添加各种对象，包括标注、2D 对象、3D 对象（表 7.24）。

表 7.24　数据编辑模块功能说明表

一级功能	二级功能	功能说明
标注	文本	点击功能按钮，在场景中添加文字
	图片	点击功能按钮，在场景中添加图片
2D 对象	创建折线	点击功能按钮，在场景中绘制折线
	创建多边形	点击功能按钮，在场景中绘制不规则多边形
	创建规则图形	点击功能按钮，在场景中绘制规则多边形
3D 对象	三维模型	点击功能按钮，在场景中添加三维模型
	建筑物	点击功能按钮，在场景中添加建筑模型
	三维图形	点击功能按钮，在场景中添加规则三维图形
	创建电力线	点击功能按钮，在场景中创建电力线
	创建管线	点击功能按钮，在场景中创建管线
	创建栅栏和围墙	点击功能按钮，在场景中创建栅栏和围墙

模块的处理流程如图 7.8 所示。

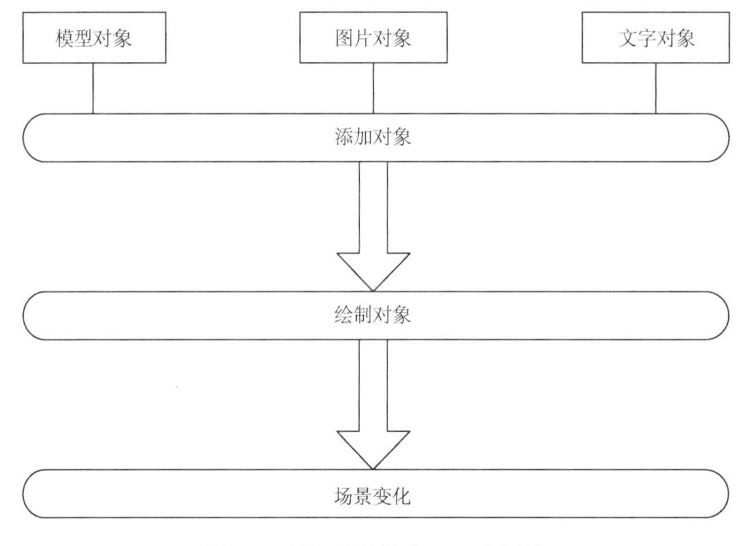

图 7.8　数据编辑模块处理流程图

7.6.2　地下管线空间布局安全性分析子系统

地下管线空间布局安全性分析子系统采用地下管线数据、地上建（构）筑物数据等，在地下空间布局安全性分析模型的基础之上，进行占压、净距、顺序、空间布置、穿越、埋深等分析，计算地下管线之间、地下管线与地上建（构）筑物之间以及管线本身的空间分布等不符合规范的情况（表 7.25）。

表 7.25　地下管线空间布局安全性辅助分析功能说明表

一级功能	二级功能	功能说明
净距分析	—	分析各管线之间的相互间距是否符合相关规范
占压分析	—	分析管线与地上建（构）筑物之间是否存在占压情况
顺序分析	水平顺序	分析各类管线之间的水平布设顺序是否符合相关规范
	垂直顺序	分析各类交叉管线之间的垂直布设顺序是否符合相关规范
空间布置分析	—	分析管线的埋设位置是否符合相关规范
覆土埋深分析	—	分析管线的埋深是否符合相关规范
穿越分析	—	分析管线在穿越河流、铁路等设施时是否符合相关规范

地下管线空间布局安全性分析子系统的处理流程如图 7.9 所示。

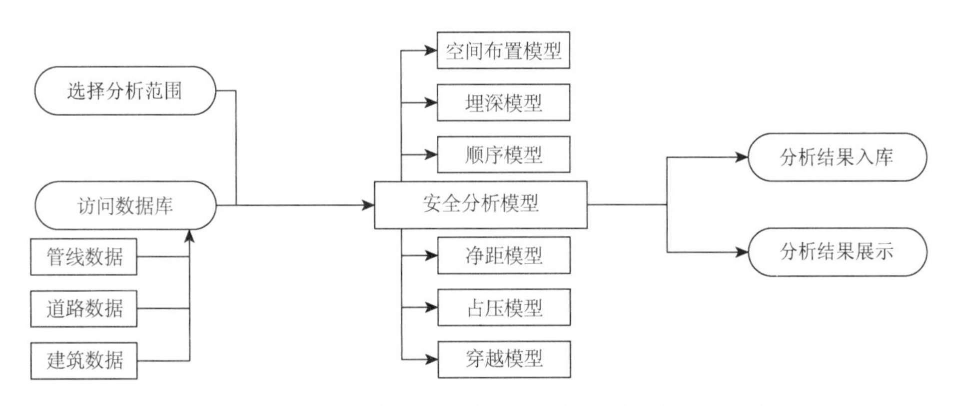

图 7.9　地下管线空间布局安全性分析子系统处理流程图

7.6.3　地下管网承载力分析子系统

地下管网承载力分析子系统应根据试验区域特点，结合给水、排水、燃气、电力等相关管线专业数据（表 7.26），查询相关资料并结合专家调研意见之后，建立城市地下管网承载力指标体系，然后计算得到地下管网承载力评价结果。

表 7.26　地下管网承载力辅助分析功能说明表

一级功能	二级功能	功能说明
管线承载力分析	燃气管线承载力分析	输入或从数据库中查询评价区域的燃气管线承载力评价任意年份指标数据，经过燃气管线承载力分析模型的处理，计算得到当年燃气承载力评价结果
	给水管线承载力分析	输入或从数据库中查询评价区域的给水管线承载力评价任意年份指标数据，经过给水管线承载力分析模型的处理，计算得到当年给水承载力评价结果
	排水管线承载力分析	输入或从数据库中查询评价区域的排水管线承载力评价任意年份指标数据，经过排水管线承载力分析模型的处理，计算得到当年排水承载力评价结果
	电力管线承载力分析	输入或从数据库中查询评价区域的电力管线承载力评价任意年份指标数据，经过电力管线承载力分析模型的处理，计算得到当年电力承载力评价结果

地下管网承载力子系统的处理流程如图 7.10 所示。

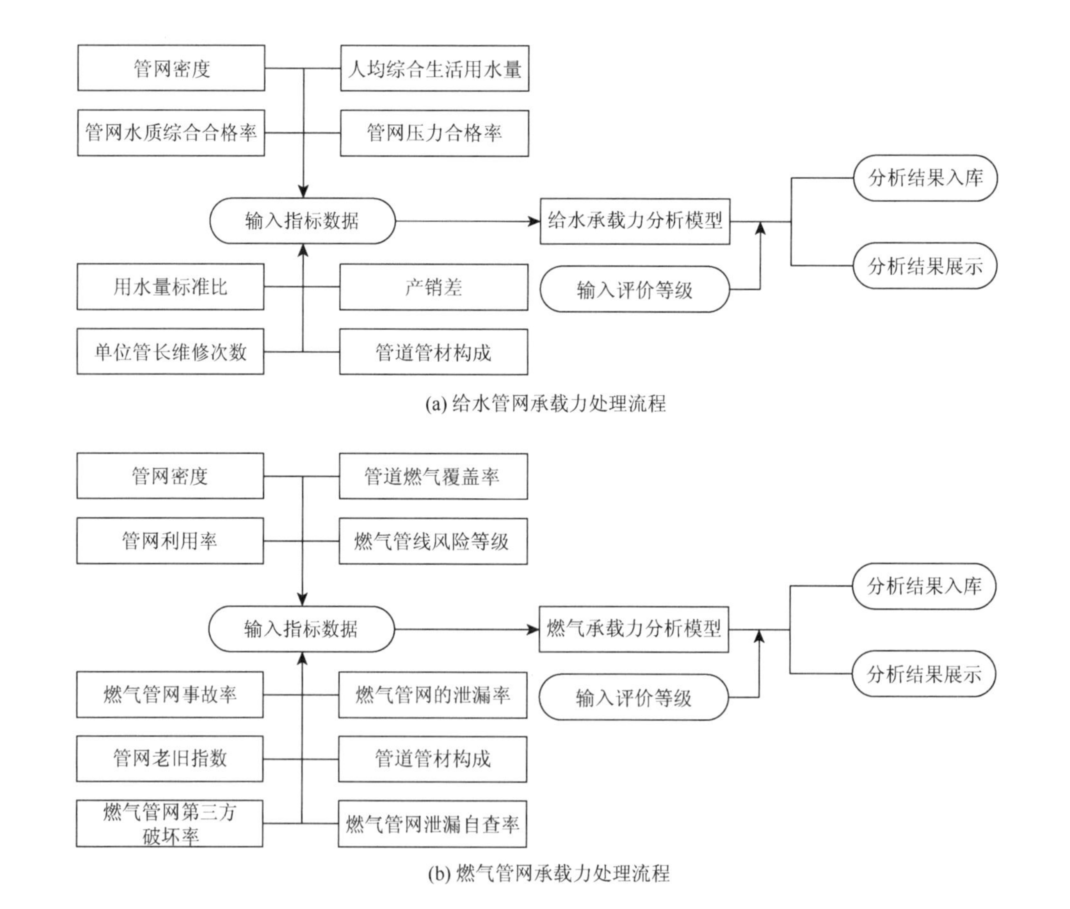

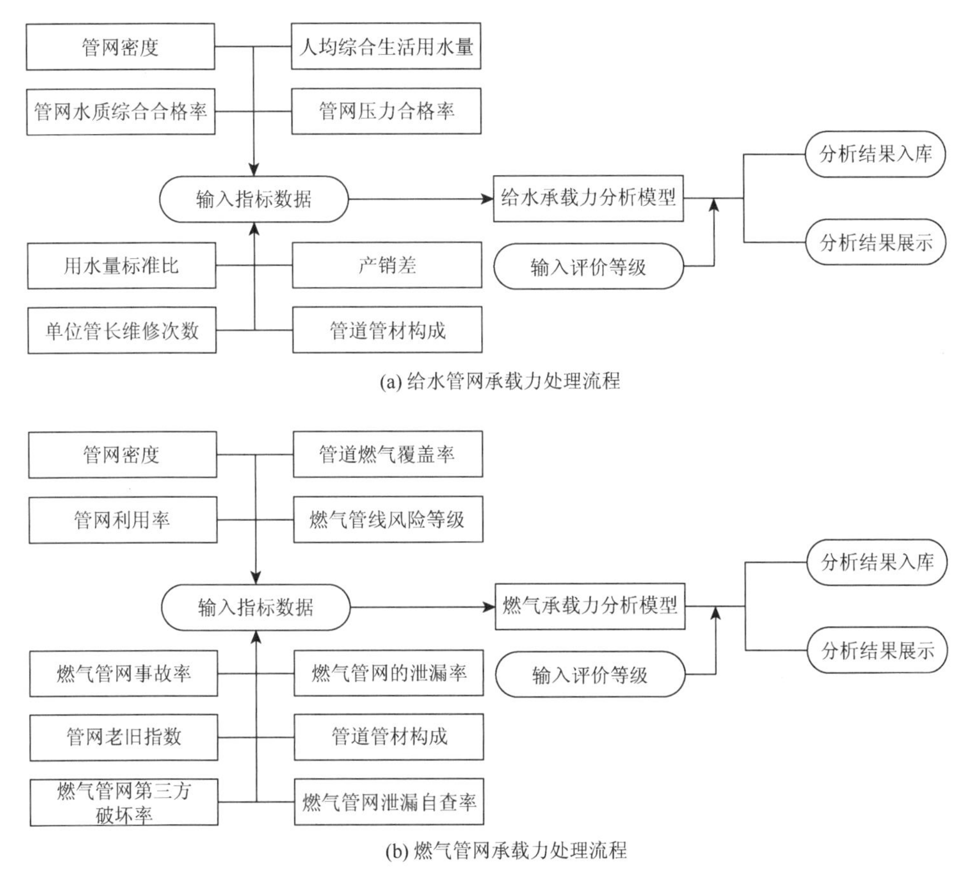

(a) 给水管网承载力处理流程

(b) 燃气管网承载力处理流程

图 7.10　地下管网承载力子系统处理流程图

7.6.4　地下空间资源利用状况分析子系统

地下空间资源利用状况分析子系统应根据试验区域特点，结合地下管线数据、地下建（构）筑物数据、地表属性数据等，查询相关资料并结合专家调研意见，建立地下空间资源利用状况分析模型，计算得到地下空间资源浅层、中层和深层的利用状况分析结果。

表 7.27　地下空间资源利用状况辅助分析功能说明表

功能	说明
浅层分析	分析浅层的地下空间资源开发利用状况
中层分析	分析中层的地下空间资源开发利用状况
深层分析	分析深层的地下空间资源开发利用状况

地下空间资源利用状况子系统的处理流程如图 7.11 所示。

7.6.5　成果展示与输出子系统

成果展示与输出子系统负责将地下管线空间布局安全性子系统、地下管网承载力分析子系统及地下空间资源利用状况分析子系统的分析成果数据用统计报告、专题地图进行展示。

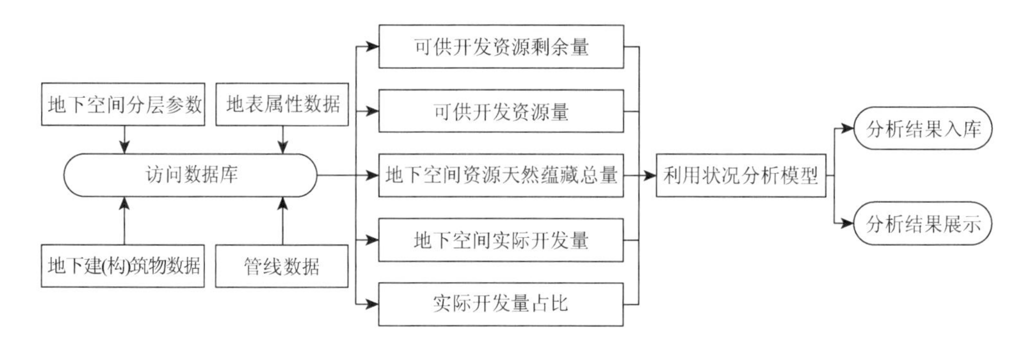

图 7.11　地下空间利用状况子系统处理流程图

表 7.28　成果展示与输出功能说明表

一级功能	二级功能	功能说明
承载力分析	燃气承载力	展示当前区域内燃气管线承载力评价结果
	给水承载力	展示当前区域内给水管线承载力评价结果
	排水承载力	展示当前区域内排水管线承载力评价结果
	电力承载力	展示当前区域内电力管线承载力评价结果
安全性总体分析	安全性总体分析	展示当前区域内的安全性分析结果
利用状况	利用状况分析	展示当前区域内地下浅、中、深三层空间资源利用状况
专题展示	专题图	根据分析结果生成专题图并展示，包括净距、占压、空间布置、穿越、顺序、埋深、安全性总体分析结果、地下空间资源利用状况分析结果
参数设置	参数设置	设置安全性综合分析中格网分析的网格大小，以及有关距离的分析结果的安全等级

成果展示与输出子系统的处理流程如图 7.12 所示。

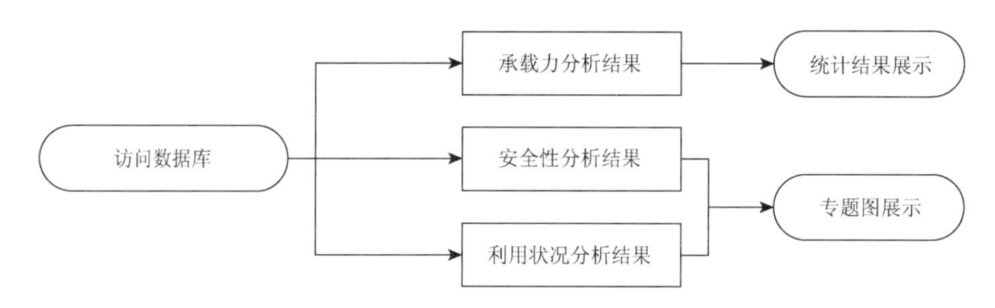

图 7.12　成果展示子系统处理流程图

第 8 章　地下管线监测与城市发展适应性分析应用

8.1　试点区域基本情况

8.1.1　试点区域概况

成都位于四川盆地西部的岷江中游地段，是四川省省会，是我国西南地区重要的科技、商贸、金融中心和交通、通信枢纽，是长江上游经济带、丝绸之路经济带、成渝经济区的核心城市，是继北京、天津、上海、广州、重庆之后，第 6 个国家中心城市！近年来，随着城市化的进程，城市格局开始逐步由一圈一圈“摊大饼”式、单中心发展向手指状、多中心发展。城市区域的发展经历了城市规划和初期建设、主体功能已实现但配套设施不完善，配套设施完善三个阶段。其城市区域包括：①主体功能及配套设施完备、成熟的区域；②城市主体功能基本具备，配套设施建设还不够完备的、正在发展中的区域；③正处于发展初期阶段，地面主体功能还处于规划或者建设阶段的区域。因此，在成都选择典型区域开展地下管线监测与城市发展适应性分析工作具有代表性。

在成都市选择一个发展变化较为明显，能反映成都市地下管线建设和地下空间资源利用情况的区域作为试点区域，开展地下管线监测与城市发展适应性分析工作。通过实地调研分析，选择由二环路南四段、武侯大道双楠段、西三环路一段、南三环路五段和创业路所围成，面积约 10km²的街区为试点区域。该区域包含居民区、工商业区，横跨成都市主城区和城乡接合区，地理坐标为东经 103°59′42″～104°2′42″，北纬 30°36′23″～30°38′46″，该试点区如图 8.1 红线范围所示。

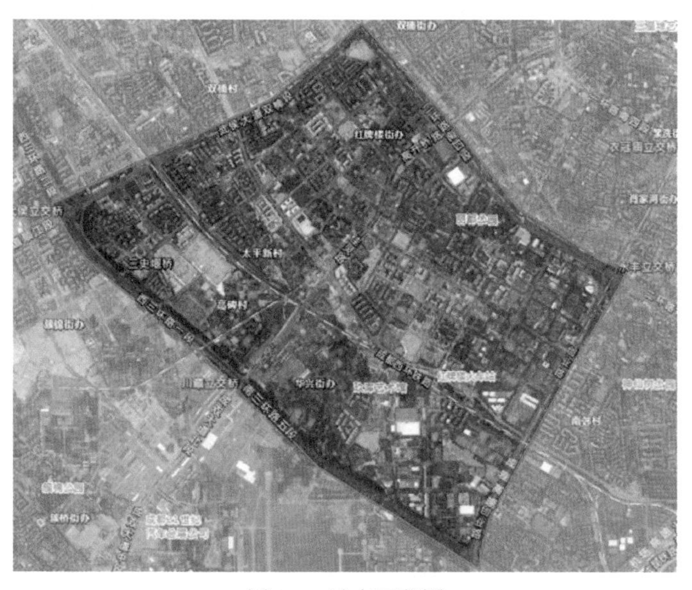

图 8.1　试点区范围

8.1.2　试点区域地下管线概况

试点区域的地下管线主要包含给水、排水、燃气、通信、电力、热力和工业等七类，其中，2013 年给水管线有 2791 段，排水管线有 5528 段，燃气管线有 299 段，通信管线有 3043 段，电力管线有 2313 段，所有管线总长为 507416.49m。在 2013 年的基础上，2014 年新增给水管线 19 段，燃气管线 19 段，通信管线 13 段，电力管线 6 段，2014 年所有管线总长为 510598.37m。

8.1.3　试点区域数据源

试点区域的数据来源主要有基础地理信息数据、地理国情数据、专题数据及其他数据，详见表 8.1。

表 8.1　试验区数据一览表

序号	数据分类	数据内容
1	基础地理信息数据	1∶2000 地形图、DOM 数据
2	地理国情数据	地理国情要素数据、地理国情地表数据
3	专题数据	地下管线数据、控制性详细规划数据、地下建（构）筑物数据、管线专业数据、地铁数据
4	其他数据	三维模型数据、社会经济统计数据

1. 基础地理信息数据

试点区所用基础地理信息数据包括2013年、2014年航测影像生产的1∶2000地形图和2013年、2014 年分辨率为 0.5*0.5 的数字正射影像图数据，坐标系统为成都平面坐标系和 1985 国家高程基准系。该类数据一是用于构建三维场景，二是用于提取城市道路面、城市道路中心线、城市绿化带、房屋建筑区、河流蓝线范围等信息，用于空间布局安全性分析。

2. 地理国情数据

试点区所用地理国情数据（2015 年）包括地理国情要素数据、地理国情地表数据，以及地表形态普查成果数据。其中，地表覆盖分类数据、地理国情要素数据为矢量形式，地表形态普查成果数据为栅格形式，并按图层统一存储在 Arcgis File Geodatabase 数据库中，坐标系统为 CGCS2000。数据主要用于提取建（构）筑物、道路、广场、草地、林地、城市发展备用地、保护区、控制区和其他用地等信息，用于地下资源利用状况分析。

3. 专题数据

试点区所用专题数据主要包括地下管线数据、控制性详细规划数据、地下建（构）筑物数据、管线运行数据、地铁数据等。

1）地下管线数据

地下管线数据包括地下管线普查数据（2006～2007 年）以及地下管线竣工测量数据（2007～2015 年），包含给水、排水、燃气、通信、电力、热力和工业七类管线数据，管线数据描述了管线的类别、具体走向、规划要求及规划时间，坐标系统为成都平面坐标系和 1985 国家高程基准。数据用于获取试点区域 2013 年、2014 年两期地下管线信息，为各类管线之间的空间布局安全性、城市管网承载力等分析提供数据支撑。

2）试点区域控制性详细规划数据

试点区域控制性详细规划数据如表 8.2 所示。坐标系统为成都平面坐标系和 1985 国家高程基准。数据用于获取各地块的主要用途、建筑密度、容积率、绿地率、基础设施和公共服务设施配套规定信息，数据包括绿地注记、地块注记、管线、道路红线等 35 个图层，为地下管线空间布局安全性分析区域划分提供分区依据。

表 8.2　中心城区控制性详细规划数据

序号	控规图名	编码	控规时间
1	武侯区 5（III.C）武侯区外双楠片区控制性详细规划	P279	2014/3/11
2	武侯区 5（III.B）武侯区晋阳居住区南片区控制性详细规划	P103	2015/4/24
3	武侯区 5（IV.C）武侯区成都西南物流中心控制性详细规划	P203	2015/4/23
4	武侯区 5（Ⅰ.A）武侯区广福桥西片区控制性详细规划	—	2014/3/24
5	武侯区 5（Ⅳ.D）武侯区红牌楼片区控制性详细规划	P223	2015/7/6
6	武侯区 5（III.B）武侯区顺江片区控制性详细规划	P103	2015/4/24
7	武侯区 5（IV.A）武侯区太平片区控制性详细规划	P108	2015/4/10

3）地下建（构）筑物数据

地下建（构）筑物数据（2015 年）坐标系统为成都平面坐标系和 1985 国家高程基准。内容包括地下空间的高程、层数和面积等信息，用于提取地下资源开发利用现状信息，为地下空间资源开发利用状况分析提供数据基础。

4）管线专业数据

试点区域管线专业数据包括给水管网和燃气管网专业数据（2013～2014 年）。给水管网专业数据包括管网密度、单位管长维修次数、产销差率、管道管材构成、人均综合生活用水量、管网水质综合合格率、管网压力合格率、用水量标准比；燃气管网专业资料包括管网密度、管道燃气覆盖率、管网利用率、管道管材构成、管网风险等级、燃气管网事故率、燃气管网泄漏率、管网老旧指数等资料。该数据用于进行地下管网承载力分析。

5）地铁数据

试点区域地铁数据坐标系统为成都平面坐标系和 1985 国家高程基准。数据包括成都地铁 3 号线路平、纵面数据、太平园 3 号线施工变更数据、成都地铁 7 号线图纸等，用于提取试点区地铁左线、右线各段里程的标高、地面高等信息，为地下空间资源开发利用状况分析提供数据基础。

4. 其他数据

试点区所用数据还包括三维模型、社会经济统计等数据。三维模型数据坐标系统为成都平面坐标系和 1985 国家高程基准，主要用于三维模型构建，以满足系统平台展示需要。社会经济统计数据来源于省市相关部门发布的统计年鉴，主要用于进行地下管网承载力分析。

8.1.4　数据处理

1. 地下管线空间布局安全性分析专题信息提取

综合利用基础地理信息数据、控制性详细规划数据等数据源，建立地下与管线空间布局安全性分析所需数据的映射关系，运用查询、筛选、统计等方法提取道路中心线、房屋建筑区、城市道路面、城市绿化带等数据，并进行拓扑检查。技术流程如图 8.2 所示。

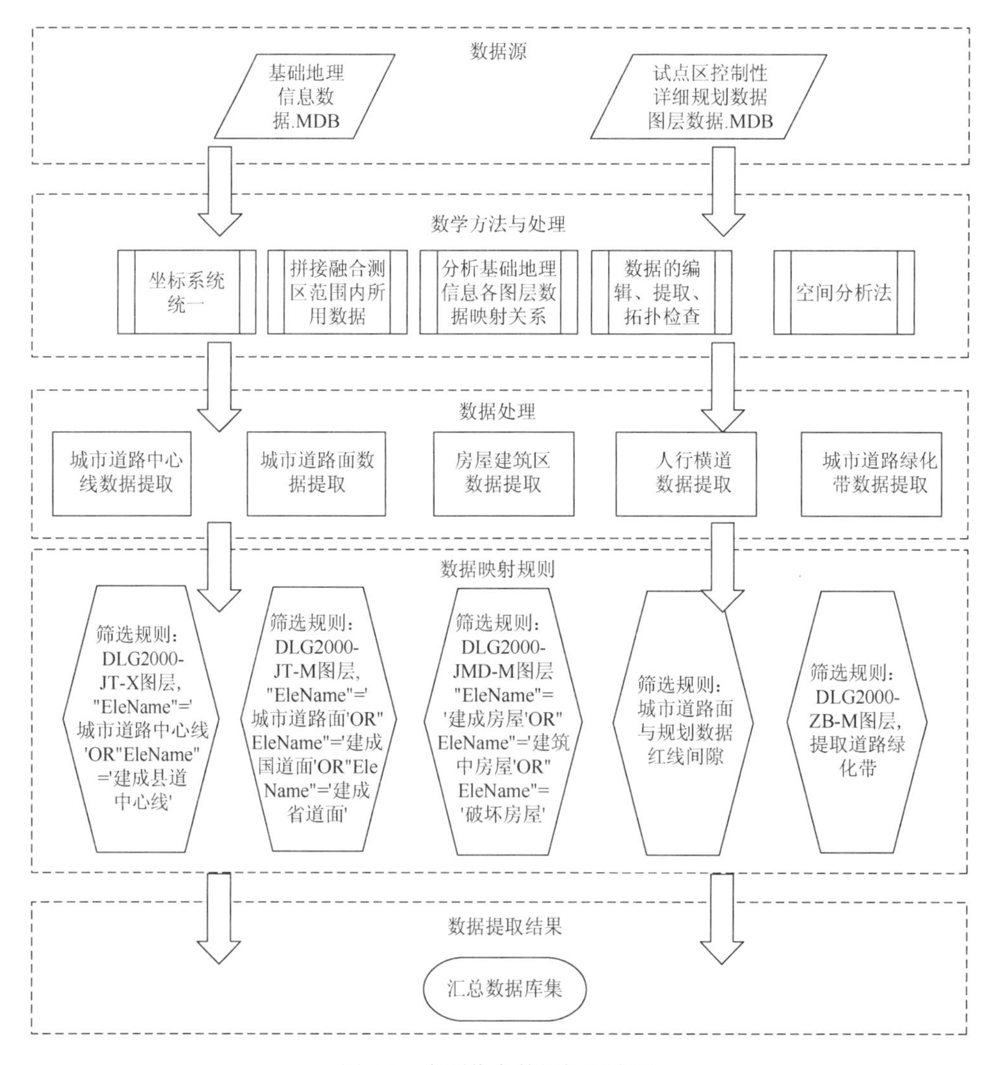

图 8.2　专题信息数据提取流程

（1）通过坐标转换、投影变换，将数据统一到同一坐标系统和高程基准。

（2）对试验区涉及的分幅数据进行拼接及裁剪，对数据进行标准化处理。

（3）建立所需专题信息与基础地理信息数据的映射关系。

（4）参照影像提取城市道路中心线、城市道路面、房屋建筑区和城市道路绿化带等数据。

（5）根据空间关系对提取的分类数据进行拓扑检查，包括面重叠、面缝隙等。

（6）对提取的分类数据进行逻辑结构检查。

2. 地下管网承载力数据处理

综合利用管线专业数据和社会经济统计数据，提取给水管网承载力分析数据，包括管网密度、单位管长维修次数、产销差率、管道材质构成、人均综合生活用水量、管网水质综合合格率、管网压力合格率、用水量标准比；燃气管网承载力分析数据包括管网密度、管道燃气覆盖率、管网利用率、管道管材构成、管网风险等级、燃气管网事故率、燃气管网泄漏率、管网老旧指数等。技术流程如图 8.3 所示。

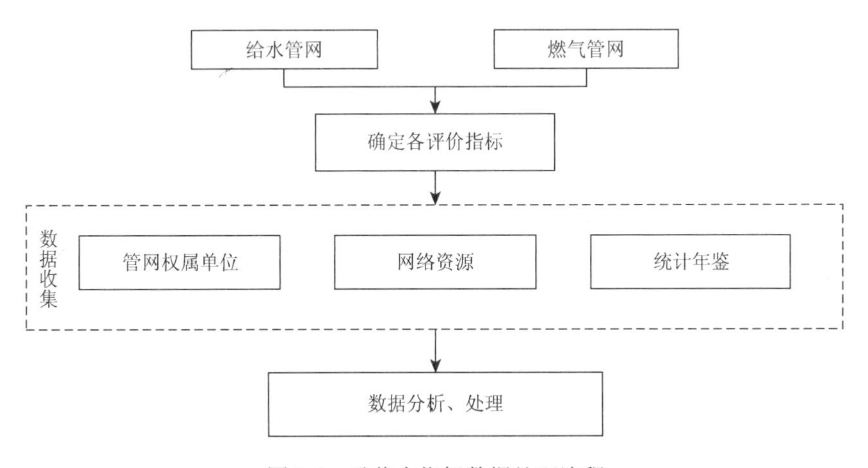

图 8.3　承载力指标数据处理流程

（1）处理城市燃气、给水管网承载力分析所需数据。

（2）收集管网承载力分析所需指标数据，到管线权属单位调研，结合行业规范和标准，明确哪些信息可从管线权属单位收集获得。

（3）部分承载力指标数据可以从收集的信息中直接提取使用。例如，给水管网的产销差率、单位管长维修次数信息，燃气管网的管道管材构成、管网风险等级信息。另一部分承载力指标数据需对管线权属单位收集到的数据信息进行加工。例如，管网密度指标数据，是把地下管线数据、供水区域面积数据代入相关计算模型得到。

（4）指标数据标准化。对两类管网承载力指标数据运用极值法进行标准化，排除由于各项指标的单位不同以及数值数量级之间的悬殊差别带来的影响。

（5）对指标数据进行检查。

3. 地下空间资源利用状况数据提取

1）地理国情数据

地下空间资源的开发利用受限于现有的地下空间布局和地上空间资源分布状况，地理国情数据是分析地上空间资源分布状况的主要来源。对地理国情数据进行地上空间资源分类提取，按建（构）筑物、道路、广场、草地、林地、城市发展备用地、保护区、控制区和其他用地进行分区，结合地下空间分布现状，完成对地下空间资源利用状况数据的分析。技术流程如图 8.4 所示。

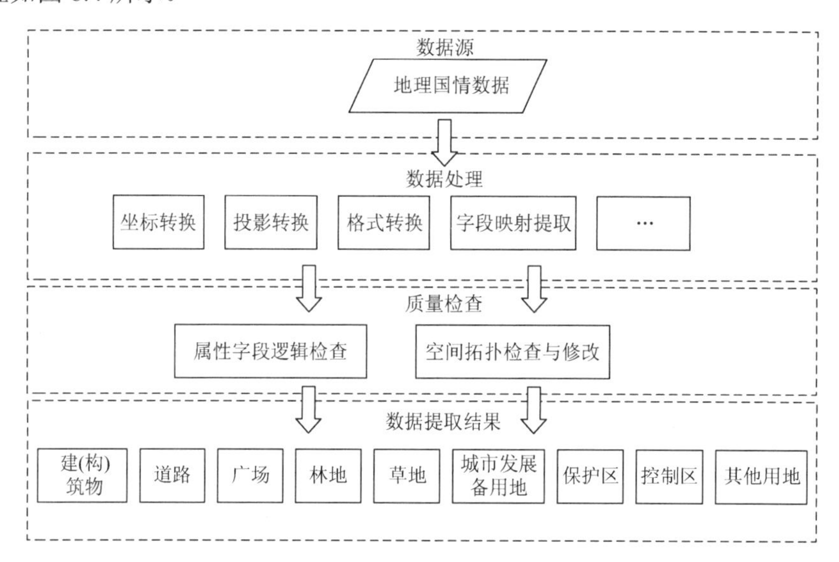

图 8.4　地理国情数据处理流程

（1）分析地理国情数据与地上空间资源利用状况，建立数据映射关系，如表 8.3 所示。

表 8.3　地面空间现状与地理国情数据映射关系

地面空间现状地上资源（指标量化）	地理国情数据
建（构）筑物	LCA（地表覆盖分类数据）房屋建筑（区）
道路	LCA 道路
广场	LCA 广场
林地	LCA 林地
草地	LCA 草地
城市发展备用地	LCA 拆迁待建工地
保护区	BERA4（自然文化保护区）
控制区（包括风景名胜区、军事区、区域高压电力管道、运输走廊、铁路等交通廊道）	LCA 铁路、LCA 高速公路、BERA6（风景名胜区、旅游区）
其他用地	区域内除上述分类外剩余地表用地

（2）统一地理国情数据坐标系统、投影系统。

（3）根据不同地面空间资源数据与地理国情数据映射关系，运用数据编辑、属性选择、融合等方法，对地理国情数据中映射的对应图层信息，进行查询、筛选，逐类实现对分层数据进行提取和处理。

（4）对提取出的地表空间状态图层进行拓扑检查与修改，包括面重叠和面缝隙。

2）地下建（构）筑物数据

地下建（构）筑物包括地下车库、人防设施、地下交通设施等，是地下空间资源开发利用状况的重点分析内容，结合用地现状数据，从地下建（构）筑物数据中采集地下建（构）筑物信息，包括地下空间的位置、地下层数、地下面积等信息。技术流程如图 8.5 所示。

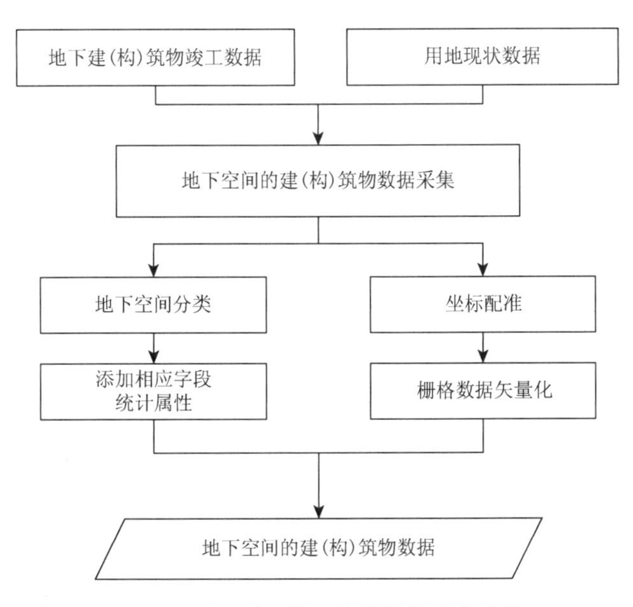

图 8.5　地下建（构）筑物数据采集流程

（1）收集地下建（构）筑物数据、用地现状数据，提取地下建（构）筑物相关信息，包括项目名称、地下类型、地下层数、地下面积、地下高度、地下建（构）筑物坐标、高程信息。其中地下类型一般为车库、人防和商业等类型。

（2）坐标配准。扫描地下建构筑物竣工图，找出地下建（构）筑竣工图扫描图件与用地现状位置空间对应关系，利用同名地物点进行坐标配准。

（3）进行坐标转换、投影变换。

（4）利用 GIS 矢量化功能，先进行坐标配准然后进行矢量化，得到地下建（构）筑物矢量数据。

（5）对数据进行检查。

3）地铁数据

分析需要的地铁数据如地铁站和轨道信息，包括起点地面高、终点地面高、起点标高、终点标高、起点埋深、终点埋深等属性。技术流程如图 8.6 所示。

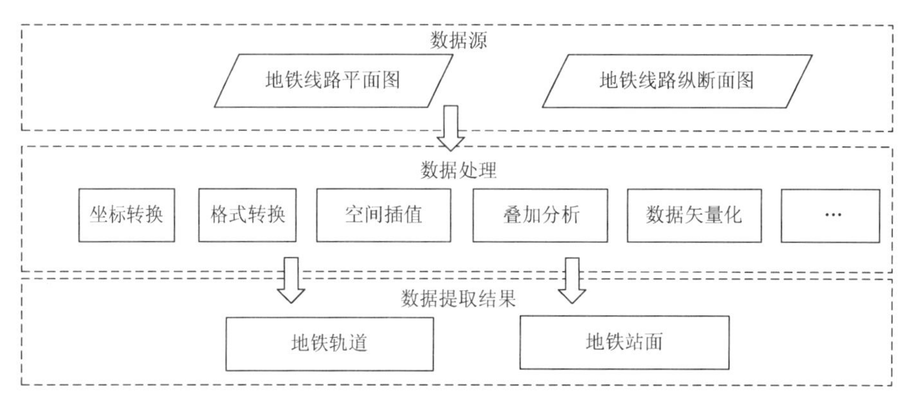

图 8.6　地铁数据采集流程

（1）对把地铁数据进行坐标转换和格式转换。

（2）矢量化采集地铁各个千米桩位置，并从剖面图中提取的地面高、标高，并计算埋深；矢量化采集地铁站数据。

（3）加密地铁线路上各千米桩点数据，根据已有的千米桩地面高、标高信息，进行空间插值，获得新增的加密地铁线路点位的高程、埋深。

（4）地铁线数据处理。将各千米桩点数据依次连接，即可得到地铁线数据，并通过叠加分析，将地铁各千米桩点的起点地面高、终点地面高、起点标高、终点标高、起点埋深、终点埋深等信息进行赋值。

（5）对地铁中心线数据以标准轨道宽度建立缓冲区，即为地铁轨道面。

8.2　地下管线空间布局安全性分析

在收集试点区大量数据的基础上，对试点区域管线占压、净距、排列顺序、空间布置、埋深状况进行分析（通过实地调研，试点区域内管线没有穿越河道、铁路等障碍物的情况，因此不对穿越管线隐患进行分析），从而作出地下管线的空间布局安全性评价。

8.2.1　占压分析

结合试点区域 2013 年、2014 年两期地下管线几何数据和地表建筑数据，得到试点区域占压隐患管线数量、位置、严重程度等信息，绘制试点区地下管线占压隐患空间分布图为图 8.8、图 8.9，两期占压情况变化图为图 8.10。根据管线数据分析，统计 2013 年和 2014 年试点区各片区的占压隐患信息（表 8.4、表 8.5）、2014 年较 2013 年隐患新增或减少信息（表 8.6）。

表 8.4　2013 年占压隐患统计表　　（单位：处）

占压类型	片区名称								总计
	九兴北片区	九兴南片区	起步区工业园二期	成都西南物流中心	红牌楼片区	南桥片区	太平片区	西南住宅科技产业基地	
压线占压	1	7	81	5	53	8	41	13	209
近线占压	30	4	32	19	93	21	74	13	286
总计	31	11	113	24	146	29	115	26	495

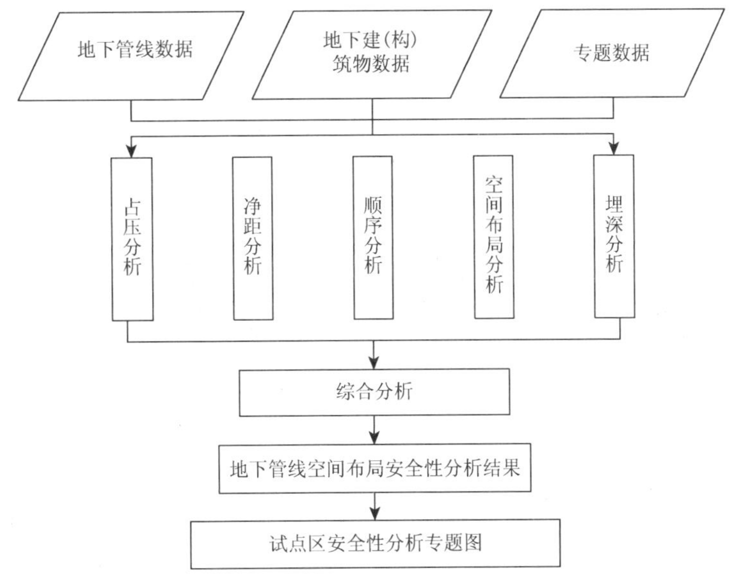

图 8.7　地下管线空间布局分析流程图

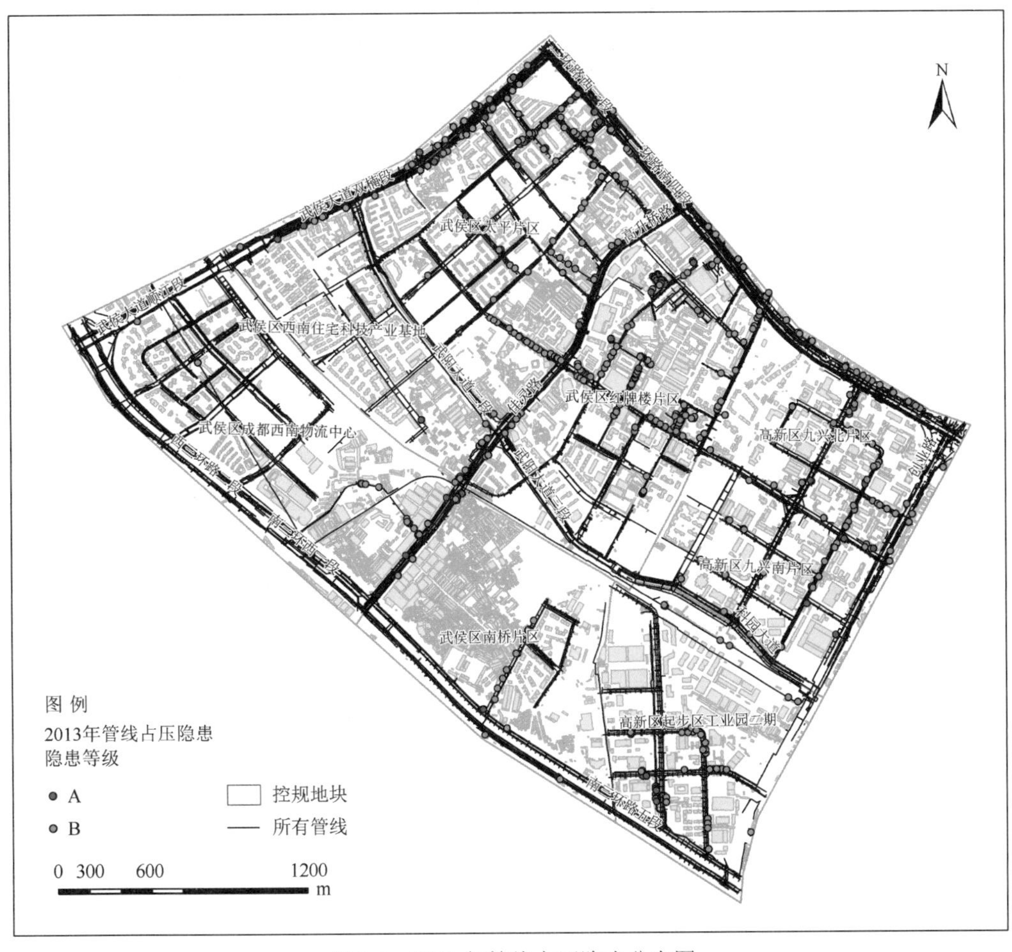

图 8.8　2013 年管线占压隐患分布图

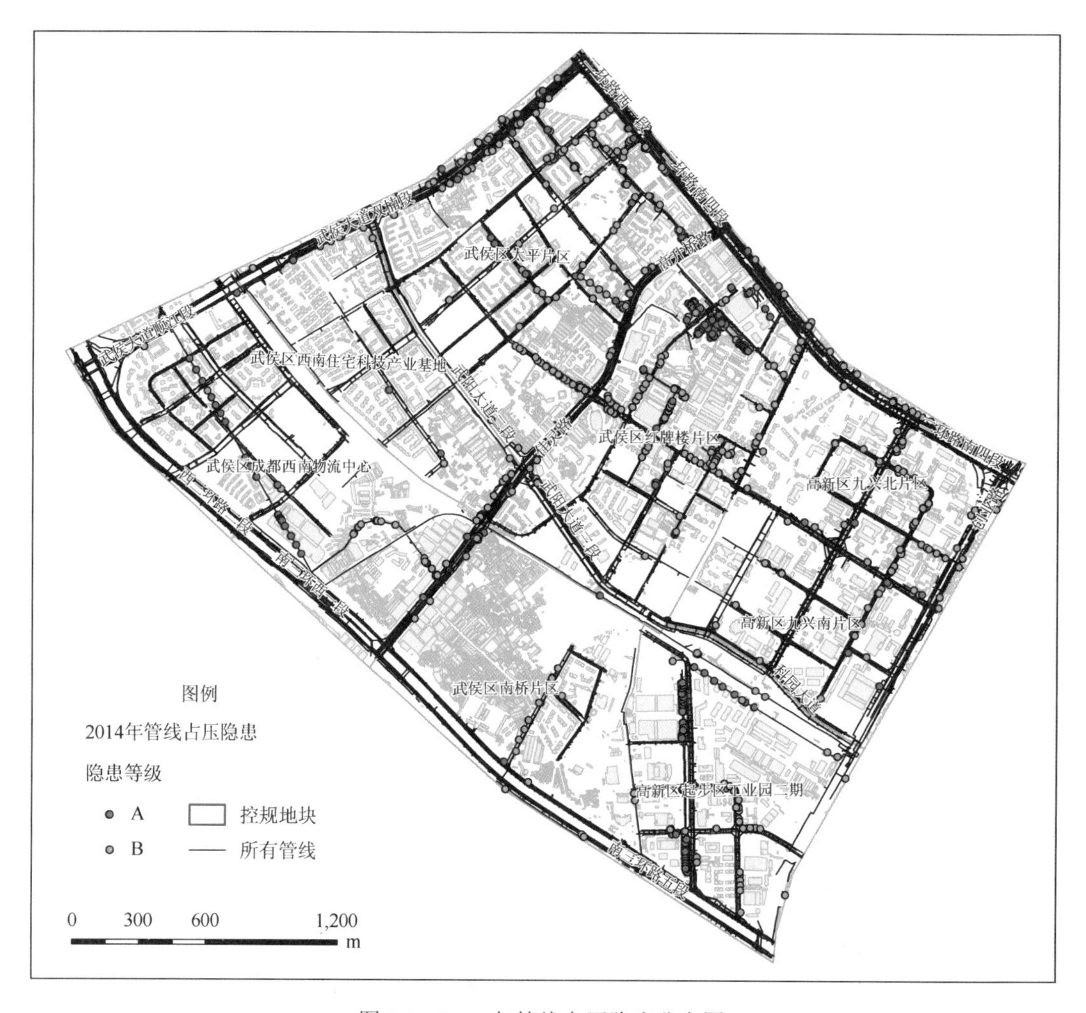

图 8.9　2014 年管线占压隐患分布图

如表 8.4 所示，2013 试点区域具有占压隐患的地下管线共有具 495 处，占全部管段的 3.54%，单位管长占压数量为 0.98 处，其中压线占压有 209 处，近线占压有 286 处。按片区统计，红牌楼片区地下管线占压隐患情况较严重，有 146 处，占试点区总数的 29.49%；九兴南片区情况相对较好，有 11 处，占试点区总数的 2.22%。

表 8.5　2014 年占压隐患统计表　　（单位：处）

占压类型	片区名称								总计
	九兴北片区	九兴南片区	起步区工业园二期	成都西南物流中心	红牌楼片区	南桥片区	太平片区	西南住宅科技产业基地	
压线占压	1	7	81	5	53	8	42	13	210
近线占压	30	4	32	19	93	21	74	13	286
总计	31	11	113	24	146	29	116	26	496

如表 8.5 所示，2014 年试点区域具有占压隐患的地下管线共有 496 处，占全部管段的 3.54%，单位管长占压数量为 0.97 处，其中压线占压有 210 处，近线占压有 286 处。按片区统计，红牌楼片区地下管线占压隐患情况较严重，有 146 处，占试点区总数的 29.49%；九兴南片区情况相对较好，有 11 处，占试点区总数的 2.22%。

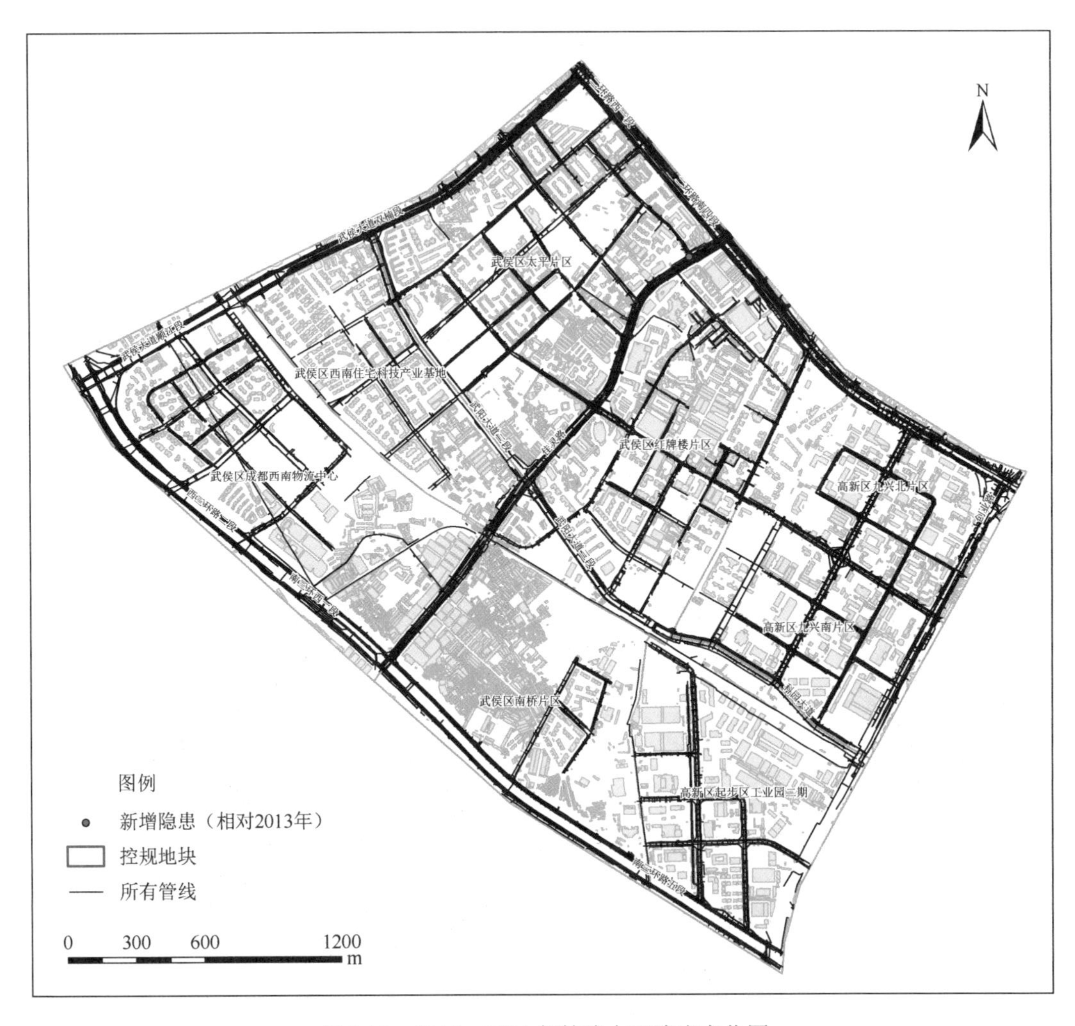

图 8.10　2013～2014 年管线占压隐患变化图

表 8.6　2013～2014 年管线新增占压隐患统计表　（单位：处）

占压类型	片区名称								总计
	九兴北片区	九兴南片区	起步区工业园二期	成都西南物流中心	红牌楼片区	南桥片区	太平片区	西南住宅科技产业基地	
压线占压	0	0	0	0	0	0	1	0	1
近线占压	0	0	0	0	0	0	0	0	0
总计	0	0	0	0	0	0	1	0	1

表 8.6 为 2013～2014 年管线占压隐患变化情况，对比 2013 年，2014 年在试点区只存在新增占压隐患管线，没有改进隐患的管线，新增占压隐患仅 1 处，位于太平片区。

8.2.2 净距分析

根据试点区域 2013 年、2014 年两期地下管线几何数据，得到试点区净距隐患管线数量、位置、隐患等级等信息，绘制净距隐患管线的空间分布图如图 8.11、图 8.12 所示，两期净距隐患情况变化图如图 8.14 所示。根据管线数据分析，统计 2013 年和 2014 年试点区各片区的净距隐患管线信息见表 8.7、表 8.8，2014 年相比 2013 年，隐患管线新增或减少统计信息见表 8.9 和图 8.15。

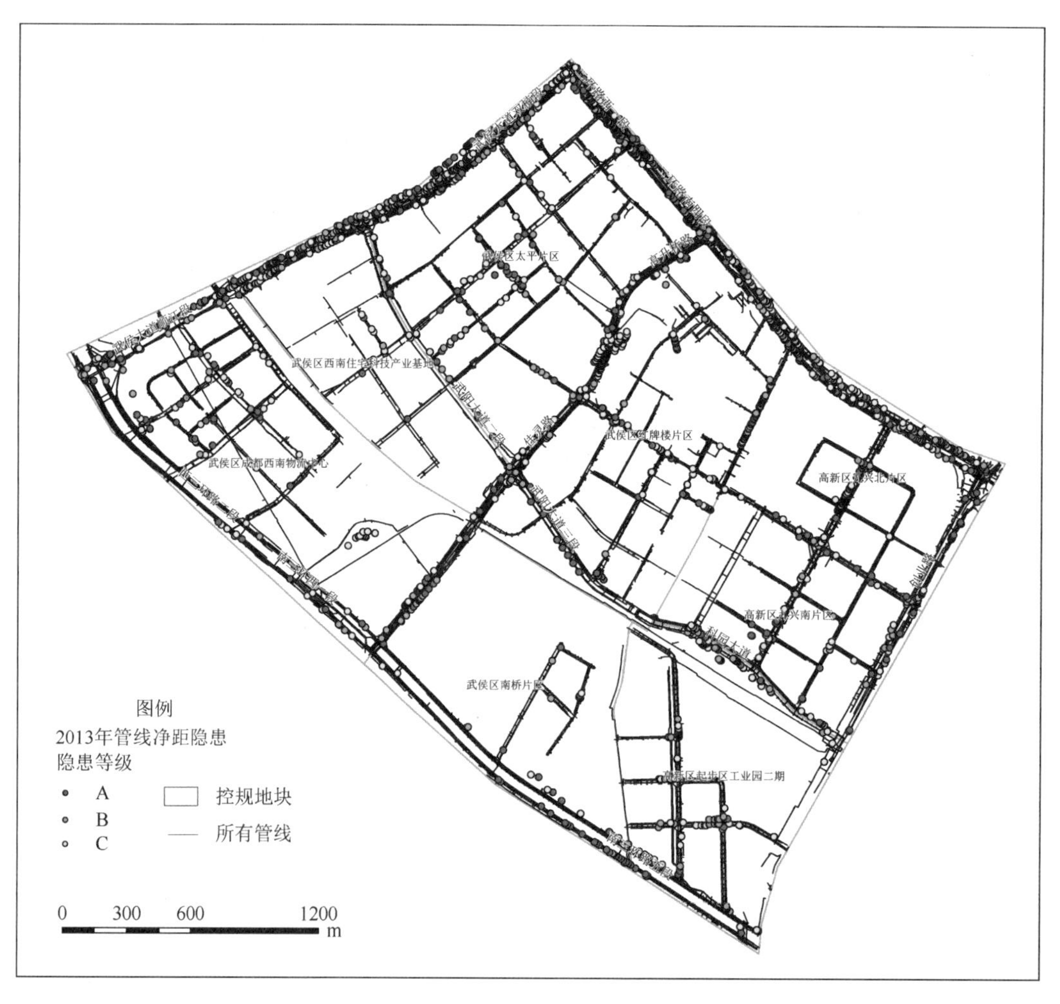

图 8.11　2013 年管线净距隐患分布图

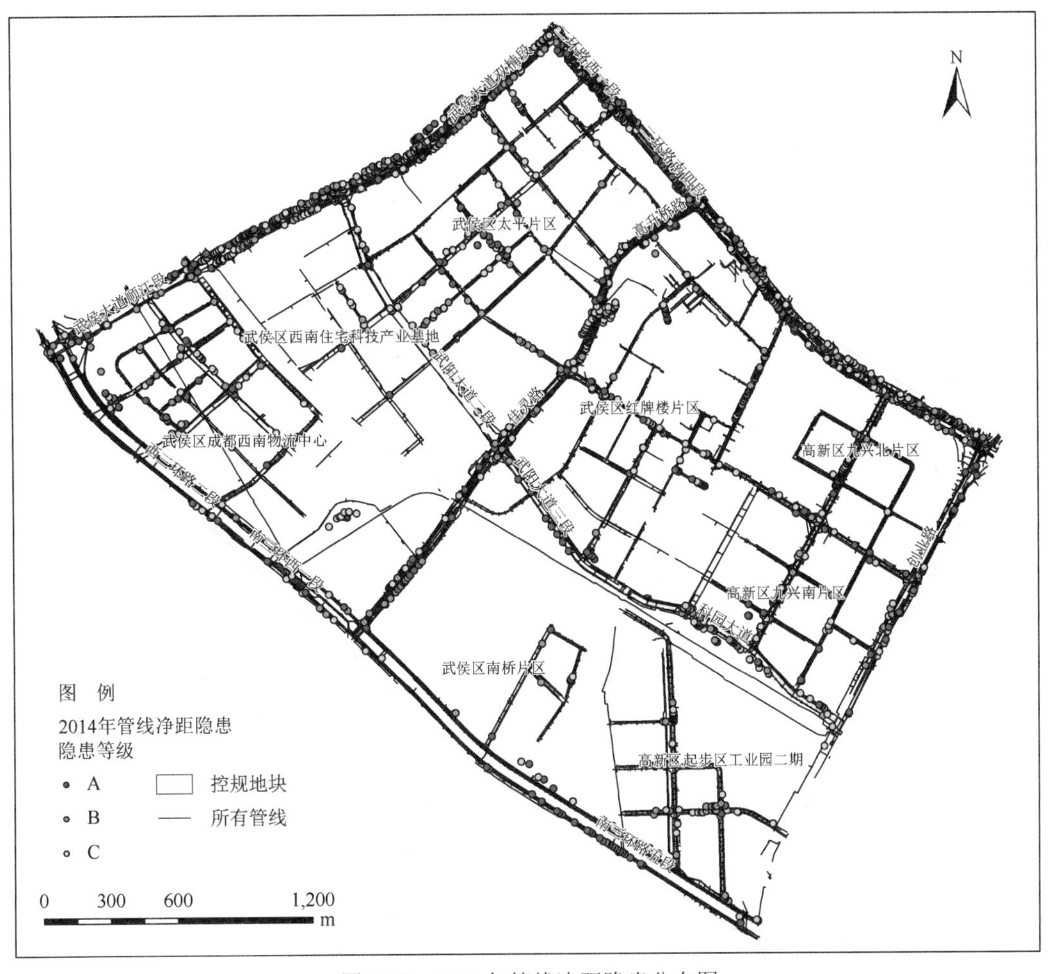

图 8.12　2014 年管线净距隐患分布图

表 8.7　2013 年净距隐患统计表　　（单位：处）

隐患类型	片区名称								总计
	九兴北片区	九兴南片区	起步区工业园二期	成都西南物流中心	红牌楼片区	南桥片区	太平片区	西南住宅科技产业基地	
A	165	53	68	120	157	46	362	71	1042
B	101	22	63	66	108	18	154	63	595
C	173	43	93	111	193	12	350	92	1067
总计	439	118	224	297	458	76	866	226	2704

如表 8.7 所示，2013 年试点区域地下管线共有净距隐患 2704 处，占全部管段的 19.35%，单位管长净距隐患数量为 5.33 处，其中 A 类隐患有 1042 处，B 类隐患有 595 处，C 类隐患有 1067 处。按片区统计，太平片区地下管线净距隐患情况较严重，有 866 处，占试点区总数的 32.03%；南桥片区情况相对较好，有 76 处，占试点区总数的 2.81%。

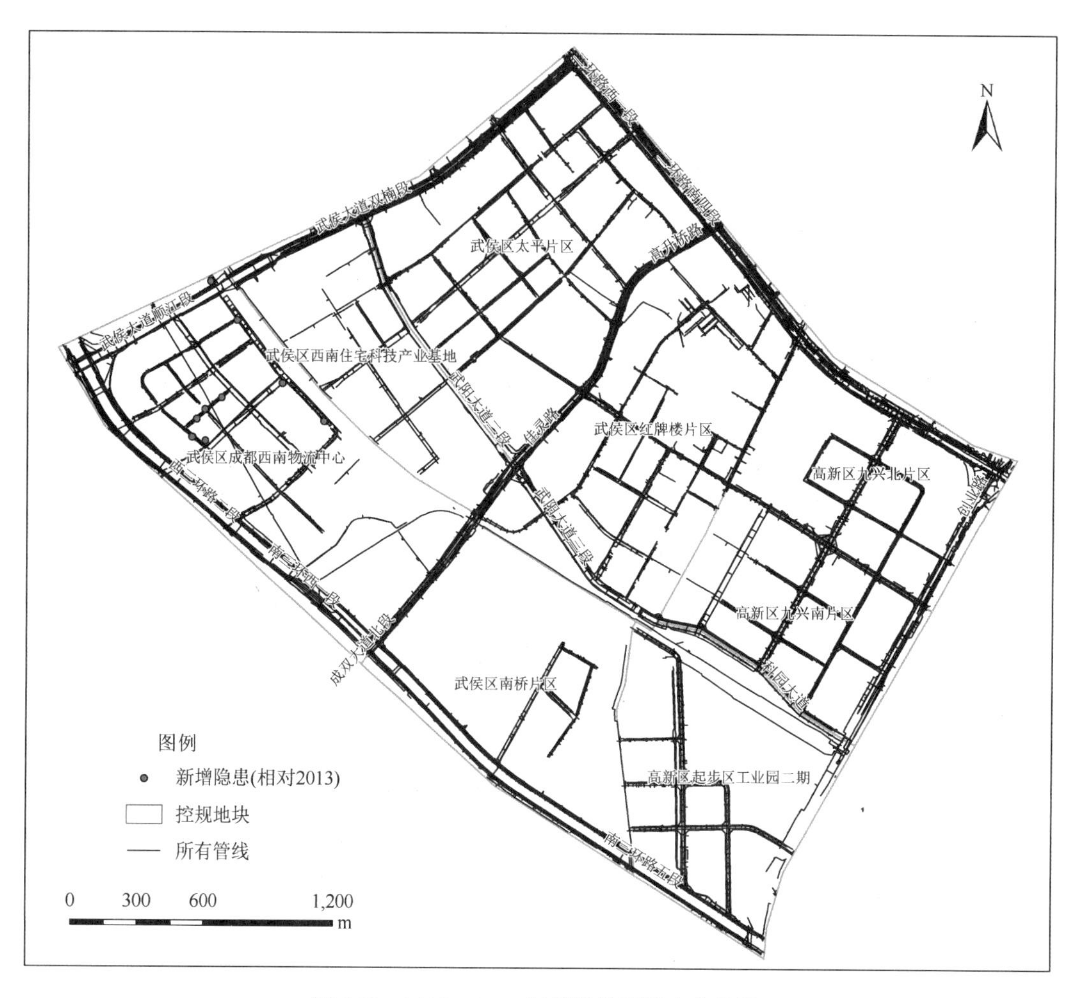

图 8.13　2013～2014 年管线净距隐患变化图

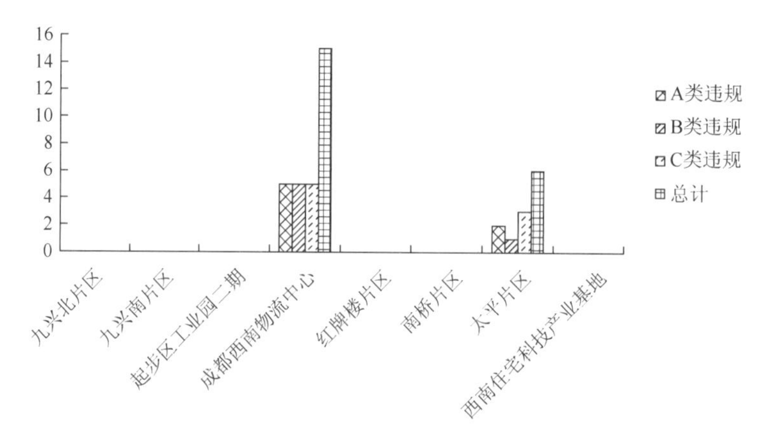

图 8.14　2013～2014 年管线净距隐患新增数据统计图

表 8.8　2014 年净距隐患统计表　（单位：处）

隐患类型	片区名称								总计
	九兴北片区	九兴南片区	起步区工业园二期	成都西南物流中心	红牌楼片区	南桥片区	太平片区	西南住宅科技产业基地	
A	165	53	68	125	157	46	364	71	1049
B	101	22	63	71	108	18	155	63	601
C	173	43	93	116	193	12	353	92	1075
总计	439	118	224	312	458	76	872	226	2725

如表 8.8 所示，2014 年试点区域地下管线共有净距隐患 2725 处，占全部管段的 19.42%，单位管长净距隐患数量为 5.34 处，其中 A 类隐患有 1049 处，B 类隐患有 601 处，C 类隐患有 1075 处。按片区统计，太平片区地下管线净距隐患较严重，有 872 处，占试点区总数的 32.00%；南桥片区情况相对较好，有 76 处，占试点区总数的 2.79%。

表 8.9、图 8.14 为 2013～2014 年管线间净距隐患变化情况，对比 2013 年，2014 年试点区只存在新增净距隐患管线，没有改进隐患管线；新增隐患管线有 21 处，其中 A 类有 7 处，B 类有 6 处，C 类有 8 处，主要分布在成都西南物流中心和太平片区两个片区，其中成都西南物流中心有 15 处，太平片区有 6 处。

表 8.9　2013～2014 年新增净距隐患统计表　（单位：处）

隐患类型	片区名称								总计
	九兴北片区	九兴南片区	起步区工业园二期	成都西南物流中心	红牌楼片区	南桥片区	太平片区	西南住宅科技产业基地	
A	0	0	0	5	0	0	2	0	7
B	0	0	0	5	0	0	1	0	6
C	0	0	0	5	0	0	3	0	8
总计	0	0	0	15	0	0	6	0	21

8.2.3　顺序分析

结合试点区域 2013 年、2014 年两期地下管线几何数据，得到试点区域管线的水平顺序和垂直顺序隐患信息，记录其数量、管段类型、位置等信息，绘制顺序隐患管段分布图（图 8.15、图 8.16、图 8.19、图 8.20）、两期管线的水平和垂直顺序隐患情况变化图（图 8.17、图 8.21）。根据管线数据统计了 2013 年和 2014 年各片区的水平和垂直顺序隐患信息如表 8.10、表 8.11、表 8.13、表 8.14 所示，2014 年相比 2013 年，水平和垂直隐患新增或减少统计信息如表 8.12、图 8.18、表 8.15、图 8.22。

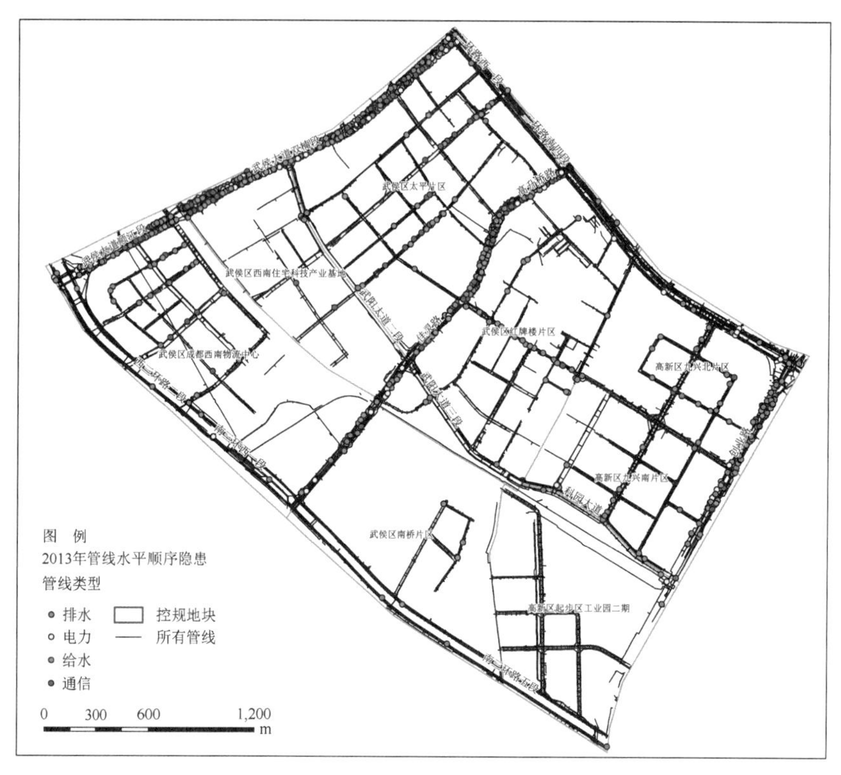

图 8.15　2013 年管线水平顺序隐患分布图

图 8.16　2014 年管线水平顺序隐患分布图

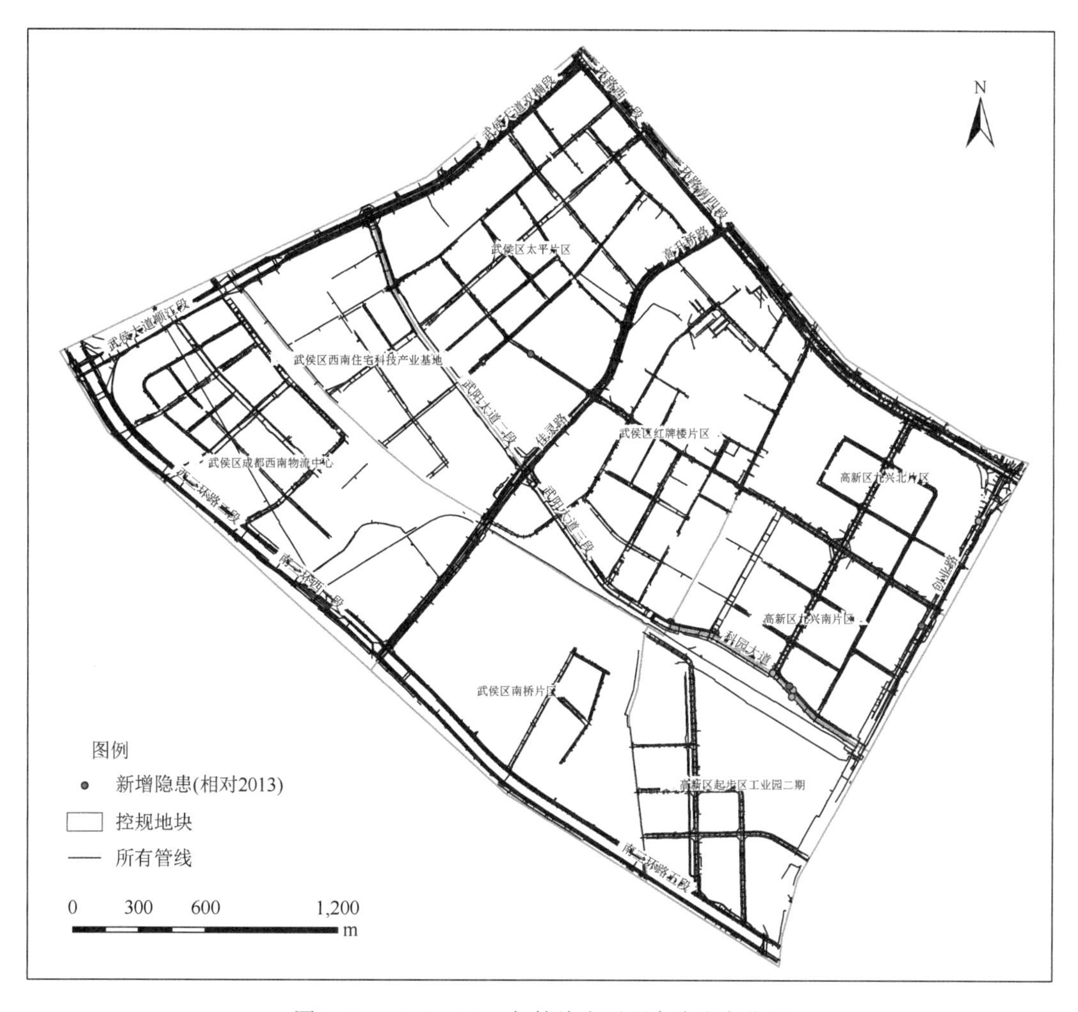

图 8.17　2013～2014 年管线水平顺序隐患变化图

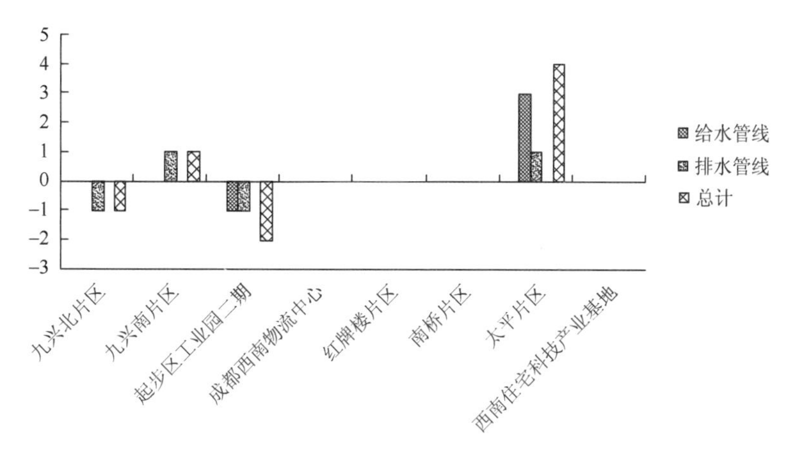

图 8.18　2013～2014 年管线水平顺序隐患新增、改进数据统计图

注：正数为新增管段，负数为改进管段。

表 8.10　2013 年水平顺序隐患统计表　（单位：处）

管线类型	片区名称								总计
	九兴北片区	九兴南片区	起步区工业园二期	成都西南物流中心	红牌楼片区	南桥片区	太平片区	西南住宅科技产业基地	
电力	95	1	0	11	40	2	45	0	194
给水	63	6	1	34	43	13	55	4	219
排水	58	4	8	31	60	21	66	1	249
通信	4	0	0	1	0	0	2	0	7
总计	220	11	9	77	143	36	168	5	669

如表 8.10 所示，2013 年试点区域地下管线水平顺序隐患有 669 处，占全部管段的 4.79%，单位管长水平顺序隐患数量为 1.32 处，其中，电力管线有 194 处，给水管线有 219 处，排水管线有 249 处，通信管线有 7 处。按片区统计，九兴北片区地下管线间水平顺序隐患情况较严重，有 220 处，占试点区总数的 32.88%；西南住宅科技产业基地情况相对较好，有 5 处，占试点区总数的 0.74%。

表 8.11　2014 年水平顺序隐患统计表　（单位：处）

管线类型	片区名称								总计
	九兴北片区	九兴南片区	起步区工业园二期	成都西南物流中心	红牌楼片区	南桥片区	太平片区	西南住宅科技产业基地	
电力	95	1	0	11	40	2	45	0	194
给水	63	6	0	34	43	13	58	4	221
排水	57	5	7	31	60	21	67	1	249
通信	4	0	0	1	0	0	2	0	7
总计	219	12	7	77	143	36	172	5	671

如表 8.11 所示，2014 年试点区地下管线水平顺序隐患有 671 处，占全部管段的 4.78%，单位管长水平顺序隐患数量为 1.31 处，其中，电力管线有 194 处，给水管线有 221 处，排水管线有 249 处，通信管线有 7 处。按片区统计，九兴北片区地下管线间水平顺序隐患情况较严重，有 219 处，占试点区总数的 32.64%；西南住宅科技产业基地情况相对较好，有 5 处，占试点区总数的 0.75%。

表 8.12　2013～2014 年管线水平顺序隐患新增、改进统计表　（单位：处）

管线类型	片区名称								总计
	九兴北片区	九兴南片区	起步区工业园二期	成都西南物流中心	红牌楼片区	南桥片区	太平片区	西南住宅科技产业基地	
电力	0	0	0	0	0	0	0	0	0
给水	0	0	−1	0	0	0	3	0	2
排水	−1	1	−1	0	0	0	1	0	0
通信	0	0	0	0	0	0	0	0	0
总计	−1	1	−2	0	0	0	4	0	2

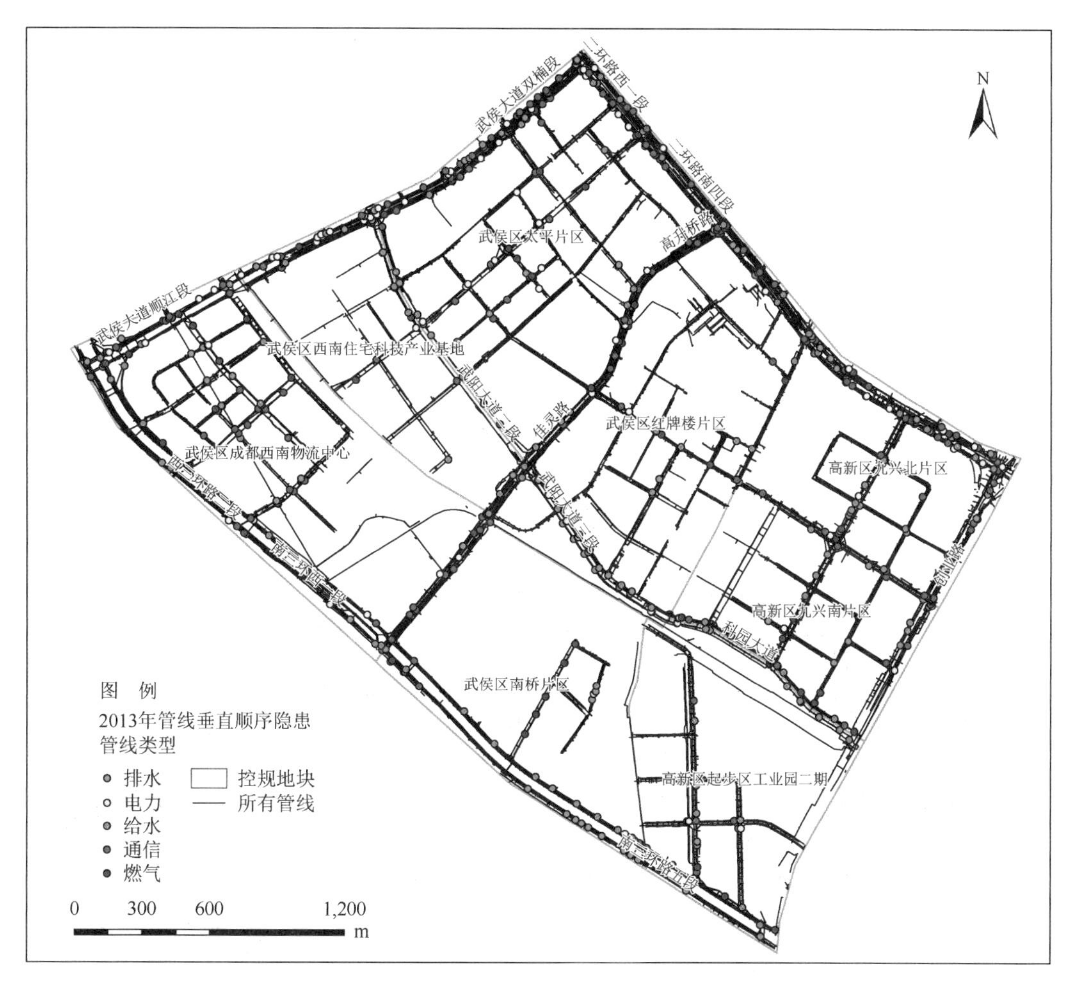

图 8.19　2013 年管线垂直顺序隐患分布图

表 8.12 和图 8.18 为 2013～2014 年管线水平顺序隐患变化情况，对比 2013 年，2014 年试点区新增水平顺序隐患共 5 处，其中，九兴南片区排水管线新增 1 处，太平片区给水管线新增 3 处，排水管线新增 1 处。改进水平顺序隐患仅有 3 处，其中，九兴北片区排水管线改进 1 处，起步区工业园二期给水和排水各改进 1 处。各片区隐患数量总体而言，起步区工业园二期减少 2 处，九兴北片区减少 1 处，九兴南片区增加 1 处，太平片区增加 4 处，成都西南物流中心、红牌楼片区、南桥片区、西南住宅科技产业基地隐患数量基本不变。总的来说，试点区管线的水平顺序隐患增加了 2 处。

表 8.13　2013 年垂直顺序隐患统计表　　（单位：处）

管线类型	片区名称								总计
	九兴北片区	九兴南片区	起步区工业园二期	成都西南物流中心	红牌楼片区	南桥片区	太平片区	西南住宅科技产业基地	
电力	33	11	16	27	38	12	73	18	228
给水	49	32	33	53	30	26	70	36	329

续表

管线类型	片区名称								总计
	九兴北片区	九兴南片区	起步区工业园二期	成都西南物流中心	红牌楼片区	南桥片区	太平片区	西南住宅科技产业基地	
排水	29	10	10	32	31	13	35	13	173
燃气	18	10	4	27	13	7	26	11	116
通信	72	22	20	50	40	18	125	15	362
总计	201	85	83	189	152	76	329	93	1208

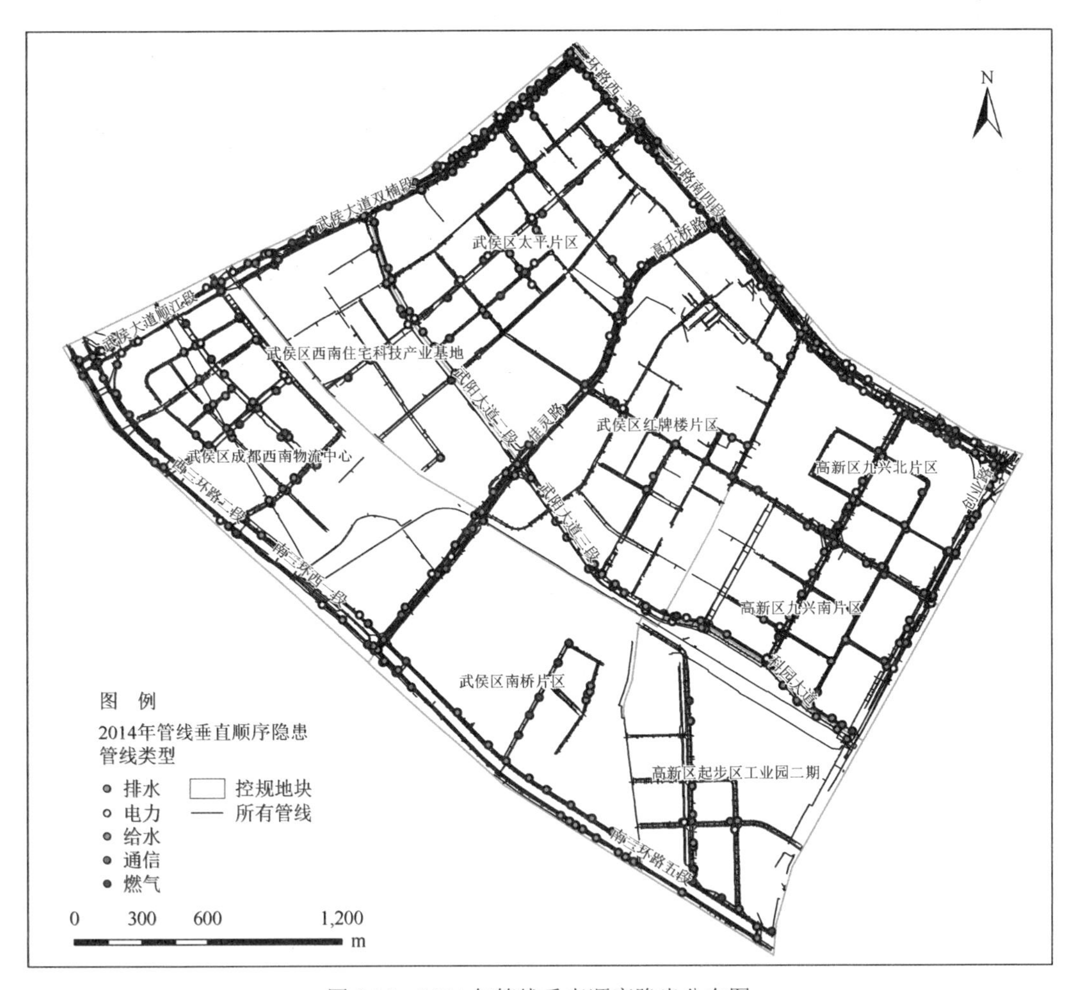

图 8.20　2014 年管线垂直顺序隐患分布图

如表 8.13 所示，2013 年试点区域地下管线存在垂直顺序隐患 1208 处，占全部管段的 8.64%，单位管长垂直顺序隐患数量为 2.38 处，其中，电力管线有 228 处，给水管线有 329 处，排水管线有 173 处，燃气管线有 116 处，通信管线有 362 处。按片区统计，太平片区地下管线间垂直顺序隐患情况较严重，有 329 处，占试点区总数的 27.24%；南桥片区情况相对较好，有 76 处，占试点区总数的 6.29%。

如表 8.14 所示，2014 年试点区域地下管线存在垂直顺序隐患 1237 处，占全部管段的 8.82%，单位管长垂直顺序隐患数量为 2.42 处，其中，电力管线 231 处，给水管线有 344 处，排水管线有 169 处，燃气管线有 131 处，通信管线有 362 处。按片区统计，太平片区地下管线间垂直顺序隐患情况较严重，有 332 处，占试点区总数的 26.84%；南桥片区情况相对较好，有 75 处，占试点区总数的 6.06%。

表 8.14　2014 年垂直顺序隐患统计表　（单位：处）

管线类型	片区名称								总计
	九兴北片区	九兴南片区	起步区工业园二期	成都西南物流中心	红牌楼片区	南桥片区	太平片区	西南住宅科技产业基地	
电力	34	11	16	32	39	12	70	17	231
给水	49	34	32	63	30	27	74	35	344
排水	27	10	9	33	29	12	34	15	169
燃气	17	10	9	33	15	7	28	12	131
通信	73	20	19	52	40	17	126	15	362
总计	200	85	85	213	153	75	332	94	1237

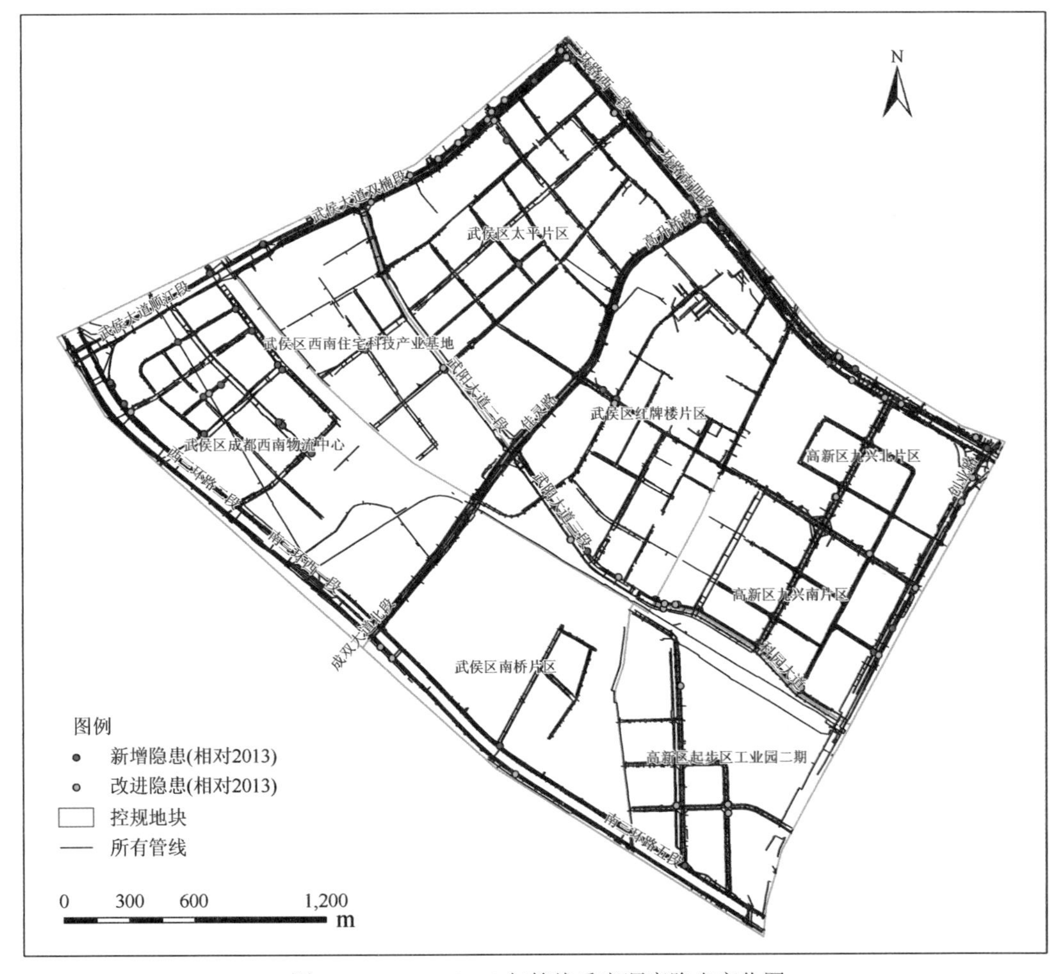

图 8.21　2013～2014 年管线垂直顺序隐患变化图

表 8.15　2013～2014 年管线垂直顺序隐患新增、改进统计表　（单位：处）

管线类型	片区名称								总计
	九兴北片区	九兴南片区	起步区工业园二期	成都西南物流中心	红牌楼片区	南桥片区	太平片区	西南住宅科技产业基地	
电力	1	0	0	5	1	0	−3	−1	3
给水	0	2	−1	10	0	1	4	−1	15
排水	−2	0	−1	1	−2	−1	−1	2	−4
燃气	−1	0	5	6	2	0	2	1	15
通信	1	−2	−1	2	0	−1	1	0	0
总计	−1	0	2	24	1	−1	3	1	29

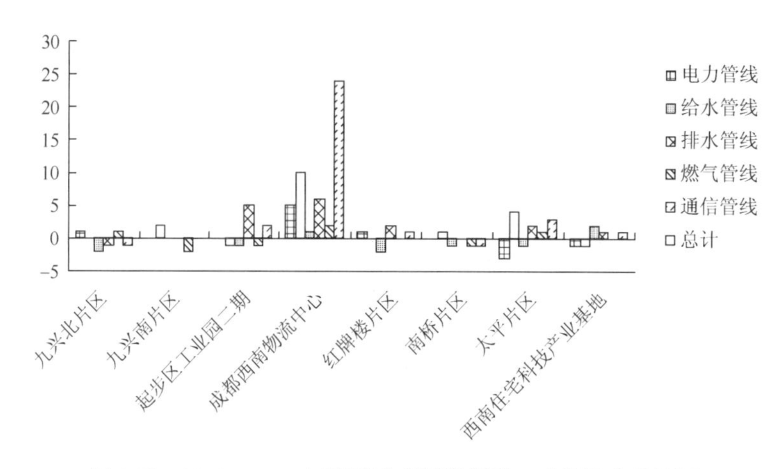

图 8.22　2013～2014 年管线垂直顺序新增、改进隐患统计图

表 8.15 和图 8.22 为 2013～2014 年管线垂直顺序隐患变化情况，对比 2013 年，2014 年试点区新增垂直顺序隐患共 47 处，试点区各个片区均有新增隐患，其中，成都西南物流中心新增数量最多，电力管线新增 5 处，给水管线新增 10 处，排水管线新增 1 处，燃气管线新增 6 处，通信管线新增 2 处，共 24 处。同时，除了成都西南物流中心没有改进隐患管段外，其他片区均有改进隐患管段。分区而言，九兴北片区、南桥片区减少 1 处，红牌楼片区、西南住宅科技产业基地增加 1 处，起步区工业园二期增加 2 处，太平片区增加 3 处，成都西南物流中心增加 24 处，九兴南片区数量基本不变。总的来说，试点区管线的垂直顺序隐患增加了 29 处。

8.2.4　空间布置分析

根据试点区域 2013 年、2014 年两期地下管线空间布置几何数据，得到区域内存在空间布置隐患的管线的信息，记录其数量、管段类型、位置等信息，绘制地下管线顺序布置隐患分布图（图 8.23、图 8.24）、2 期管线空间布置隐患情况变化图（图 8.25）。根据管线数据分析，统计 2013 年和 2014 年各片区的空间布置隐患信息（表 8.16、表 8.17）、2014 年相比 2013 年隐患新增或减少统计信息（表 8.18、图 8.26）。

表 8.16　2013 年空间布置隐患统计表　　（单位：处）

管线类型	片区名称								总计
	九兴北片区	九兴南片区	起步区工业园二期	成都西南物流中心	红牌楼片区	南桥片区	太平片区	西南住宅科技产业基地	
给水	103	30	49	176	95	69	211	40	773
燃气	5	2	4	6	8	0	14	3	42
通信	160	89	8	5	53	4	47	0	366
总计	268	121	61	187	156	73	272	43	1181

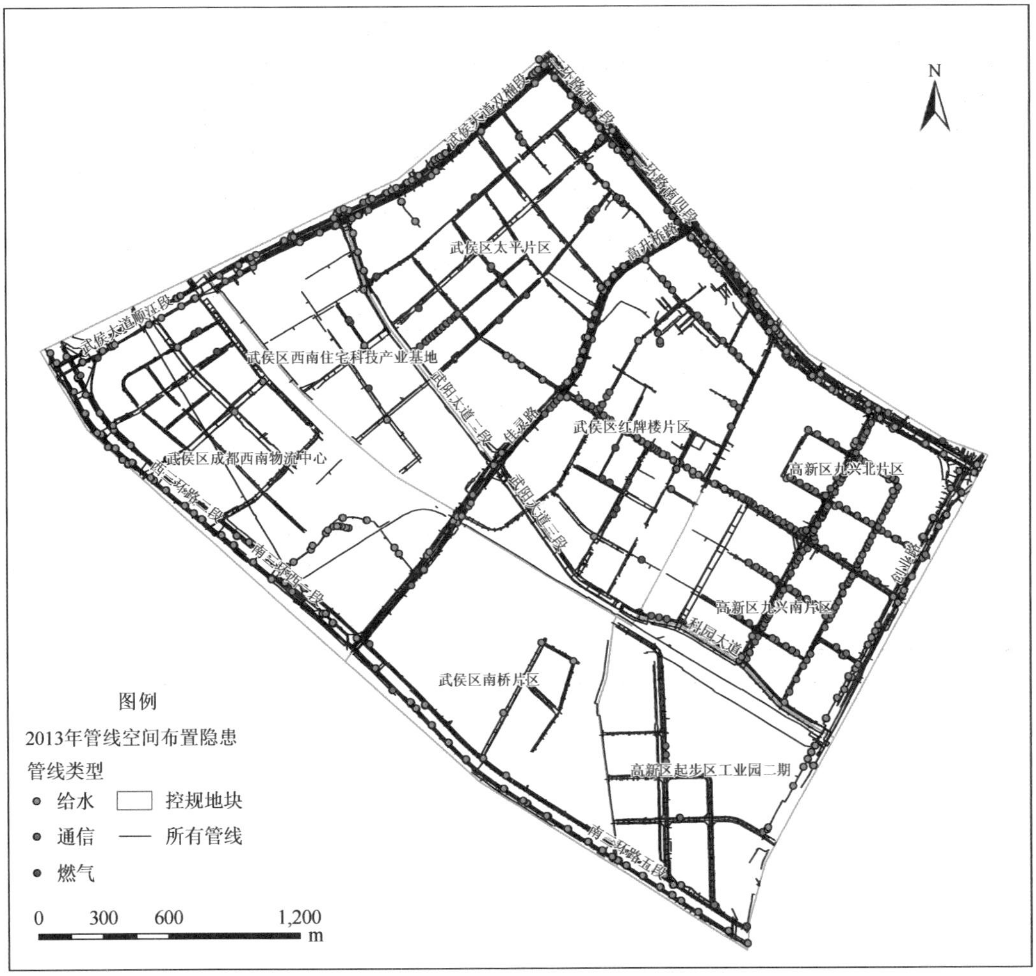

图 8.23　2013 年管线空间布置隐患分布图

如表 8.16 所示，2013 年试点区地下管线有空间布置隐患有 1181 处，占全部管段的 8.56%，单位管长空间布置隐患数量为 2.33 处，其中给水管线有 773 处，燃气管线有 42 处，通信管线有 366 处。按片区统计，太平片区地下管线空间布置隐患情况较严重，有

272 处，占试点区总数的 23.03%；西南住宅科技产业基地情况相对较好，有 43 处，占试点区总数的 3.64%。

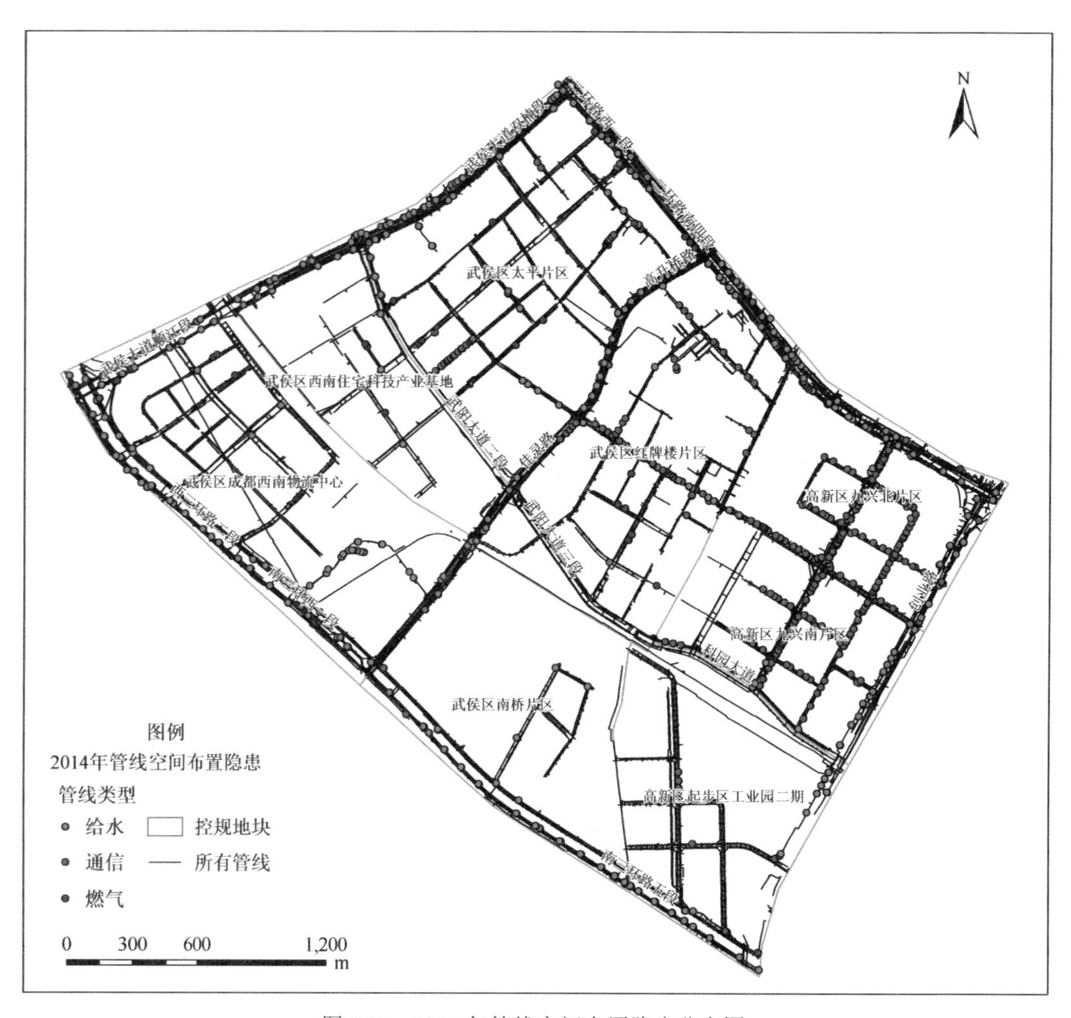

图 8.24　2014 年管线空间布置隐患分布图

表 8.17　2014 年空间布置隐患统计表　　　　（单位：处）

管线类型	片区名称								总计
	九兴北片区	九兴南片区	起步区工业园二期	成都西南物流中心	红牌楼片区	南桥片区	太平片区	西南住宅科技产业基地	
给水	103	30	49	176	95	69	216	40	778
燃气	5	2	4	6	8	0	14	3	42
通信	160	89	8	5	53	4	47	0	366
总计	268	121	61	187	156	73	277	43	1186

如表 8.17 所示，2014 年年试点区地下管线有空间布置隐患有 1186 处，占全部管段的 8.45%，单位管长空间布置隐患数量为 2.32 处，其中给水管线有 778 处，燃气管线有

42 处，通信管线有 366 处。按片区统计，太平片区地下管线空间布置隐患情况较严重，有 277 处，占试点区总数的 23.36%；西南住宅科技产业基地情况相对较好，有 43 处，占试点区总数的 3.63%。

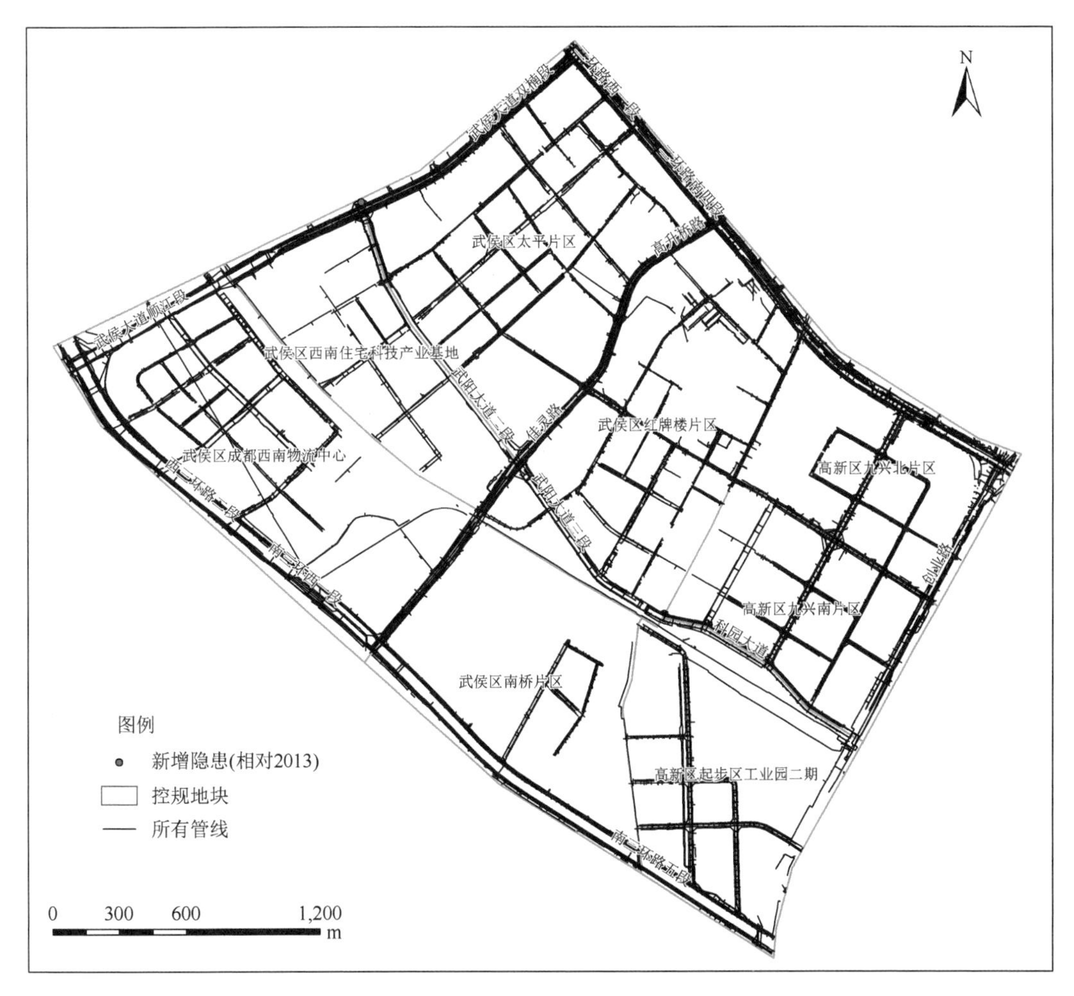

图 8.25　2013～2014 年管线空间布置隐患变化图

表 8.18　2013～2014 年管线空间布置隐患新增统计表　（单位：处）

管线类型	片区名称								总计
	九兴北片区	九兴南片区	起步区工业园二期	成都西南物流中心	红牌楼片区	南桥片区	太平片区	西南住宅科技产业基地	
给水	0	0	0	0	0	0	5	0	5
燃气	0	0	0	0	0	0	0	0	0
通信	0	0	0	0	0	0	0	0	0
总计	0	0	0	0	0	0	5	0	5

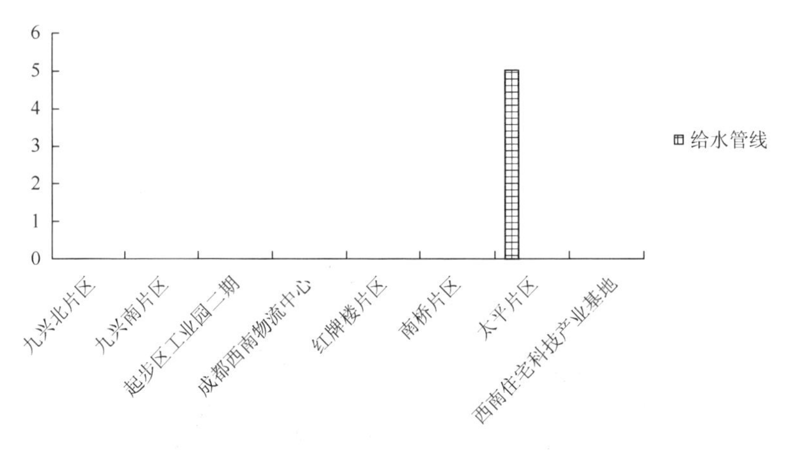

图 8.26　2013～2014 管线空间布置隐患新增统计图

表 8.18 和图 8.26 为 2013～2014 年管线空间布置隐患变化情况，对比 2013 年，2014 年试点区只存在新增空间布置隐患管线，没有改进隐患的管线。新增隐患管线全都分布在太平片区，仅给水管线新增空间布置隐患 5 处。

8.2.5　埋深分析

根据试点区域 2013 年、2014 年两期地下管线的埋深数据，得到试点区域存在埋深隐患的管线的信息，记录其数量、隐患等级、位置等信息，绘制地下管线埋深隐患分布图（图 8.27、图 8.28）、2 期管线埋深隐患情况变化图（图 8.29）。统计 2013 年和 2014 年试点区各片区的净距隐患信息如表 8.19、表 8.20 所示，2014 年相比 2013 年隐患新增或减少统计信息如表 8.21、图 8.30 所示。

表 8.19　2013 年埋深隐患统计表　　（单位：处）

隐患类型	片区名称								总计
	九兴北片区	九兴南片区	起步区工业园二期	成都西南物流中心	红牌楼片区	南桥片区	太平片区	西南住宅科技产业基地	
A	308	82	60	106	208	72	330	29	1195
B	186	38	23	125	149	45	297	16	879
C	48	17	10	28	22	13	16	5	159
总计	542	137	93	259	379	130	643	50	2233

如表 8.19 所示，2013 年试点区域地下管线有埋深隐患 2233 处，占全部管段的 15.98%，单位管长埋深隐患数量为 4.40 处，其中，A 类有 1195 处，B 类有 879 处，C 类有 159 处。按片区统计，太平片区地下管线埋深隐患情况较严重，有 643 处，占试点区总数的 28.80%；西南住宅科技产业基地情况相对较好，有 50 处，占试点区总数的 2.24%。

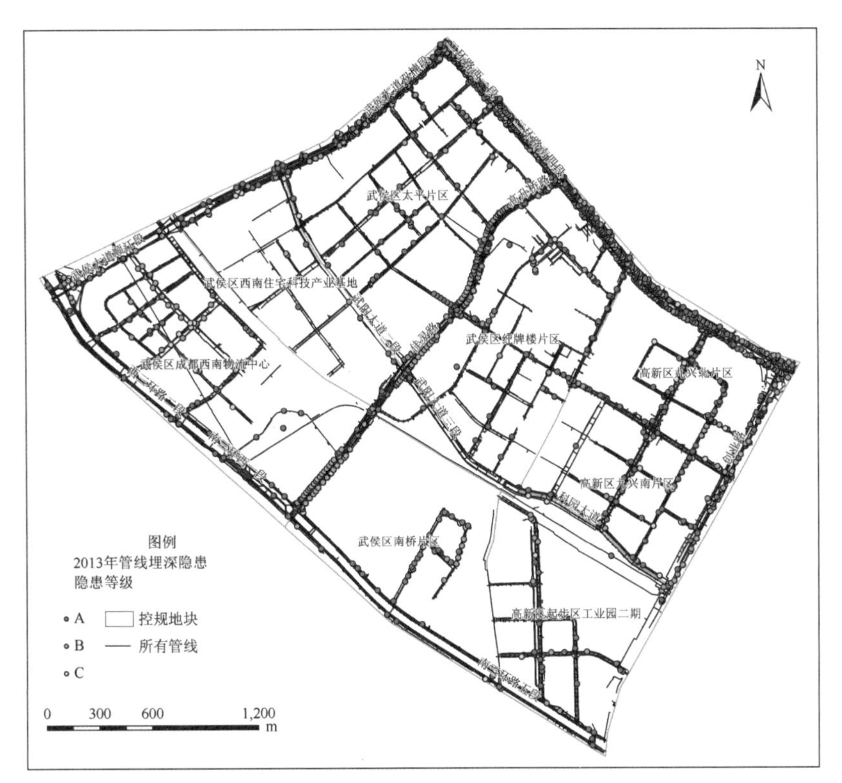

图 8.27　2013 年管线埋深隐患分布图

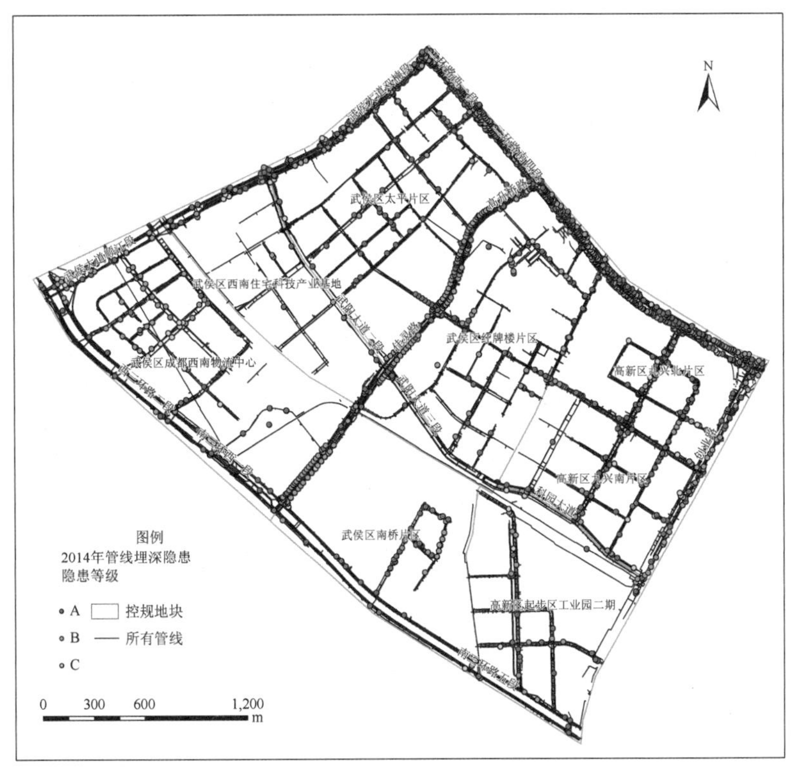

图 8.28　2014 年管线埋深隐患分布图

表 8.20　2014 年埋深隐患统计表　　（单位：处）

隐患类型	片区名称								总计
	九兴北片区	九兴南片区	起步区工业园二期	成都西南物流中心	红牌楼片区	南桥片区	太平片区	西南住宅科技产业基地	
A	308	82	60	112	208	72	331	29	1202
B	186	38	23	136	149	45	297	16	890
C	48	17	10	28	22	13	16	5	159
总计	542	137	93	276	379	130	644	50	2251

如表 8.20 所示，2014 年试点区域地下管线有埋深隐患 2251 处，占全部管段的 16.04%，单位管长埋深隐患数量为 4.41 处，其中，A 类有 1202 处，B 类有 890 处，C 类有 159 处。按片区统计，太平片区地下管线埋深隐患情况较严重，有 644 处，占试点区总数的 28.61%；西南住宅科技产业基地情况相对较好，有 50 处，占试点区总数的 2.22%。

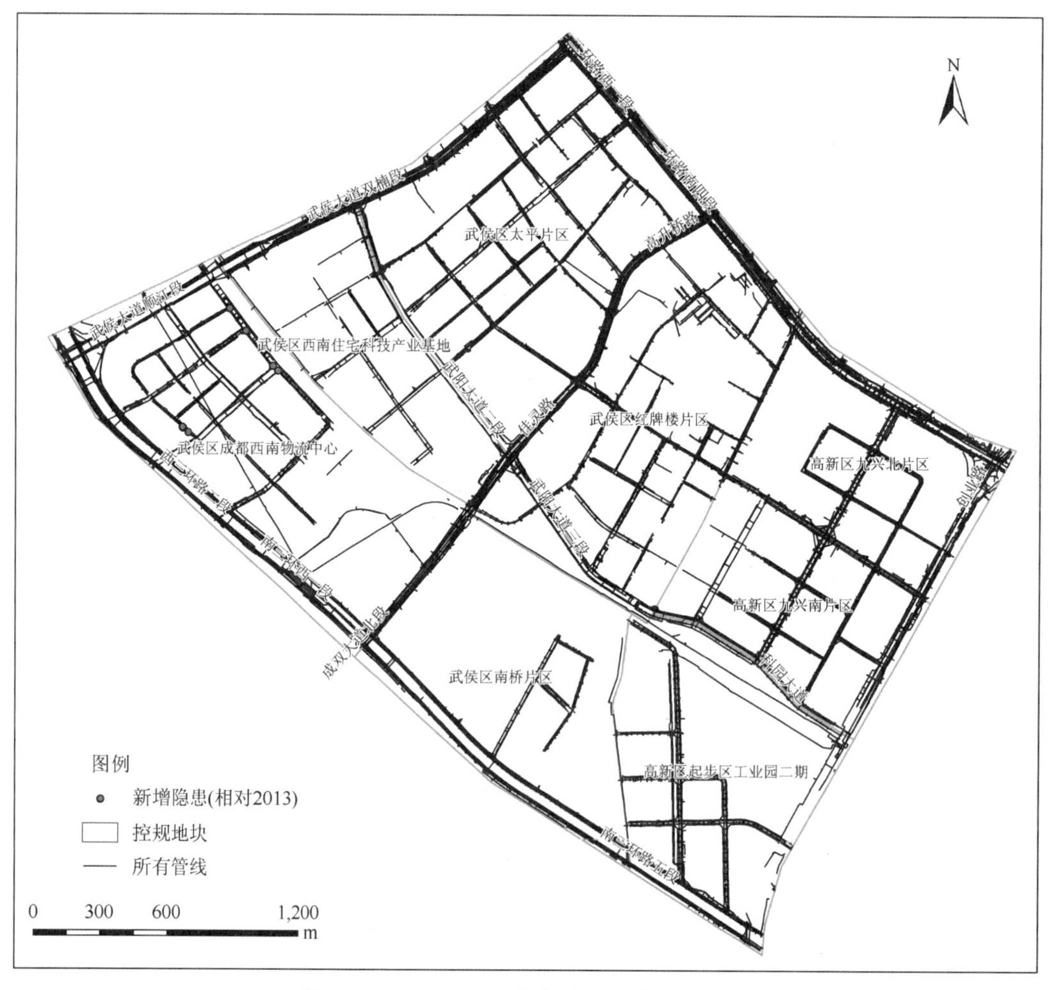

图 8.29　2013～2014 年管线埋深隐患变化图

表 8.21　2013～2014 年管线新增埋深隐患统计表　（单位：处）

隐患类型	片区名称								总计
	九兴北片区	九兴南片区	起步区工业园二期	成都西南物流中心	红牌楼片区	南桥片区	太平片区	西南住宅科技产业基地	
A	0	0	0	6	0	0	1	0	7
B	0	0	0	11	0	0	0	0	11
C	0	0	0	0	0	0	0	0	0
总计	0	0	0	17	0	0	1	0	18

表 8.21 和图 8.30 为 2013～2014 年管线埋深隐患变化情况，对比 2013 年，2014 年试点区只存在新增埋深隐患管线，没有改进隐患的管线。试点区新增埋深隐患共 18 处，其中 A 类有 7 处，B 类有 11 处，C 类有 0 处，主要分布在成都西南物流中心和太平片区，其中成都西南物流中心有 17 处，太平片区 1 处。

8.2.6　综合分析

综合起来，试点区域各类隐患的数量在 2013 年为 8490 处，2014 年为 8566 处，如表 8.22、表 8.23 所示。

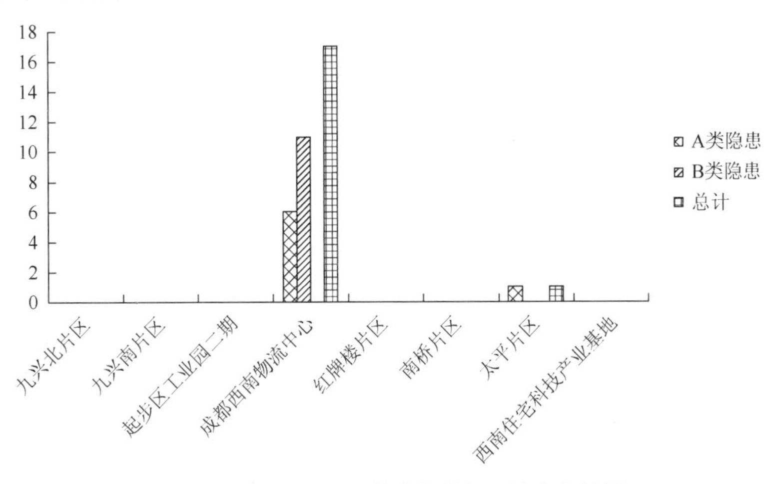

图 8.30　2013～2014 管线新增埋深隐患统计图

表 8.22　2013 年管线隐患综合统计表　（单位：处）

		片区名称								总计
		九兴北片区	九兴南片区	起步区工业园二期	成都西南物流中心	红牌楼片区	南桥片区	太平片区	西南住宅科技产业基地	
管段数量		2103	953	1190	2148	2387	936	3515	739	13794
隐患管段数量	占压	31	11	113	24	146	29	115	26	495
	净距	439	118	224	297	458	76	866	226	2704
	水平顺序	220	11	9	77	143	36	168	5	669
	垂直顺序	201	85	83	189	152	76	329	93	1208
	空间布置	268	121	61	187	156	73	272	43	1181
	埋深	542	137	93	259	379	130	643	50	2233
	总计	1701	483	583	1033	1434	420	2393	443	8490

表 8.23　2014 年管线隐患综合统计表　　（单位：处）

		片区名称								总计
		九兴北片区	九兴南片区	起步区工业园二期	成都西南物流中心	红牌楼片区	南桥片区	太平片区	西南住宅科技产业基地	
管段数量		2103	953	1190	2194	2387	936	3526	742	14031
隐患管段数量	占压	31	11	113	24	146	29	116	26	496
	净距	439	118	224	312	458	76	872	226	2725
	水平顺序	219	12	7	77	143	36	172	5	671
	垂直顺序	200	85	85	213	153	75	332	94	1237
	空间布置	268	121	61	187	156	73	277	43	1186
	埋深	542	137	93	276	379	130	644	50	2251
	总计	1699	484	583	1089	1435	419	2413	444	8566

运用多因子综合评价模型，得到试点区 2013 年、2014 年各片区的安全性值 D，如图 8.31、图 8.33 所示。结合 GIS 的空间分析方法，得到试点区域 2013 年、2014 年 2 期地下管线空间布局安全性结果分布图（图 8.32、图 8.34）。

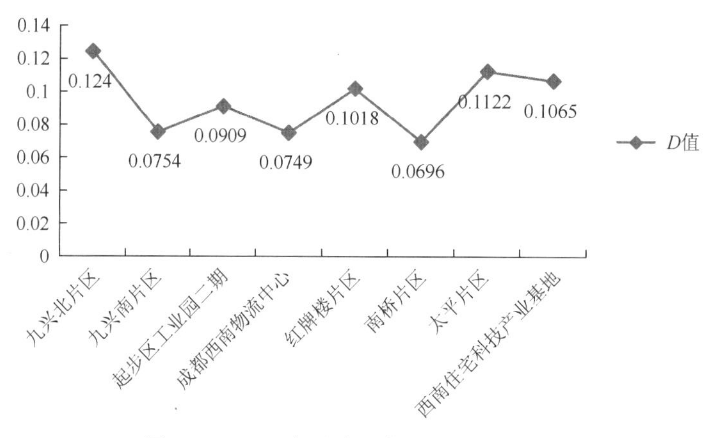

图 8.31　2013 年试点区各片区的安全性值

如表 8.22 所示，2013 年试点区隐患管段共有 8490 处，其中，占压隐患 495 处，净距隐患 2704 处，排列顺序隐患 1877 处，空间布置隐患 1181 处，埋深隐患 2233 处。净距隐患管段最多，占全部隐患的 31.85%；其次为埋深隐患，占全部隐患的 26.30%。按片区统计，隐患管段数量最多的片区为太平片区，共 2393 处，占区域隐患的 28.19%；其次为九兴北片区，有 1701 处，占区域隐患的 20.04%。

各片区的安全性值不仅受片区内各隐患数量的影响，还受片区内管段总数量以及各隐患权重的影响，如图 8.31 和图 8.32 所示。2013 年试点区域九兴北片区安全性值为 0.1240，九兴南片区安全性值为 0.0754，起步区工业园二期安全性值为 0.0909，成都西南物流中心安全性值为 0.0749，红牌楼片区安全性值为 0.1018，南桥片区安全性值为 0.0696，太平片区安全性值为 0.1122，西南住宅科技产业基地安全性值为 0.1065。区域安全性值最高的区域为九兴北片区，值为 0.1240；其次为太平片区，值为 0.1122；最低为南桥片区，值为 0.0696。因此，区域内各片区中九兴北片区安全程度最低，其次为太平片区，南桥片区安全程度相对较高。

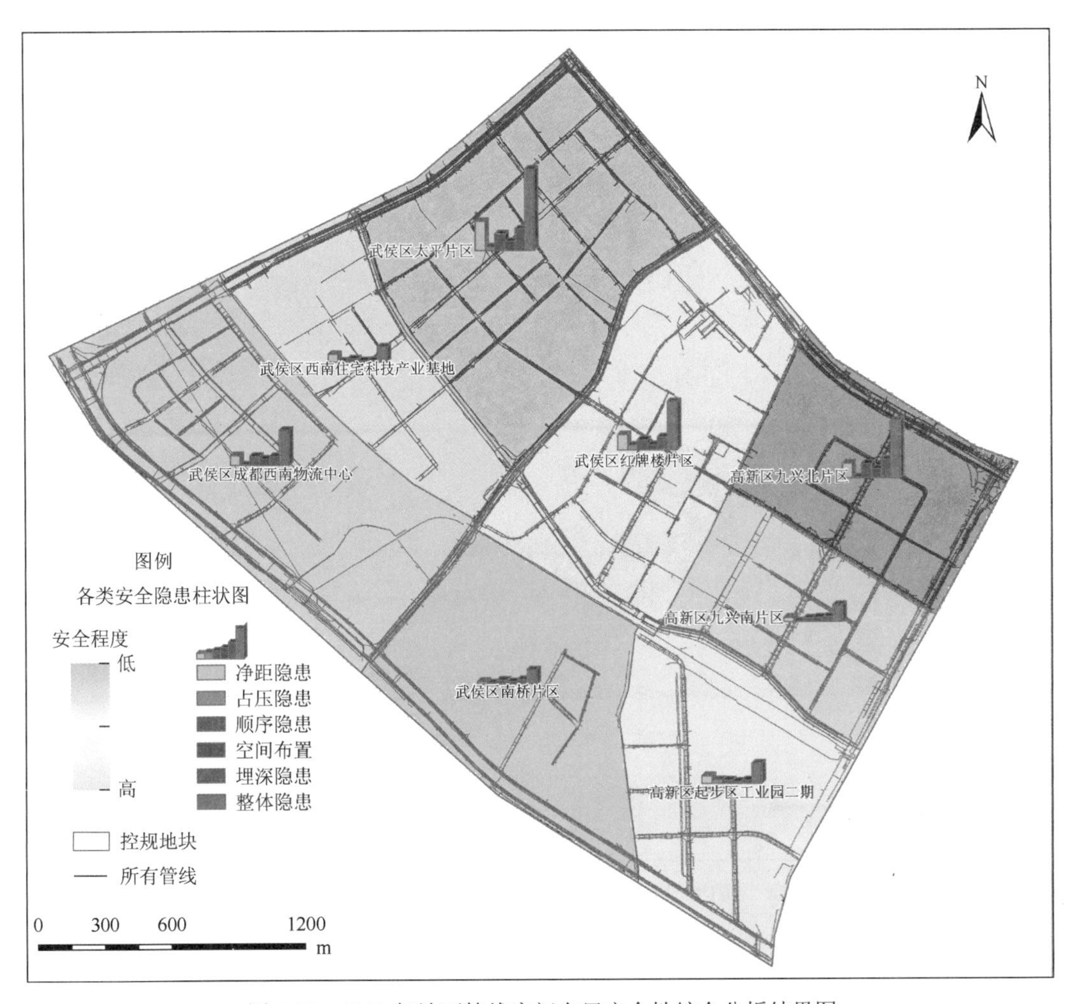

图 8.32　2013 年地下管线空间布局安全性综合分析结果图

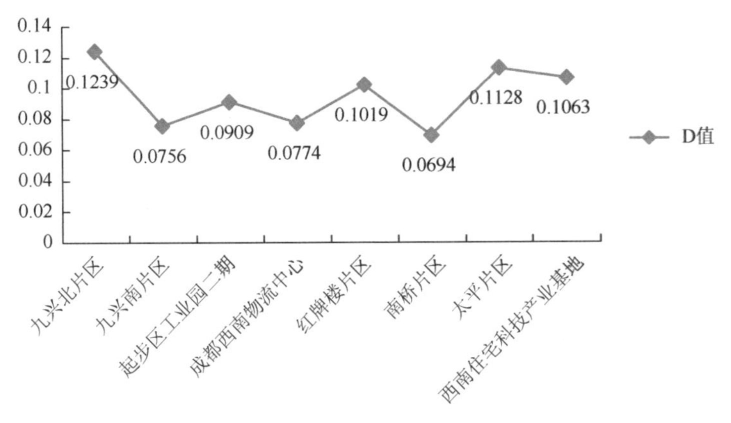

图 8.33　2014 年试点区各片区的安全性值

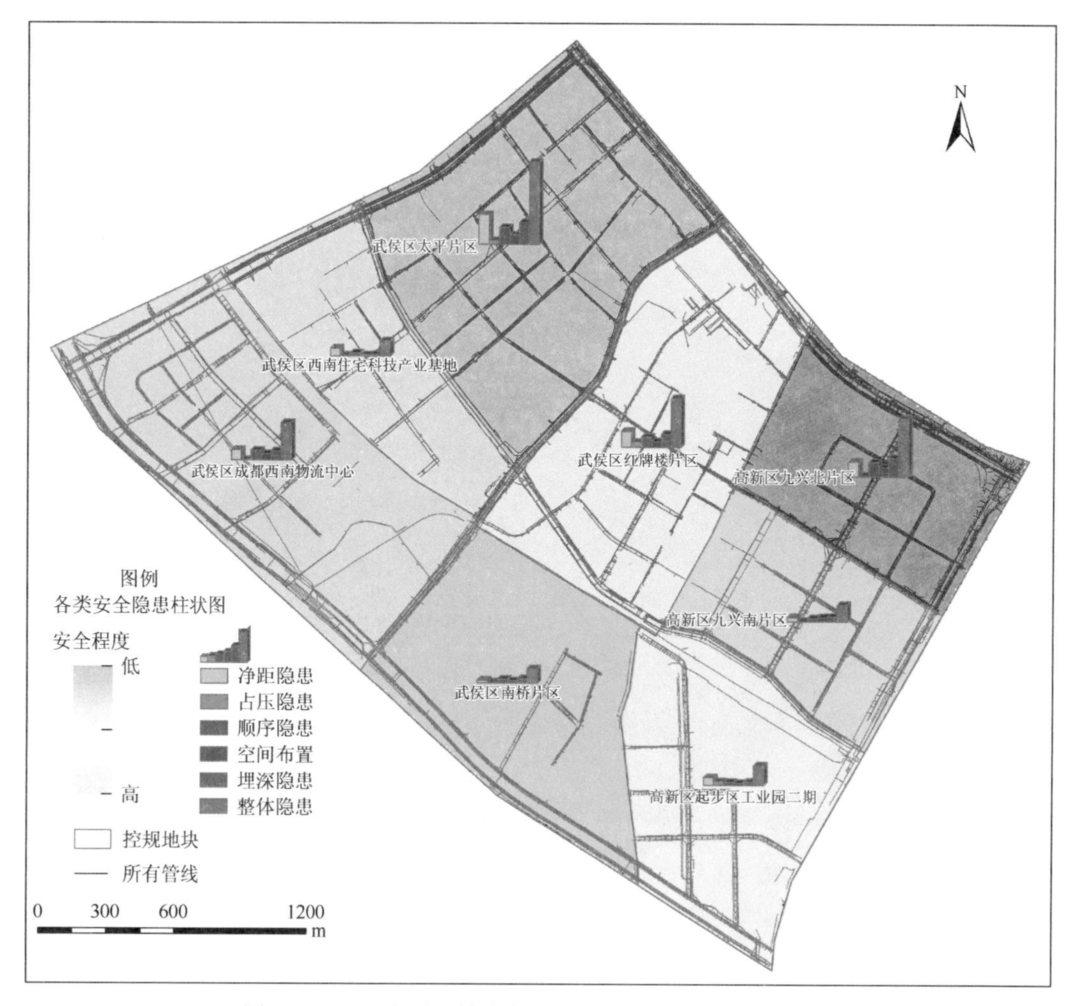

图 8.34　2014 年地下管线空间布局安全性综合分析结果图

如表 8.23 所示，2014 年试点区隐患管段总数有 8566 处，其中，占压隐患 496 处，净距隐患 2725 处，排列顺序隐患 1908 处，空间布置隐患 1186 处，埋深隐患 2251 处。其中，净距隐患管段最多，占全部隐患的 31.81%；其次为埋深隐患，占全部隐患的 26.29%。对各区域而言，隐患管段数量最多的片区为太平片区，共 2413 处，占区域隐患的 28.17%；其次为九兴片区，有 1699 处，占区域隐患的 19.83%。

各片区的安全性值不仅受片区内各隐患数量的影响，还受片区内管段总数量以及各隐患权重的影响，如图 8.33 和图 8.34 所示。2014 年试点区域九兴北片区安全性值为 0.1239，九兴南片区安全性值为 0.0756，起步区工业园二期安全性值为 0.0909，成都西南物流中心安全性值为 0.0774，红牌楼片区安全性值为 0.1019，南桥片区安全性值为 0.0694，太平片区安全性值为 0.1128，西南住宅科技产业基地安全性值为 0.1063。区域安全性值最高的区域为九兴北片区，值为 0.1239；其次为太平片区，值为 0.1128；最低为南桥片区，值为 0.0694。因此，区域内各片区中九兴北片区安全程度最低，其次为太平片区，南桥片区安全程度相对较高。

总之，2013 年、2014 年两期对比，地下管线空间布局安全性分析结果较为相近，无太大变化。

安全性较低的片区都为九兴北片区，其次为太平片区。导致九兴北片区地下管线安全性较低的原因可能有：近年来片区内高朋大道、九兴大道、创业路等道路实行道路改造，道路改造建设时对已经存在许多地下管线（这些管线分属不同的权属单位，设计、施工、养护管理都由各自的专业单位独自完成）大部分没有考虑管线综合平衡问题；片区内建设施工项目较多，项目施工时忽略了其对地下管线的影响。

隐患管段总数量最多的区域为太平片区，其次为九兴北片区。导致太平片区地下管线隐患数量较多的原因可能有：该片区近些年正处于蓬勃建设时期，片区内地下管线经过多次铺设，施工各自为政，缺乏统一的规划管理；片区内地铁 3 号线和地铁 7 号线 2 条在建地铁存在的施工影响，使得片区内原有地下管线空间布局被破坏。

占压隐患最多的片区为红牌楼片区，净距隐患、顺序隐患、空间布置隐患以及埋深隐患最多的片区都为太平片区。导致了红牌楼片区地下管线占压情况较严重的原因可能有：近年来，该片区着力打造中西部的“商贸之都”，在打造初期其大规模的建设项目众多，而许多地下管线设施并没有重新规划，许多地下管线被建（构）筑物占压。

8.3　地下管网承载力分析

试点区域的地下管线有给水、排水、燃气、通信、电力、热力和工业等七类。由于试点区小区域的专业数据难以提取，本书分析采用的是成都市城区大范围的数据。本节以给水、燃气两类管线为例进行地下管网承载力分析。

8.3.1　给水管网承载力分析

1. 指标及权重的确定

依据本书第 5 章的指标选取思路和原则，根据试点区域的特点并结合专家调研意见确定了试点区给水管网承载力评价的 8 个指标，分别为：人均综合生活用水量、管网水质综合合格率、管网密度、管网压力合格率、单位管长维修次数、产销差率、管道管材构成、用水量标准比。试点区域各评价指标最终的权重值见表 8.24。

表 8.24　指标权重综合表

指标层	C_1	C_2	C_3	C_4	C_5	C_6	C_7	C_8
权重	0.08	0.17	0.13	0.11	0.17	0.15	0.11	0.08

2. 指标数据

2013 年、2014 年给水管网承载力指标数据见表 8.25。

表 8.25　试点区 2013、2014 年的供水管网承载力指标统计数据

评价指标	统计数据	
	2013 年	2014 年
人均综合生活用水量 C_1	158．45L/（人・日）	161.81L/（人・日）
管网水质综合合格率 C_2	99.99%	99.98%
管网密度 C_3	10.54km/km^2	11.22km/km^2
管网压力合格率 C_4	99.37%	97.49%
单位管长维修次数 C_5	0.63 次/km	0.45 次/km
产销差率 C_6	14.70%	12.50%
管道管材构成 C_7	21.97%	14.33%
用水量标准比 C_8	1.30	1.24

运用本书第 5 章中的指标标准化方法对数据进行标准化处理，标准化结果见表 8.26。

表 8.26　试点区给水管网承载力指标数据标准化值

评价指标	标准化值	
	2013 年	2014 年
人均综合生活用水量 C_1	0.43	0.45
管网水质综合合格率 C_2	0.99	0.99
管网密度 C_3	0.63	0.69
管网压力合格率 C_4	0.94	0.75
单位管长维修次数 C_5	0.15	0.53
产销差率 C_6	0.48	1.00
管道管材构成 C_7	0.96	1.00
用水量标准比 C_8	0.71	0.77

3. 评价结果

采用综合指数评价法进行试点区给水管网承载力分析。综合指数评价方法及各指标的权重计算参见本书第 5 章。

试点区域 2013 年、2014 年给水管网承载力计算分别如下：

$$F_{2013}=0.08f_{2013c_1}+0.17f_{2013c_2}+0.13f_{2013c_3}+0.11f_{2013c_4}+0.08f_{2013c_5}+0.17f_{2013c_6}+0.15f_{2013c_7}+0.11f_{2013c_8}$$

$$F_{2014}=0.08f_{2014c_1}+0.17f_{2014c_2}+0.13f_{2014c_3}+0.11f_{2014c_4}+0.08f_{2014c_5}+0.17f_{2014c_6}+0.15f_{2014c_7}+0.11f_{2014c_8}$$

由此得到 $F_{2013}=0.70$，$F_{2014}=0.82$。

依据以上分析结果，参见本书第 5 章中的城市给水管网承载力综合评级等级，得到试点区域 2013 年城市供水管线的承载力处在良好级别，说明城市给水管网承载力水平有一

定的提高空间。2014 年城市供水管网的承载力处在优秀级别，说明城市给水管网对地下管网以及城市的发展有着积极的促进作用。

总体来说，2013 年城市给水管网的承载力值为 0.70，2014 年城市给水管网的承载力值为 0.82，同比增长 17%。相比 2013 年，2014 年城市给水管网的承载力水平有较大提高。

8.3.2 燃气管网承载力分析

1. 指标及权重的确定

根据试点区域的特点并结合专家调研意见，确定了试点区地下燃气管网承载力评价的 10 个指标，包括管网密度、燃气覆盖率、管网利用率、管道管材构成、管网风险等级、燃气管网事故率、燃气管网泄漏率、管网泄漏自查率、管网第三方破坏率、管网老旧指数。试点区域各评价指标最终的权重值见表 8.27。

表 8.27　指标权重综合表

指标层	C_1	C_2	C_3	C_4	C_5	C_6	C_7	C_8	C_9	C_{10}
权重	0.15	0.07	0.07	0.01	0.22	0.22	0.09	0.07	0.06	0.04

2. 指标数据

试点区的燃气管网承载力指标数据是试点区域 2013 年、2014 年的供气统计数据以及相关的统计年鉴，见表 8.28 所示。

表 8.28　试点区 2013 年、2014 年的供气管网承载力指标统计数据

评价指标	统计数据	
	2013 年	2014 年
管网密度 C_1	11.59km/km^3	12.55km/km^3
管道燃气覆盖率 C_2	96.95%	97.29%
管网利用率 C_3	96.43%	97.00%
管道管材构成 C_4	基本合理	基本合理
管网风险等级 C_5	较高	较高
燃气管网事故率 C_6	1.77 次/（10^3km·a）	1.53 次/（10^3km·a）
燃气管网泄漏率 C_7	1.89%	2.00%
管网泄漏自查率 C_8	87.14%	88.51%
管网第三方破坏率 C_9	1.22 次/（10^3km·a）	1.12 次/（10^3km·a）
管网老旧指数 C_{10}	10.33%	8.27%

运用本书第 5 章的指标标准化方法对数据进行标准化处理，标准化结果见表 8.29。

表 8.29　试点区燃气管网承载力指标数据标准化值

评价指标	标准化值	
	2013 年	2014 年
管网密度 C_1	0.77	0.80
管道燃气覆盖率 C_2	0.97	0.97
管网利用率 C_3	0.96	0.97
管道管材构成 C_4	0.70	0.70
管网风险等级 C_5	0.70	0.70
燃气管网事故率 C_6	0.77	0.81
燃气管网泄漏率 C_7	0.90	0.89
管网泄漏自查率 C_8	0.96	0.98
管网第三方破坏率 C_9	0.80	0.82
管网老旧指数 C_{10}	0.83	0.86

3. 评价结果

采用综合指数评价法进行试点区燃气管网承载力分析。综合指数评价和权重确定方法参见本书第 5 章。

试点区域 2013、2014 年燃气管网承载力计算分别如下：

$$F_{2013}=0.15f_{2013c_1}+0.07f_{2013c_2}+0.07f_{2013c_3}+0.01f_{2013c_4}+0.22f_{2013c_5}+0.22f_{2013c_6}+0.09f_{2013c_7}+0.07f_{2013c_8}+0.06f_{2013c_9}+0.04f_{2013c_{10}}$$

$$F_{2014}=0.15f_{2014c_1}+0.07f_{2014c_2}+0.07f_{2014c_3}+0.01f_{2014c_4}+0.22f_{2014c_5}+0.22f_{2014c_6}+0.09f_{2014c_7}+0.07f_{2014c_8}+0.06f_{2014c_9}+0.04f_{2014c_{10}}$$

由此得到 $F_{2013}=0.81$，$F_{2014}=0.83$。

依据以上分析结果，参见本书第 6 章城市燃气管网承载力综合评级等级，得到试点区域 2013 年、2014 年燃气管网的承载力都处在优秀等级，对城市以及地下管网的发展有着积极的促进作用。

总体来说，2013 年城市燃气管网承载力值为 0.81，2014 年燃气管网承载力值为 0.83，2013～2014 年城市地下燃气管网的承载力水平稳中有升。

8.4　地下空间资源利用状况分析

针对区域的具体情况，对其地面现状进行分区，再对地下空间进行竖向分层。分别计算各层的地下空间资源的开发利用程度，得到地下空间资源开发利用状况与城市发展的适应程度，服务于城市规划建设。

根据国内其他大城市地下空间规划发展经验，结合成都市城市规划区的发展规划、城市经济水平、施工技术以及城市规划区工程地质条件等，将试点区域的地下空间分为浅层、中层、深层。其中，浅层取地下 0～10m，中层取地下 10～30m，深层取地下 30m 以下。

8.4.1　地面现状划分

依据试点区控制性详细规划数据和地理国情普查成果数据，分别对试点区 2013 年、2014 年地面现状按建（构）筑物、道路、广场、草地、林地、城市发展备用地、保护区、控制区和其他用地进行划分，得到地面现状分区专题图如图 8.35、图 8.36 所示。

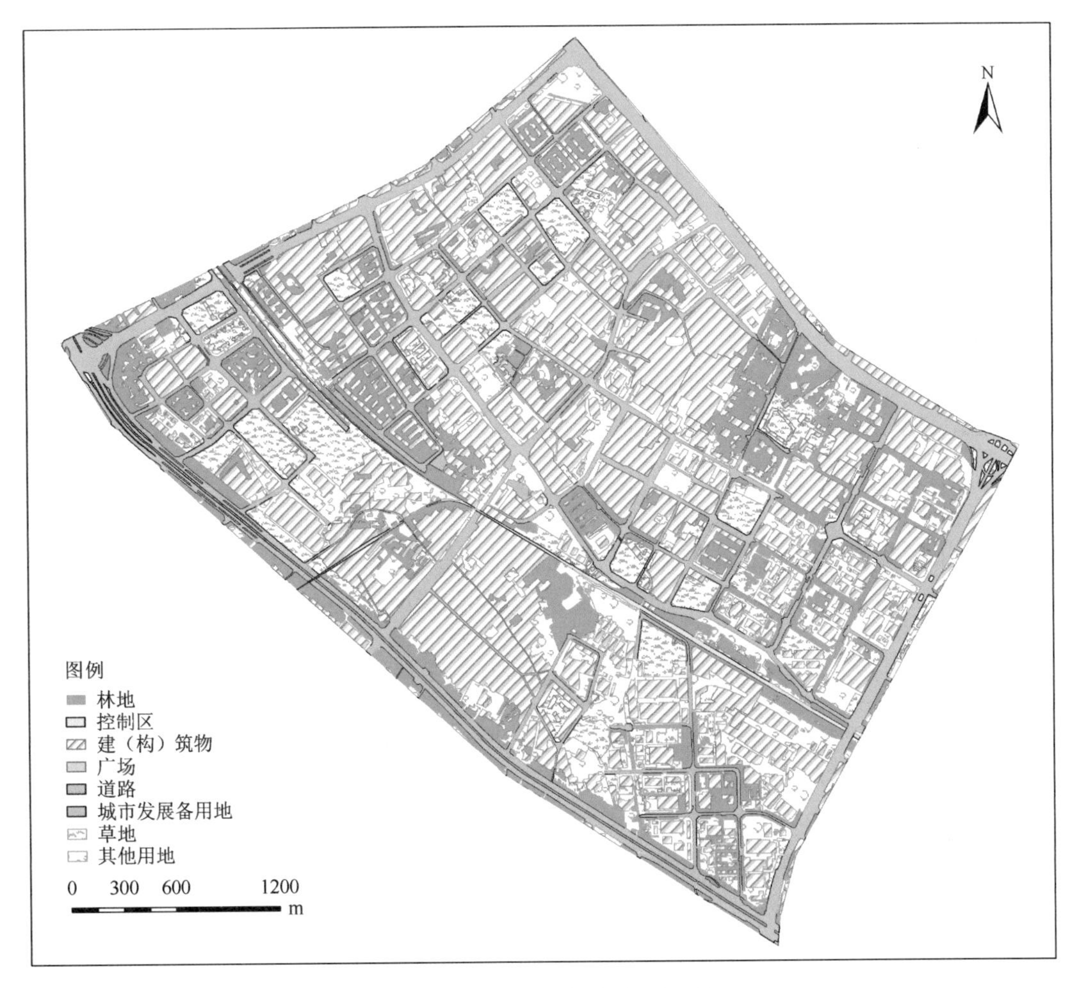

图 8.35　2013 年地面现状分区专题图

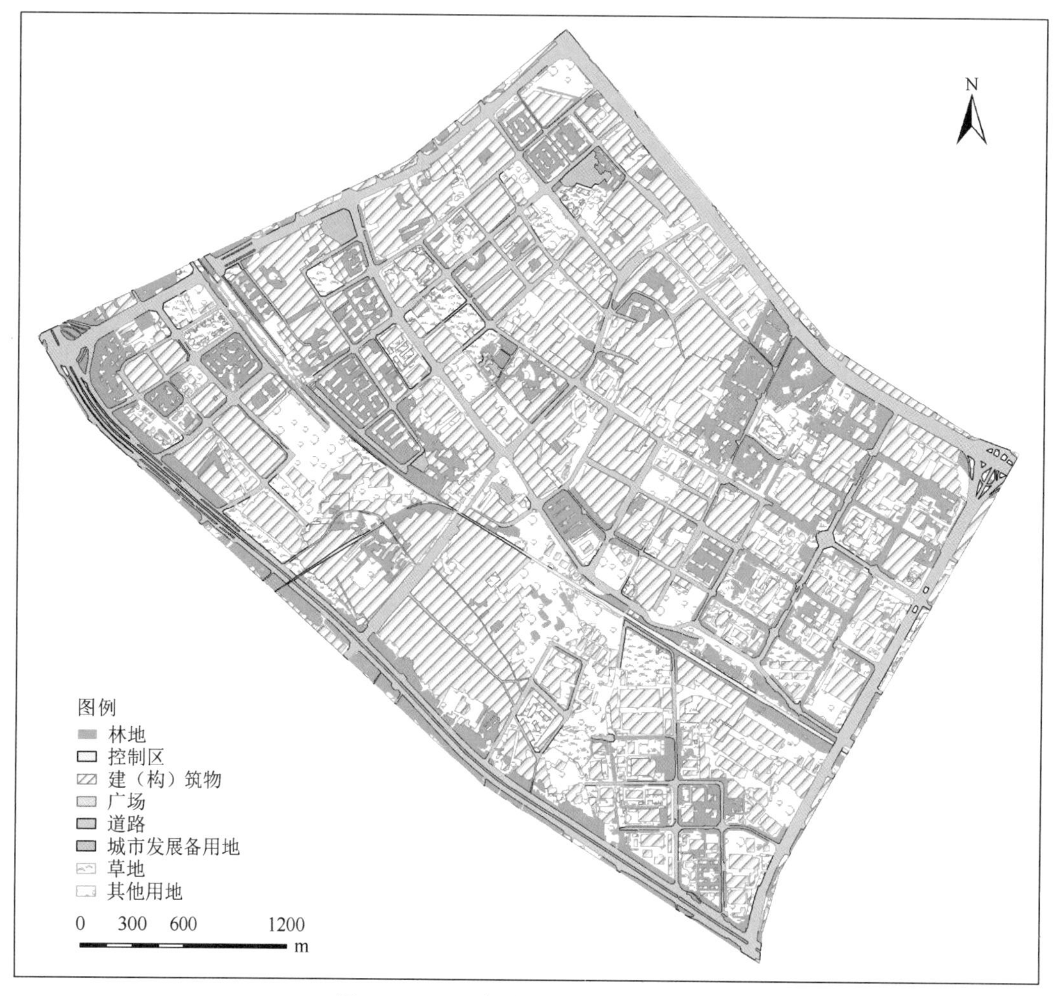

图 8.36　2014 年地面现状分区专题图

基于 GIS 统计功能和已有的城市测绘资料，对 2013 年和 2014 年地面现状各要素的面积进行统计计算，确定不同地面现状对地下空间的影响深度范围，得到表 8.30。

表 8.30　2013 年、2014 年不同地面现状占用面积及影响深度

主体层	指标层	面积/m^2		占比/%		影响深度/m
		2013 年	2014 年	2013 年	2014 年	
地面空间现状	建（构）筑物	402.75	414.22	39.52%	40.65%	模型确定
	道路	179.63	179.45	17.63%	17.61%	5
	广场	0.03	0.03	0.00%	0.00%	3
	草地	103.58	63.16	10.16%	6.20%	1
	林地	169.99	163.50	16.68%	16.04%	3
	城市发展备用地	1.43	5.58	0.14%	0.55%	0
	保护区	0.00	0.00	0.00%	0.00%	10
	控制区	6.12	6.12	0.60%	0.60%	10
	其他用地	155.48	186.95	15.26%	18.35%	10
	合计	1019.01	1019.01	100.00%	100.00%	

相较于 2013 年，2014 年建（构）筑物面积增加了约 11.47hm^2，城市发展备用地增加了 4.15hm^2，表明在 2013～2014 年，整个试点区在快速发展中。草地面积减少了近 40.42hm^2，草地保护方面有待加强。由于试点区道路资源优化整合和合理建设，道路的面积有所减少。

8.4.2　地下空间开发限制分区

基于以上评价模型，得到 2013 年和 2014 年试点区域建设现状对地下空间浅、中层开发利用的影响评价如图 8.37～图 8.40 所示。

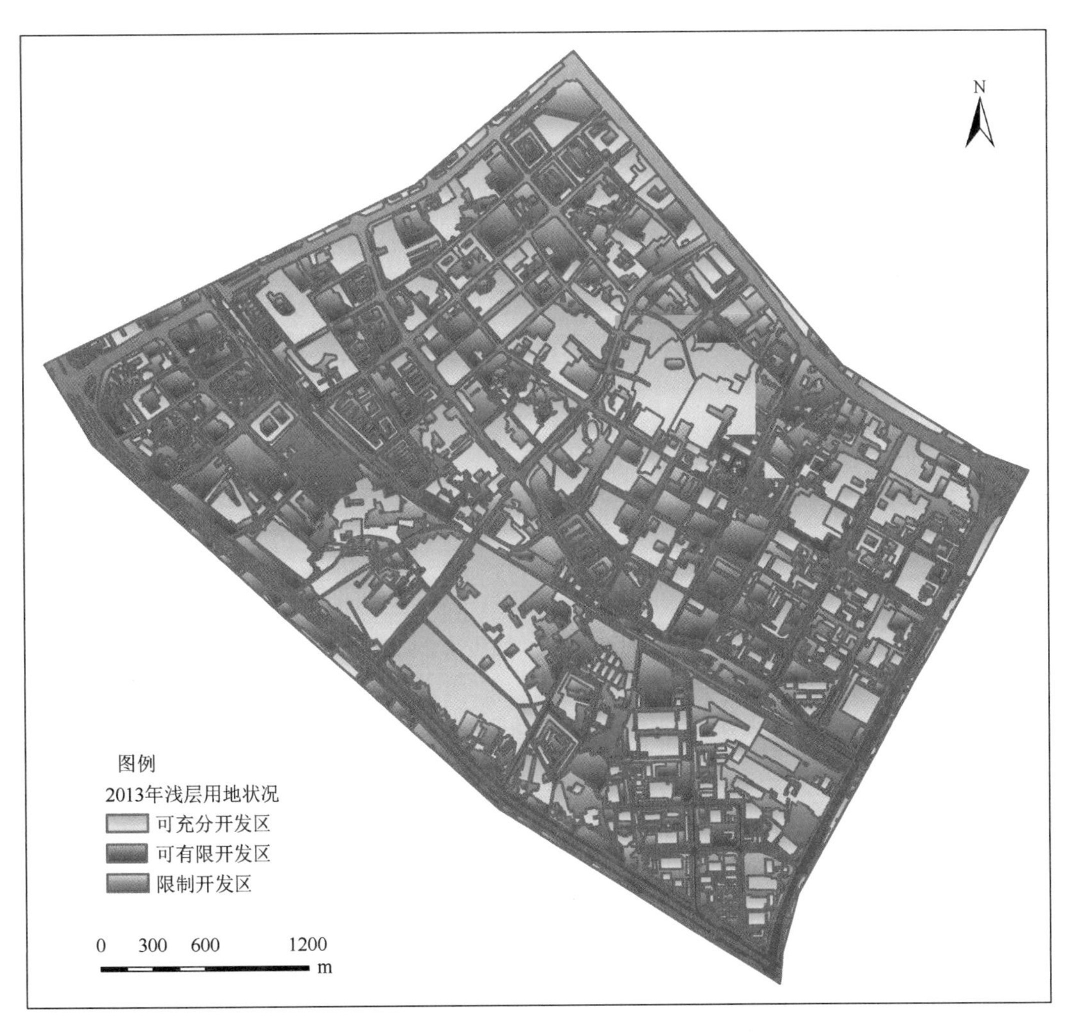

图 8.37　2013 年浅层地下空间开发利用分区图

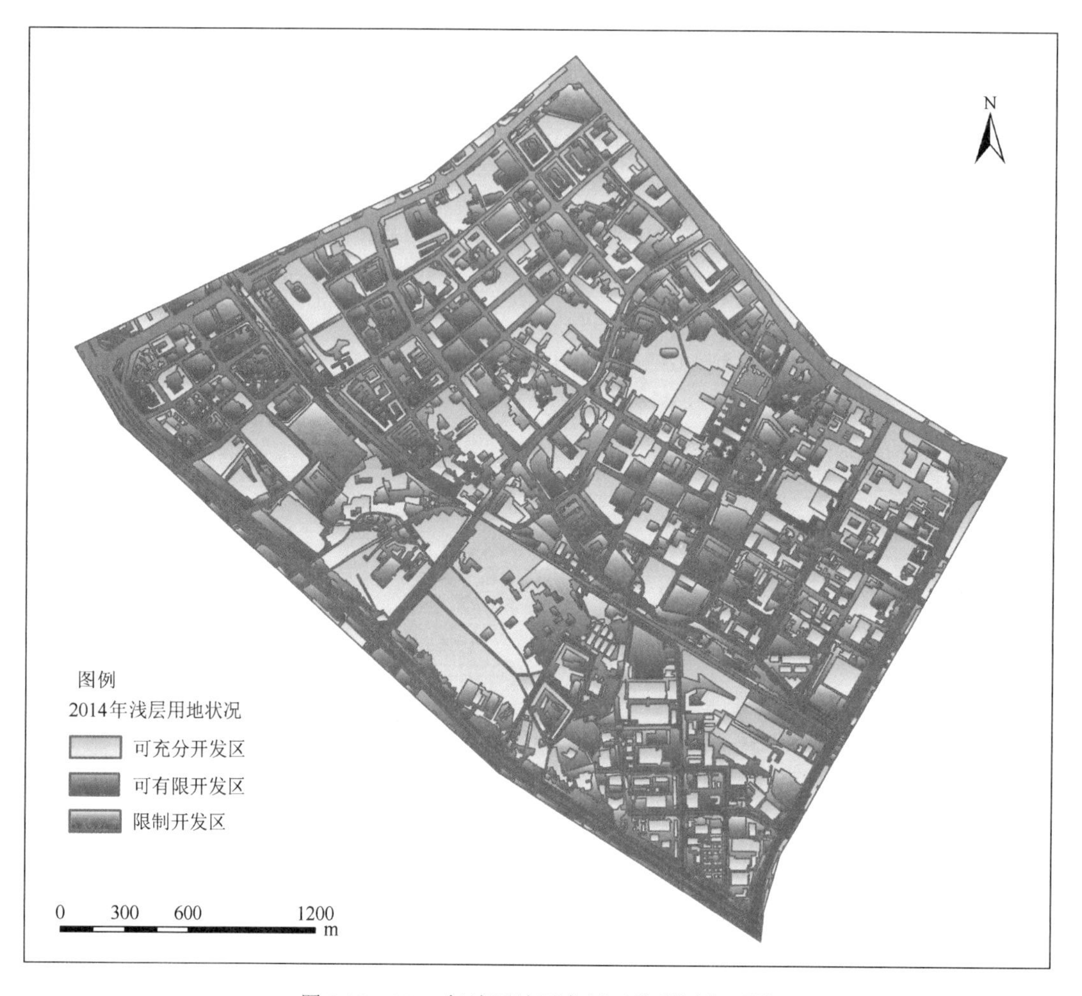

图 8.38　2014 年浅层地下空间开发利用分区图

依据开发利用分区图，统计各分区面积，如表 8.31 所示。

表 8.31　地下空间浅层资源开发限制分区域面积　（单位：hm^2）

年度	分区		
	可充分开发区	可有限开发区	限制开发区
2013	350.37	494.77	173.87
2014	355.04	452.96	211.01

2013 年，地下空间浅层可充分开发区的面积约为 350.37hm^2，占区域总面积的 34.38%，可有限开发区的面积约为 494.77hm^2，占区域总面积的 48.55%，限制开发区的面积约为 173.87hm^2，占区域总面积的 17.07%。

2014 年，地下空间浅层可充分开发区的面积约为 355.04hm^2，占区域总面积的 34.84%，可有限开发区的面积约为 452.96hm^2，占区域总面积的 44.45%，限制开发区的面积约为

211.01hm²，占区域总面积的 20.71%。

总的来说，由于 2013～2014 年城市发展，导致了城市地面现状的变化，城市地下资源开发受地面现状的影响，因此相比 2013 年，2014 年可充分开发区的面积有小幅度增加，可有限开发区域、限制开发区域的面积都相对减少。

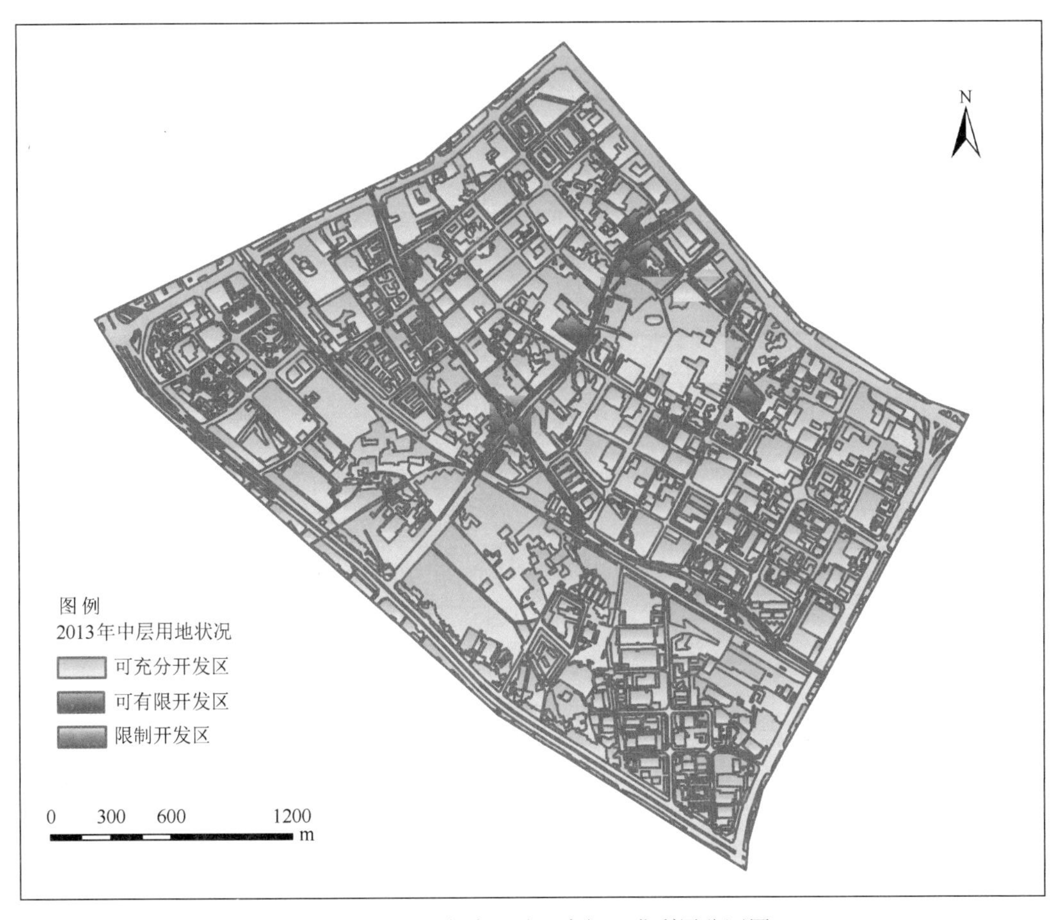

图 8.39　2013 年中层地下空间开发利用分区图

依据开发利用分区图，统计各分区面积，如表 8.32 所示。

表 8.32　地下空间中层资源开发限制分区域面积　（单位：hm²）

年度	分区		
	可充分开发区	可有限开发区	限制开发区
2013	995.59	23.35	0.08
2014	983.76	35.18	0.08

2013 年，地下空间中层可充分开发区的面积约为 995.59hm²，占区域总面积的 97.70%，可有限开发区的面积约为 23.35hm²，占区域总面积的 2.29%，限制开发区的面积约为 0.08hm²，占区域总面积的 0.01%。

图 8.40　2014 年中层地下空间开发利用分区图

2014 年，地下空间中层可充分开发区的面积约为 983.76hm^2，占区域总面积的 96.54%，可有限开发区的面积约为 35.18hm^2，占区域总面积的 3.45%，限制开发区的面积约为 0.08hm^2，占区域总面积的 0.01%。

总的来说，2013 年和 2014 年，中层地下空间可充分开发区域的面积都较大，几乎覆盖全部区域，可有限开发区和限制开发区面积占有量较小，2014 年相对于 2013 年的变化主要是由于地下建（构）物的开发建设，使得中层地下空间资源被占用。

8.4.3　地下空间资源容量估算

利用 GIS 的空间分析功能对试点区域的地下空间资源进行统计，估算成果如表 8.33 及表 8.34 所示。

表 8.33　2013 年试点区域地下空间资源容量　（单位：万立方米）

	资源容量			
	总量	已开发量	剩余量	可合理开发量
浅层	10190.12	657.49	9532.64	6404.83
中层	20380.25	161.98	20218.26	10028.14

依据表 8.33 得到 2013 年地下空间资源浅层已开发量约为 657.49 万立方米，占浅层资源总量的 6.45%，资源剩余量约为 9532.64 万立方米，占浅层资源总量的 93.55%，可合理开发量约为 6404.83 万立方米，占浅层资源总量的 62.85%。

地下空间资源中层已开发量约为 161.98 万立方米，占中层资源总量的 0.79%，资源剩余量约为 20218.26 万立方米，占中层资源总量的 99.21%，可合理开发量约为 10028.14 万立方米，占中层资源总量的 49.21%。

表 8.34　2014 年试点区域地下空间资源容量　（单位：万立方米）

	资源容量			
	总量	已开发量	剩余量	可合理开发量
浅层	10190.12	719.61	9470.51	6088.80
中层	20380.25	298.39	20081.85	9891.73

依据表 8.34 得到 2014 年地下空间资源浅层已开发量约为 719.61 万立方米，占浅层资源总量的 7.06%，资源剩余量约为 9470.51 万立方米，占浅层资源总量的 92.94%，可合理开发量约为 6088.80 万立方米，占浅层资源总量的 59.75%。

地下空间资源中层已开发量约为 298.39 万立方米，占中层资源总量的 1.46%，资源剩余量约为 20081.85 万立方米，占中层资源总量的 98.64%，可合理开发量约为 9891.73 万立方米，占中层资源总量的 48.54%。

对比表 8.33 和表 8.34，相较于 2013 年，2014 年地下空间浅层资源可合理开发量减少了 316.03 万立方米，中层资源可合理开发量减少了 136.41 万立方米，说明城市的发展带动了城市地下空间的发展，使得城市地下空间资源不断减少。

8.5　试点区域地下管线与城市发展适应性结果

8.5.1　地下空间布局安全性

通过收集大量资料和数据汇总，对试点区域各类地下管线占压、净距、顺序、空间布置、埋深等各类隐患进行分析，得到试点区域各片区地下管线空间布局安全性。

2013 年地下管线空间布局的隐患点有 34468 处，管线空间布局安全性最高的片区为九兴南片区，最低的为太平片区。

2014 年地下管线空间布局的隐患点有 34957 处，管线空间布局安全性最高的片区为九兴南片区，最低的为太平片区。

总体来说，2013 年、2014 年两期对比，试点区域地下空间安全性无太大变化。管线空间布局安全性偏低，管线间的净距、管线的垂直顺序、管线的空间布置，以及管线的埋深等空间布局隐患较多，亟待改善。

8.5.2 地下管网承载力

2013 年给水管网的承载力值为 0.70，2014 年给水管网的承载力值为 0.82，二者相比有较大提高，从中等水平提升至良好水平。2014 年相比 2013 年，人均综合生活用水、管网密度、单位管长维修次数、产销差率、管道管材构成、用水量标准比等指标值有所提高，管网压力合格率指标值有所降低，管网水质综合合格率指标值较稳定。

2013 年城市燃气管网承载力值为 0.81，2014 年燃气管网承载力值为 0.83，均处于良好水平，2013～2014 年城市地下燃气管网的承载力水平较稳定。相比 2013 年，在 2014 年，管网密度、燃气管网事故率、管网泄漏自查率、管网第三方破坏率、管网老旧指数等指标值有所提高，管道燃气覆盖率、管网利用率、管道管材构成、管网风险等级、燃气管网泄漏率等指标值基本保持稳定。

从管网承载力分析结果来看，目前试点区的给水与燃气管网承载力是与区域的发展相适应的，良好的管网承载能力能为城市的可持续发展提供重要的物质基础和安全保障。总的来说，试点区域两类管网承载力处于相对较好的水平。由此可以看出，试点区地下管线建设、运营、维护水平都相对较高。

8.5.3 地下空间利用状况

从地下空间资源状况分析结果来看，2014 年相比 2013 年，试点区域对地下空间资源利用量逐步增加。目前试点区地下空间资源利用主要集中在浅层空间，中、深层的地下空间资源开发利用还很不够，特别是深层地下空间几乎还处于未开发状态，相较于浅层地下空间，中层以及深层地下空间的开发利用是未来进行地下空间规划开发的主要方向。同时，未来的开发重点应集中在广场、草地、林地等地下的地下空间，广场、草地、林地的开发不需要为拆迁付出巨大的代价，可以大幅度降低地下建筑的造价，在空间布局和使用上也更为灵活，还可以与地面的自然环境建立较为直接的联系，提高地下空间环境质量。

地下空间资源的开发利用还受地形地貌、工程地质等多方面因素的影响，对于研究区域地下空间资源开发限制区域的划分以及资源容量的计算都只是大致的估算，但是它对于地下空间的规划和城市的建设发展具有重大的指导意义。

第9章 结 束 语

地下管线监测与城市发展适应性研究是一个涉及测绘学、地理学、地质学、城市规划学、计算机科学等诸多学科的复杂问题，关系到城市地下空间以及城市未来的建设和发展，不仅对管线的运营管理有重要作用，同时对于确保地下管线与城市协调发展，保障城市安全运行也有重大意义。在人地矛盾突出、土地资源紧缺、地下管线安全事故频发的背景下，对城市地下管线与城市发展适应性开展研究具有重大的现实意义。许多专家学者从不同的研究方向都对该问题进行了探索，形成了一定数量的研究成果，为本书的研究提供了参考资料和思路。

9.1 主 要 结 论

首先，从理论上分析了适应性的内涵，介绍了城市与城市地下空间发展、城市与地下管线发展的协调关系，引入与地下管线监测和城市发展相关的概念，探寻地下管线与城市的耦合点，为地下管线监测和城市发展适应性分析提供理论支撑。其次，构建了地下管线监测与城市发展适应性评价体系，综合运用 AHP 层次分析法、综合指数法、GIS 空间分析等方法，形成了地下管线监测与城市发展适应性分析方法体系，设计开发了地下管线监测与城市发展适应性分析辅助系统。最后，以成都市某区域为例，进行地下管线监测与城市发展适应性分析的实例分析，验证了本书评价体系的有效性。

地下管线监测与城市发展适应性受多种因素的综合影响，本书对城市地下管线空间布局安全性、城市地下管网承载力以及城市地下空间资源利用状况三方面进行了研究。地下管线空间布局安全是城市发展的重要前提和保障，本书运用管线占压、管线净距、管线排列顺序、管线空间布置、管线埋设深度、管线穿越等指标进行了地下管线空间布局安全性评价研究。地下管网承载力关系到城市未来的发展命运，也影响到周边地区能否顺利实现可持续发展的目标，针对不同管网，本书构建了不同的承载力指标体系，地下管网承载力是各类管网的承载力的综合评价结果。地下空间资源利用状况是城市土地资源集约化使用与城市可持续发展的重要影响因素，本书从地下空间资源开发限制分区以及资源容量等方面进行了地下空间资源利用状况研究。

本书为地下管线监测与城市发展适应性评价建立了一套系统的方案，可为以后的研究者进行地下管线安全性分析评价提供思路和借鉴，也可为城市地下管网规划、建设、运营维护、改造决策提供科学依据，对于确保地下管线与城市协调发展、保障城市安全运行有重大意义。

9.2 研 究 展 望

虽然构建了地下管线监测与城市发展适应性评价体系，并进行了实例研究，按照预期的思路和方法实现了对研究区域的综合评价研究，但仍存在一些问题和不足，需在今后的研究中进一步深化，也是下一步研究的重点和努力的方向。

（1）由于部分数据获取困难，使得部分分析结果不够精确，一定程度上影响了评价的效果，在后续的分析中将进一步补充完善数据资料，进行更深入的实地调研，使评价进一步深化。通过城市管网综合管理信息系统、规划信息系统、数字城市、智慧城市等信息共享、共用机制的建立，消除信息鸿沟。

（2）在数字城市、智慧城市等各类系统信息共享与共用机制建立、运行的基础上，研究实现地下管线监测与城市适应性的在线、实时分析、评价技术系统。

（3）在对地下空间资源利用状况进行分析时，未考虑地表下的岩石、岩土体的空间构造与形态、地质活动及地下水、地热、地下矿物等地下空间的自然环境的影响，在后续的研究中将进一步补充，使得地下管线监测与城市发展适应性评价体系更加完善，结论更具科学性。

主要参考文献

《城市地下管线探测技术手册》编写委员会. 1998. 城市地下管线探测技术手册. 北京：中国建筑工业出版社.

蔡南，宫巍，侯岴. 2009. 城市电力设施承载力研究——以沈阳市220kV电网为例. 2009中国城市规划年会.

常魁，高金良，袁一星，等. 2011. 基于SCADA系统OPC通信的供水管网实时模拟. 哈尔滨工业大学学报，43（12）：63～67.

陈定朝，寇智勇，李相蓉. 2013. 川中地区油气矿地面集输管网系统适应性评价. 成都大学学报（自然科学版），32（4）：408～411.

陈纪凯. 2004. 适应性城市设计：一种实效的城市设计理论及应用. 北京：中国建筑工业出版社.

陈立道，朱雪岩. 1997. 城市地下空间规划理论与实践. 上海：同济大学出版社.

陈明辉，黄培培，黎海波. 2014. 基于排水管网数据库的评价体系建立及对策研究. 2014中国城市规划年会.

陈涛，孙永斌，陈玮，等. 1992. 经济开发区生态规划与建设研究. 应用生态学报，3（4）：378～385.

陈晓键. 2003. 西安城市规划建设中的工程地质环境问题探讨. 西北大学学报（自然科学版），33（3）：325～328.

陈肖阳. 2012. 智能燃气管网的探讨. 煤气与热力，32（6）：25～29.

陈衍泰，陈国宏，李美娟. 2004. 综合评价方法分类及研究进展. 管理科学学报，7（2）：69～79.

陈志龙. 2010. 城市地上地下空间一体化规划的思考. 江苏城市规划，1：18～21.

陈志龙，刘宏. 2011. 城市地下空间总体规划. 南京：东南大学出版社.

程建权. 1999. 城市系统工程. 武汉：武汉测绘科技大学出版社.

程鹏飞，张莉. 2013. GDPJ 09-2013 地理国情普查验收与质量评定规定.

丁健. 1995. 关于生态城市的理论思考. 城市经济研究，10：18～22.

董芦笛，李孟柯，樊亚妮. 2014. 基于“生物气候场效应”的城市户外生活空间气候适应性设计方法. 中国园林，30（12）：23～26.

董兴武，朱从坤，李国强. 2006. 基于经济发展层次的公路网适应性研究. 甘肃科技纵横，35（5）：130～131.

杜栋. 2005. 现代综合评价方法与案例精选. 北京：清华大学出版社.

杜栋，庞庆华，吴炎. 2008. 现代综合评价方法与案例精选. 北京：清华大学出版社.

范红静，黄庆私，陆建. 2007. 低密度城市化地区干线公路网发展适应性评价. 交通科技与经济，11（5）：79～81.

方鸿琪，杨闽中. 1999. 城市工程地质环境分析原理. 北京：中国建筑工业出版社.

付里玮，李字明，姜洪. 2014. 无人机巡线的发展和应用研究. 黑龙江科技信息，3：25～27.

傅鸿源，胡焱. 2009. 城市综合承载力研究综述. 城市问题，5：27～31.

傅熹年. 1992. 日本飞鸟、奈良时期建筑中所反映出的中国南北朝、隋唐建筑特点. 文物，（10）：28-50

高伟，龙彬. 2012. 复杂适应系统理论对城市空间结构生长的启示. 规划研究，36（5）：57～65.

龚健雅. 2001. 地理信息系统基础. 北京：科学出版社.

郭金玉，张忠彬，孙庆云. 2008. 层次分析法的研究与应用. 中国安全科学学报，18（5）：148～153.

郭磊，贾永刚，付腾飞，等. 2012. 地下污水管线泄漏原位自动监测模拟实验研究. 环境科学，33（12）：4352～4360.
郭荣. 2015. 浅谈软件设计模式中的设计原则. 信息安全与技术，11：5～6.
郭跃东，汤毅. 2007. 高速公路服务区适应性评价方法研究. 公路，23（4）：106～110.
国务院第一次全国地理国情普查领导小组办公室. 2013. GDPJ 01-2013 地理国情普查内容与指标.
国务院第一次全国地理国情普查领导小组办公室. 2013. GDPJ09-2013 地理国情普查检查验收与质量评定规定.
贺业钜. 1982.关于我国古代城市规划体系之形成及其传统发展的若干问题//建筑历史与理论（第三、四辑），南京：江苏人民出版社
侯汉坡，刘春成. 2013. 城市系统理论：基于复杂适应系统的认识. 管理世界，5：53～57.
侯键菲，雷凯. 2013. 北京市城市交通基础设施建设水平与经济发展的适应性分析. 物流技术，32（1）：157～161.
胡铁钧，徐英俊，姜彩良. 2008. 安徽省高速公路服务区适应性评价. 交通世界，2（14）：75～77.
黄光宇，陈勇. 1997. 生态城市概念及其规划设计方法研究. 城市规划，21（6）：17～20.
江甜甜，杨占勇. 2012. 地下管线安全监测系统. 仪表技术与传感器，5：55～57.
江贻芳. 2007. 我国城市地下管线信息化建设工作进展. 测绘通报，12：1～4.
江贻芳. 2015. 我国地级市地下管线普查开展情况调查分析. 中国建设信息化，（23）：12～15.
姜云，吴立新，杜立群. 2005. 城市地下空间开发利用容量评估指标体系的研究. 城市发展研究，12（5）：47～51.
景方，杜德生，关广丰，等. 2003. 城市发展的复杂适应性分析. 哈尔滨理工大学学报，8（1）：33～36.
柯礼丹. 2004. 人均综合用水量方法预测需水量-观察未来社会用水的有效途径. 地下水，26（1），1～5.
黎夏，刘凯. 2006. GIS 与空间分析——原理与方法（附光盘）. 北京：科学出版社.
李德仁，眭海刚，单杰. 2012. 论地理国情监测的技术支撑. 武汉大学学报（信息科学版），37（5）：505～512.
李建松，洪亮，史晓明，等. 2013. 对地理国情监测若干问题的认识. 地理空间信息，11（5）：1～4.
李俊娥，冯小宁. 2001. 铁路信号设备巡检智能管理系统的设计. 铁路计算机应用，（4）：6～8.
李庆，彭星煜，梁光川. 2014. DY 市城区供气管网适应性分. 办公自动化，增刊：414～418.
李荣盛，颜峰，李永春. 2003. 智能巡检系统设计. 通信世界，35：52～53.
李晓锋，张亚东，于世军. 2008. 高速公路网络布局的区域适应性评价指标研究. 公路，30（3）：113～117.
李学军. 2009. 我国城市地下管线信息化发展与展望. 城市勘测，1：5～10.
李宜池，房建宏，徐安花. 2003. 青海省公路建设与国民经济发展的适应性研究. 青海科技，33（1）：13～14.
李兆强，于定勇，张鹏，等. 2008. 青岛市公路网现状及适应性评价. 交通标准化，10（11）：185～190.
林明利，张全. 2015. 水源切换条件下城市供水管网适应性评估方法及应用. 给水排水，41（5）：98～102.
刘滨谊，张德顺，张琳，等. 2014. 上海城市开敞空间小气候适应性设计基础调查研究. 中国园林，30（10）：17～22.
刘海强. 2005. 城市化进程中公路网发展适应性评价体系研究. 南京：东南大学硕士论文.
刘贺明. 2009. 城市地下管线规划、建设和管理相关问题思考. 城市管理与科技，11（2）：30～31.
刘克会，江贻芳，邓楠，等. 2013. 城市地下管线主要风险因素分析. 工程勘察，41（9），51～55.
刘若梅，周旭. 2013. GDPJ 01-2013 地理国情普查内容与指标.
刘思峰，党耀国，方志耕. 2004. 灰色系统理论及其应用. 北京：科学出版社.
刘湘南. 2005. GIS 空间分析原理与方法. 北京：科学出版社.
刘湘南，黄方，王平. 2008. GIS 空间分析原理与方法. 北京：科学出版社.

柳昆，彭建，彭芳乐. 2011. 地下空间资源开发利用适宜性评价模型. 地下空间与工程学报，7（2），219～231.
陆钢，朱培军，李慧云，等. 2014. 智能终端跨平台应用开发技术研究. 电信科学，28（05）：14～17.
栾子越. 2015. 北京城市公共交通对城市发展的适应性研究. 中国商论，19：153-155.
马书红. 2004. 公路交通的适应性及其评价技术研究. 重庆交通学院学报，12（5）：32～33.
马小强，张春业，张波，等. 2010. 基于 ZigBee 和 GPRS 的管道监测网络设计. 计算机工程，36（5）：128～130.
马志军，孙瑞玲. 2012. 浅谈我国城市环境污染现状及其治理问题. 湖北经济学院学报（人文社会科学版），9（5）：14～15.
欧阳志云，王如松. 1995. 生态规划的回顾与展望. 自然资源学报，10（3）：203～215.
庞彦军，刘开第，张博文. 2001. 综合评价系统客观性指标权重的确定方法. 系统工程理论与实践，21（8）：37～42.
秦方钰，刘冬梅，徐栋. 2015. 一种面向 SOA 架构的数据业务总线应用研究. 电子技术与软件工程，9：203～204.
秦耀辰. 1997. 区域持续发展理论与实践. 经济地理，17（2）：1～7.
仇保兴. 2015. 海绵城市（LID）的内涵、途径与展望. 建设科技，1：11～18.
饶平平，李镜培. 2010. 合肥城市地下空间开发中的若干问题分析. 地下空间与工程学报，6（3）：444～448.
任博芳. 2010. 系统综合评价的方法及应用研究. 北京：华北电力大学：7～34.
闰攀宇，杜汇川. 2006. 城市交通适应性评价方法研究. 交通与运输（学术版），7（3）：12～15.
时骁军，温一慧. 2001. 控制与系统：城市系统控制新论. 南京：东南大学出版社.
苏为华. 2000. 多指标综合评价理论与方法问题研究. 厦门：厦门大学，16～18.
孙修东，李宗斌，陈富民. 2003. 基于人工神经网络的多指标综合评价方法研究. 郑州轻工业学院学报（自然科学版）18（2）：11～14.
汤国安. 2012. ArcGIS 地理信息系统空间分析实验教程. 北京：科学出版社.
童林旭. 2000. 为 21 世纪的城市发展准备足够的地下空间资源. 地下空间，20（1）：1～5.
童林旭，祝文君. 2009. 地下空间资源评估与开发利用规划. 北京：中国建筑工业出版社.
童玉芬，武玉. 2013. 中国城市化进程中的人口特点与问题. 人口与发展，19（4）：37～45.
王春枝. 2007. 综合评价指标筛选及预处理的方法研究. 统计教育，3：1～16.
王东华，刘建军. 2015. 国家基础地理信息数据库动态更新总体技术. 测绘学报，44（7）：822～825.
王林，王迎春. 2002. 层次分析法在指标权重赋值中的应用. 教学研究，25（4）：303～305.
王琪. 2012. 地图概论. 武汉：中国地质大学出版社.
王启仿. 2002. 影响城市发展的十大因素. 生态经济，3：64～66.
王如松，欧阳志云. 1996. 天城合一：山水城建设的人类生态学原理. 城市研究，1：13～17.
王珊，萨师煊. 2014. 数据库系统概论（第 5 版）. 北京：高等教育出版社.
王树禾. 2004. 图论. 北京：科学出版社.
王维凤，陈小鸿，林航飞. 2002. 浦东新区县乡公路现状适应性的模糊评价及对策. 上海公路，6（2）：34～37.
王宇. 2011.中国城市化进程与现状分析. 中国城市经济，6：9～10.
王育明. 2008. 油气管道 SCADA 系统的最新发展. 油气田地面工程，27（3）：57～58.
魏南枝，黄平. 2015. 法国的绿色城市化与可持续发展. 欧洲研究，5：117～130.
邬伦. 2001. 地理信息系统. 北京：科学出版社.
吴爱国，何信. 2000. 油气长输管道 SCADA 系统技术综述. 油气储运，19（3）：43～46.

吴丹洁，詹圣泽，李友华，等. 2016. 中国特色海绵城市的新兴趋势与实践研究. 中国软科学，1：79～97.
肖颖. 2014. 城市燃气管网承载力评估方法研究. 北京：北京建筑大学.
肖颖，詹淑慧，丁国玉. 2014. 城市燃气输配管网承载力评估方法研究. 天然气技术与经济，8（2）：48～52.
新版规范局部修订编制组. 2014.《室外排水设计规范》局部修订解读. 给水排水，4：7～11.
徐匆匆，马向英，何江龙，等. 2013. 城市地下管线安全发展的现状、问题及解决办法. 城市发展研究，20（3）：108～112.
徐德玺，谭认. 2008. 坟川大地震对都汶公路的破坏及原因简析. 西南公路，4：152～164.
徐涵秋. 2009. 城市不透水面与相关城市生态要素关系的定量分析. 生态学报，29（5）：2456-2462.
徐明迪，杨连嘉. 2014. 嵌入式实时操作系统可信计算技术研究. 计算机工程，40（01）：130～133.
许学强，周一星，宁越敏. 1997. 城市地理学. 北京：高等教育出版社.
许雪大. 2006. 公路建设与经济发展的适应性评价研究. 长沙：长沙理工大学的硕士学位论文.
许雪燕. 2011. 模糊综合评价模型的研究及应用. 成都：西南石油大学，3～6.
许云飞，郝晓慧，马川生，等. 2000. 山东省公路建设与社会经济适应性的研究. 山东交通科技，10（1）：7～8.
杨德进，徐虹. 2014. 城市化进程中城市规划的旅游适应性对策研究. 经济地理，34（9）：166～172.
印志鸿. 2015. 软件开发与硬件平台依存关系探究——评《计算机软件技术及应用》. 当代教育科学，(06).
俞孔坚，迪华，弘傅微，等. 2015.”海绵城市”理论与实践. 城市规划，39（6）：26～36.
张俊，王强，辛敏东，等. 2014. 加拿大 SAGD 油砂集输管网适应性评价. 石油化工高等学校学报，27(5)：92～98.
张康聪. 2014. 地理信息系统导论. 北京：电子工业出版社.
张勤，李慧敏. 2007. 城市供水规划中人均综合用水量指标的确定方法. 中国给水排水，23（22），45～48.
张慎清，杨宇栋. 2014. 平原水网城市排水管网能力定性评价思路探讨——以常州市主城区为例. 江苏城市规划，（4）.
张铁男，李晶蕾. 2002. 对多级模糊综合评价方法的应用研究. 哈尔滨工程大学学报，23（3）：132～135.
张文彤，肖建华. 2009. 加强地下管线规划管理，促进地下空间资源开发利用. 城市勘测，2：5～7.
张晓松，牛亚楠，李永威，等. 2010. 城镇天然气管道占压隐患现状调研与处理方法. 煤气与热力，30(9)，22～26.
张新生，何建邦. 1997. 城市可持续发展与空间决策支持. 地理学报，52（6）：507～517.
张哲. 2008. 城市给水管网承载力评价研究. 北京：北京建筑工程学院.
张志强. 1995. 区域 PRED 的系统分析与决策制定方法. 地理研究，14（4）：62～68.
张志清，金光浩，范怀玉. 2007. 公路网现状适应性评价. 公路，8（7）：166～168.
张中秀，石榴花. 2012. 城市市政管网承载力综合评价方法与应用. 中国市政工程，15（2）：42～43.
赵丽萍，徐维军. 2002. 综合评价指标的选择方法及实证分析. 宁夏大学学报（自然科学版），23（2）：144～146.
赵汝江. 2014. 概述城市地下综合管廊发展现状与中新广州知识城综合管廊项目. 广东土木与建筑，5：46～49.
赵万民. 2008. 我国西南山地城市规划适应性理论研究的一些思考. 南方建筑，4：34～37.
朱从坤. 2006. 西部公路网交通适应性评价指标与评价标准研究. 苏州科技学院学报（工程技术版），9（2）：10～11.
朱顺痣. 2010. 城市地下管线信息化研究与实践. 北京：北京邮电大学出版社.
朱伟. 2014. 地下管线安全与城市发展. 现代职业安全，4：14～15.

朱伟，翁文国，刘克会. 2016. 城市地下管线运行安全风险评估. 北京：科学出版社.

综合. 2013. 地下管线为何隐患重重. 中国消防，23：16～19.

Baum-Swow N，Kahn W E. 2000. The effects of new public projects to expand urban rail transit. Joumal of Public Economics，77（2）：241～263.

Commissariat General Au Developpment Durable. 2010. One Year of Implementation of the Stiglitz Commission Recommendations. Le point Sur. 64：1.

Dietz M E. 2007. Low impact development practices：A review of current research and recommendations for future directions. Water，Air and Soil Pollution，186（1～4）：351～363.

Gibson C C，Ostrom E，Ahn T K. 2000. The concept of scale and the human dimensions of global change：a survey. Ecological Economics，32：217～239.

Gunduz M，Ugur L O. Ozturk E. 2011. Parametric cost estimation system for light rail transit and metro trackworks. Expert Systems with Applications An Internationd Journal，38（3）：2873～2877.

Lang J T. 1976. Creating architectural theory-the role of behavioral sciences in environmental design. Pensacola：Ballinger Publishing Co.

Lang J T. 1987. Creating Architectural Theory：The Role of the Behavioral Sciences in Environment Design. New York：Van Nostrand Reinhold Company.

Lewis Dijkstra，Enrique Garcilazo and Philip Maccann. 2013. The economic performance of European cities and city regions：myths and realities. European Planning Studies，21（3）：334～354.

Maclean B，Tomazela D M，Shulman N，et al. 2010. Skyline：an open source document editor for creating and analyzing targeted proteomics experiments. Bioinformatics，26（7）：966～8.

Baum-Snow N，Kahn M E. 2000. The effects of new public projects to expand urban rail transit[J]. Journal of Public Economics，77(2):241-263

Gunduz M，Ugur L O，Ozturk E. 2011，Parametric cost estimation system for light rail transit and metro trackworks[J]. Expert Systems with Applications，38（3）：2873-2877

Nehashi，Akira，Ikoma，et al. 1993. Reevaluation of urban rail. Japanese Railway Engineering，24～27.

Sharma T，Samarthyam G，Suryanarayana G. 2015. Applying Design Principles in Practice//The，India Software Engineering Conference：200～201.

Stern D N，Mazze E M. 1974. Federal water pollution control act amendments of 1972. American Business Law Journal，12（1）：81～86.